コーヒーのグローバル・ヒストリー

赤いダイヤか、黒い悪魔か

小澤卓也 著

ミネルヴァ書房

コーヒーのグローバル・ヒストリー——赤いダイヤか、黒い悪魔か【目次】

第Ⅲ部 コーヒー消費国の諸相

目　次

コラム

図表一覧

序章　世界を魅了するコーヒー

コーヒーまみれの日本

小鳥来て巣二つ掛けし庭の木を　しづかに見つつ珈琲を煎る

一九二四（大正一三）年、斎藤茂吉が詠んだこの短歌のほのぼのとした情景は、今や日常生活のなかにすっかりコーヒー文化が定着した日本の原風景のようである。近代日本を代表する歌人の茂吉が、日本情緒あふれる和室やその縁側にたたずみ、まるで水墨画のような庭先でたわむれる小鳥を愛でながらコーヒーを煎じていた光景を思い浮かべてみよう。日本庭園とコーヒーという一見不釣り合いに見える和洋折衷が、不思議な調和をかもしてなんと印象的であろうか。

さらに、悠然とコーヒーを煎っている茂吉の姿が、個人用コーヒー・ミル（粉砕器）で焙煎したてのコーヒー豆を挽き、その風味や産地についてあれこれとうんちくを語りながらコーヒーを楽しんでいる友人の姿と重なったり、あるいはそれとは逆に茂吉とは似て非なる滑稽な姿であったりすることを思い起こすと、筆者はじつに愉快な気持ちになってくる。いずれにしても、西洋からもたらされたコーヒーが大正時代にはすでに日本文化の一部となり始め、時代を超えて現在に受け継がれているというのはおもしろい。

一方、寺田寅彦にとってコーヒーは、自身の思想や文化や学問を深めてくれる大切な人生のパートナーだったようである。一九三三（昭和八）年、彼はつぎのように書きつづっている。

芸術でも哲学でも宗教でも、それが人間の人間としての顕在的実践的な活動の原動力としてはたらくときにはじめて現実的の意義があり価値があるのではないかと思うが、そういう意味から言えば自分にとってはマーブルの卓上におかれた一杯のコーヒーは自分のための哲学であり宗教であり芸術であると言ってもいいかもしれない。これによって自分の本然の仕事がいくぶんでも能率を上げることができれば、少なくとも自身にとっては下手な芸術や半熟の哲学や生ぬるい宗教よりもプラグマティックなものである。

理系と文系の垣根を越え、物理学から文化史まで鋭く論じえた寅彦ならではの格調高い言葉といったところだろうか。寅彦にとってコーヒーはもはや単なる飲物ではなく、一人の人間として、また知識人として生きていくうえで欠かすことのできない現実主義的な意味を持った「魂の栄養剤」であった。こうした感性は、その風流さにおいては比較にならないかもしれないが、眠気覚ましや休憩のため、あるいは徹夜作業の友としてコーヒーを愛飲する現代人ともどこか共通するところがある。

おそらくは茂吉や寅彦が想像した以上に、その後の日本におけるコーヒー文化は広がりをみせているはずだ。コーヒーの品質にこだわる頑固なマスターが個人で経営する「通の」喫茶店から、世界をまたにかけたセルフ式コーヒー・チェーン店まで多種多様なカフェが割拠し、世界中のコーヒー生産地でつくられる多種のコーヒーがさまざまな飲み方で提供されている。また、茂吉や寅彦にとどまらず、人びとが自宅や喫茶店でコーヒーを飲みながら練り上げた思想・文学・芸術などが、どれほど日本文化を豊かにしてきたことだろうか（図序-1）。

図序-1　焙煎されたコーヒー

最近では、家庭でも少々の手間とコストを覚悟すれば誰でもかなり本格的なコーヒーを味わうことができ、反対に多忙な人でも手軽に準備できるインスタント・コーヒーもバラエティに富んでいる。街を歩けば、あちらこちらに存在するコンビニエンス・ストアや自動販売機でいろいろな缶コーヒーが手に入れられるし、コーヒー・エキス入りの酒や菓子も数え切れないほどある。もはや外出さえしなくても、世界中のコーヒーがインターネットを通じて自宅まで届けられる時代だ。コーヒー関連の書籍もつぎつぎと発刊され、コーヒーにかんする情報を提供してくれる。特に「おいしいコーヒー」や「素敵なカフェ」にかんする記事は多くの読者を獲得している。

いわば今の日本は、コーヒーにどっぷり浸かった社会だといえるだろう。

コーヒーがつなぐ世界

二一世紀の初め、世界でのコーヒー豆の小売販売額が年間八〇〇億ドルを超えるなど、コーヒーは一次産品としては石油にせまる巨大市場を形成している。驚くべきことに、コーヒーという「趣味の飲物」の貿易額は、人間が生きるために欠かすことのできない日々の栄養を補給してくれるコメ、小麦、砂糖といった主要農産物のそれをはるかに上まわっている。じつに世界で一日二〇億杯ものコーヒーが飲まれている計算になるのだ。こうした地球規模のコーヒー・ブームのなかにあって、日本のコーヒー消費も右肩上がりの成長を続けてきたのである。

表序-1は、二〇〇二年における国別のコーヒー生産量と消費量の上位一〇か国を挙げたものである。まずはコーヒー消費国の一覧に注目していただきたい。一見して顕著なことは、世界一位のアメリカ合衆国のコーヒー消費量がほかを圧倒している点である。このことは、世界中に流通しているコーヒーのほとんどがニューヨーク・コーヒー取引所で品質を評価され、価格が決定されるという国際流通システムときわめて深い相関関係にある。世界最大のコーヒー消費国であるアメリカが、世界のコーヒー貿易の主導権を握っているというわけである。

つぎに印象的なポイントは、世界最大のコーヒー生産国である南米大陸のブラジルと、アフリカ大陸で最大級のコーヒー生産国であるエチオピア以外の国は、すべて自国でほとんどコーヒーを生産することのできない先進工業国だということである。このことは、コーヒー生産国の上位リストにただの一国も先進工業国が入っていないことからもよくわかる。つまり基本的にコーヒーは、ラテンアメリカ、アジア、アフリカといった南半球の発展途上国でつくられ、北半球の先進工業国で消費されるというグローバル化時代

表序-1　コーヒーの国別生産高と消費高上位10か国（2002年）

	生産高上位10か国（単位　千トン）		消費高上位10か国（単位　千トン）	
1	ブラジル	1941	アメリカ合衆国	1121
2	ベトナム	676	ブラジル	765
3	コロンビア	560	ドイツ	567
4	メキシコ	387	日本	404
5	インドネシア	361	フランス	319
6	コートジヴォワール	328	イタリア	307
7	インド	324	スペイン	188
8	グアテマラ	312	イギリス	138
9	エチオピア	210	エチオピア	98
10	ウガンダ	186	オランダ	95

出所：*Economist World in Figures 2002*（アントニー・ワイルド『コーヒーの真実』, p. 241）。

の南北問題を鮮やかに象徴する農業生産品なのである。

しかも、生産国側のデータに現れているように、コーヒー生産国のなかでブラジルはケタ違いに大量のコーヒーを生産しており、この国の生産動向がほかの生産国に多大な影響をおよぼす可能性も示されている。実際に歴史をたどってみると、つねにブラジルはコーヒー生産国側のリーダーシップを握り、あるときはアメリカと対立し、あるときは結託しながら、コーヒー市場価格の決定や各国のコーヒー生産量の割当にかんして強い発言権を確保してきた。このブラジルの強大な権力に対して、コロンビアなどその他のコーヒー生産国が反発するというケースもしばしば見受けられる。生産国のあいだにも権力構造があるのだ。

そして最後に、コーヒー消費国のなかにアジアで唯一日本がランクインしている点に注目しないわけにはいかない。食文化の欧米化にともなって、コーヒーはかつて日常の飲物として支配的な地位を占めていた緑茶にとって代わろうかという勢いで日本の食卓に進出している。世界のコーヒー文化に多大な影響を与え続けてきたフランス人やイタリア人よりも、すでに日本人のほうが全体としては大量のコーヒーを消費しているのである（ただし、日本のほうがフランスやイタリアより人口が多いので、国民一人あたりの消費量は日本のほうが少ない）。もちろん、研究者や研究機関の計算方法によって数値は多少異なるし、年度によって消費国間の順位も変動するものの、二〇〇三〜九年の日本のコーヒー消費高は、アメリカやドイツには届かないまでも、ブラジル、フランス、イタリアとデッドヒートを展開しておおよそ世界三〜四位の位置にあると考えられる（国際コーヒー機構〈ICO〉の統計によれば、二〇〇六年に日本人は一人あたり年間に三三八杯のコーヒーを飲んだとされている）。

もはや日本は、世界有数のコーヒー消費国として、アメリカを中心としたグローバルなコーヒー商業・流通・貿易システムのなかにしっかりと組みこまれてしまっている。日本のコーヒー消費者は、途上地域のコーヒー生産者を脅かすさまざまな政治経済問題や、生産国と消費国のあいだの不公正なコーヒー取引と、少なくとも間接的にかかわってしまっている。おいしいコーヒーは、飲む者にこのうえない心の癒しや創造的な刺激をもたらしてくれるかもしれない。だが、もしその「不都合な真実」を無視したり、意図的に目をそらしたりしながらコーヒーを飲み続けるならば、事実上その消費者もそうした国際的不正に荷担していることになるだろう。

輸入する先進国、輸出する途上国

やや視点を変えて、二〇〇七年度における国別の輸出量と輸入量を上位から順に整理してみよう（表序-2）。このように分類すると、ブラジルやエチオピアのように自国でコーヒーを大量生産できるコーヒー消費国は当然のごとく輸入国リストには現れない。このため、途上国で大量に生産されたコーヒーが、すさまじい勢いでコーヒーに飢えた先進国の渇いたのどに流しこまれているさまが容易にうかがわれる。国別コーヒー輸出量の上位一五か国のなかに先進国は存在せず、反対にコーヒー輸入量の上位一五か国のなかに発展途上国の名前はいっさい見あたらない。

まず、輸入国側の一覧を見ていただきたい。やはりアメリカとドイツの上位二国が頭抜けた輸入量を誇っている。二〇〇七年度におけるコーヒーの全輸入量は九九四五万九四袋だとされているから、アメリカは一国だけで全体の四分の一（約二四・四％）、ドイツは五分の一（約一九・七％）のコーヒ

表序-2　コーヒーの各国別輸出入量上位15位（2007年度）

（単位１＝60kg 袋）

	輸出国		輸入国	
1	ブラジル	28,116,006	アメリカ	24,219,282
2	ベトナム	17,936,219	ドイツ	19,564,053
3	コロンビア	11,300,421	イタリア	8,027,120
4	インドネシア	4,149,410	日本	7,086,224
5	グアテマラ	3,726,167	フランス	6,414,142
6	ホンジュラス	3,312,009	スペイン	4,874,749
7	インド	3,259,300	ベルギー	4,013,653
8	メキシコ	2,912,302	イギリス	3,780,548
9	ペルー	2,879,494	オランダ	3,531,019
10	ウガンダ	2,693,187	ポーランド	2,204,100
11	エチオピア	2,604,008	オーストリア	1,968,113
12	コートジヴォワール	2,582,005	スイス	1,823,108
13	コスタリカ	1,363,850	スウェーデン	1,769,668
14	ニカラグア	1,259,347	フィンランド	1,207,029
15	エルサルバドル	1,210,359	ギリシア	1,080,887

出所：International Coffee Organization の公表データより作成

ーを輸入した計算となる。本書のなかで詳述されるように、じつはこの二国こそが一九世紀後半以降、途上地域におけるコーヒー生産に投資、あるいはみずからその生産過程を管理して、その生産品を先進地域へ輸入・販売する国際的システムを確立していった張本人たちなのである。もともとイギリス植民地であったアメリカを広い意味での「ヨーロッパ」と見なすならば、一五位までの上位輸入国のうち、なんと日本を除くすべての国がヨーロッパ型国家ということになる。

つぎに、輸出国の一覧に目を移していただきたい。ブラジル、ベトナム、コロンビアという上位三国の輸出量が、それ以下を大きく引き離す膨大さであることは一目瞭然である。二〇〇七年度におけるコーヒーの全輸出量は九六三六万七二八六袋とされているから、ブラジルは全体の三分の一弱（約二九％）、ベトナムは約五分の一(約一九%)、コロンビアは八分の一弱(約一二%)のコーヒーを世界中へ輸出していることになる。このうちラテンアメリカのブラジルとコロンビアは、世界の二大コーヒー生産国として、二〇世紀末までコーヒー産業界に絶大な影響力を保持してきた。この二国に二〇世紀末に急激にコーヒーを増産したベトナムが加わって、現在の順位となっている(ただし、一般にベトナム産コーヒーは低品質と評価されているので、利益率はブラジルやコロンビアよりもずっと低い)。

さきほどのデータを改めて裏づけるように、一五位までの上位輸出国リストには先進国の名はなく、そのすべてがラテンアメリカ、アジア、アフリカの国々である。とりわけ上位一五か国のうち九か国を占めるラテンアメリカ諸国のコーヒー輸出高はきわめて重要であり、これら九か国だけで全体の約五八%を占めている(ランク外のラテンアメリカ諸国も含めると全体の約六〇%を占める。二〇世紀初頭には全体の八〇~九〇%を占めていたこともある)。一五位までにランクインしているアジア三か国のシェアは約二六%であるから、ラテンアメリカ諸国はその二倍以上のコーヒーを輸出していることになる(ランク外の国々を含めても、アジアの輸出量は全体の約二七%にとどまる。ちなみに、アフリカ諸国はランク外の国々も含めて全体で約一四%に相当する)。

加えて、ベトナム、インドネシア、インドで生産されるコーヒーのなかには、そのままで飲物として使用されることのあまりないロブスタという種類のコーヒーが多く含まれている。私たちがよく知っているブランド・コーヒー——例えば「サントス」や「ブルーマウンテン」など——の多くはアラビカという種類のコーヒーであり、そのほとんどがラテンアメリカでつくられていることも考え合わせると、ラテンアメリカ・コーヒー生産業の果たす役割はさらに大きいと言わざるをえない。ラテンアメリカでコーヒーがつくられなければ、現在のような世界的コーヒー文化は成立しえなかったといっても過言ではないのだ。

ラテンアメリカ農民とコーヒー経済

それでは、なぜラテンアメリカは大量のコーヒーを生産するようになったのだろうか。一九世紀までヨーロッパ諸国の植民地であったラテンアメリカ諸国は、かつてはヨーロッパ人のためにコーヒーをつくっていた。しかし独立後、コーヒーは資金力と技術力に乏しいこれらの国々の経済基盤となり、多くの場合国家による手厚い保護を受けながら大量生産されるようになった。特に一九世紀末には世界的なコーヒー・ブームが巻き起こり、コーヒー需要が急速に高まったため、鮮やかな赤いコーヒーの果実はもっとも利益の上がる農産物の一つとなった。当時の人びとがそう呼んだように、コーヒーは「赤いダイヤ」(「黄金の豆」や「緑のダイヤ」と称されることもある)と化したのである。

その結果としてこれらのコーヒー生産国は、まさしくコーヒー色に染まった近代化の道を歩むことになった。コーヒー産業界のエリート層はしばしば政治を意のままにあやつり、コーヒー農園主にとって都合の良い——すなわち農民にとっては都合の悪い——土地・労働・融資・税金制度が整備され、コーヒー農園とその利益で建設された都市を最優先して道路や鉄道などのインフラストラクチャーが整備された。しかもラテンアメリカのコーヒー産業は、莫大な資本力をほこるヨーロッパやアメリカの大投資家や大企業家(政治権力を手中にしている者も少なくない)に後押しされていた。つまり近代ラテンアメリカの国家形成はコーヒー産業に大きく規定され、そのコーヒー産業は外国人資本家と手を結んだ政治経済エリートの支配下に置かれるという構図になっている場合が多い。

さらにコーヒー生産を支えた農民は、十分な利益にあずかれないどころか、むしろ土地を奪われたり、厳しい労働を課せられたりするなど、以前よりつらい暮らしを強いられる傾向にあった。とりわけ一九世紀末に空前のコーヒー・ブームが終わり、コーヒーの市場価格が国際政治経済の動向によって激しく変動するようになると、貧しい農民であればあるほど生活苦に悩まされるという矛盾が表出した。コーヒー価格が下落すると、小・零細農民は生産コストを下まわる価格でコーヒーを売らなければならず、土地を持たない日雇い農民などは一方的な賃金の切りさげや解雇にさいなまれることになる。この意味で「赤いダイヤ」たるコーヒーは、農民たちを地獄の淵に突き落とす「黒い悪魔」の飲物でもある。

しかも昨今の資本家や企業家たちは、コーヒーの先物取引（相場や価格が変動する商品の将来における売買を、前もって契約した価格や条件に従って行う取引）によって大損害をこうむる危険を回避することができる。彼らはコーヒー価格が上昇した場合にはそれに応じて上積みされた利益を手にすることができる一方で、コーヒー価格が下落してもその損害を最小限に抑制することができる。すなわちコーヒー相場の変動にともなうリスクは、コーヒー売買で巨額の利益を上げている大富豪をすり抜けて、日々の暮らしに追われる農民のもとに押しよせてくる。

例えば、一九九七年以降の数年間、先物取引による投機的なコーヒー買いによってコーヒー価格が上昇する「コーヒー・バブル」の状態となったが、二〇〇一年にそのバブルがはじけて逆にコーヒー価格が大暴落するという「コーヒー危機」が起こった。この農民たちの責任ではないコーヒー価格の急落に、農民はただただ翻弄される以外になかった。コーヒー売買をめぐるこうした不公正さを改善しようとする運動も徐々に高まってはいるが、今のところ現在のシステムが完全に打ち砕かれる楽観的な予兆は見られない。

「農民たちがコーヒー生産業を放棄して別のことで稼げばいいじゃないか」と思った読者もいるかもしれない。だが、ラテンアメリカの貧しい農民がコーヒー生産業に背を向けることはそれほど容易ではない。小・零細農民が国内外の政治経済的権力者のもとで確立されたコーヒー産業構造から逃れることは困難であるうえに、コーヒーが収穫されるまでの約五年のあいだの先行投資（コーヒー樹の栽培に必要なあらゆるコストや労働力。農園の運営資金はほとんどの場合が貸付である）を捨て去るにはかなりの覚悟が必要である。また、コーヒー生産の協働を通じて成立した地域共同体の人間関係やそこから生まれた社会文化的習慣、あるいはコーヒーと切り離すことのできない農民アイデンティティの存在は、彼らがコーヒー生産業を簡単に捨て去れない原因ともなる。

こうした状況のもとで、コーヒーの国際貿易は一握りの巨大多国籍企業の絶大な影響を受け続けている。二〇〇〇年度のコーヒー生豆取扱量のデータによれば、上位五位までの最大手コーヒー焙煎企業（クラフト社、ネスレ社、サラ・リー社、P&G社、チボー社）が世界のコーヒー生豆の四四%以上を取り扱っているのである。ラテンアメリカの農民が育てた「おいしいコーヒー」は、たいていこうした巨大企業の手を通じて私たちのテーブルへと運ばれてくるのである。

コーヒーのグローバル・ヒストリーに向けて――本書のねらいと内容

本書において筆者は、「人間の知性や創造力を刺激する素晴らしい飲物」として、コーヒーを読者に勧めているのではない。反対に「農民の犠牲とひき替えにつくられる血塗られた暗黒の飲物」として、コーヒーのボイコットを呼びかけているのでもない。さらに、「おいしいコーヒー」を味わいながら、同時に貧困にあえぐコーヒー農民を救済する最良の方法についての明快な答えを提示しているわけでもない。コーヒーとどのようにつきあっていくか、またコーヒー産業の現状についてどのように考え、いかに行動するかは、言うまでもなく読者自身が決めることである。

むしろ本書のねらいは、きわめて多様な意味を内包するコーヒーの歴史を文脈化して整理し、読者自身がコーヒーをめぐる諸問題について思考するための基本的な情報を提供することにある。その際に重要なことは、コーヒー生産者の主体的動向とそれを取り巻く政治的、経済的、社会的環境とのあいだの相互作用に留意したうえで、ラテンアメリカなどの辺境地に暮らす生産者の視点から「コーヒーで結ばれた世界」を見渡しうる歴史的視座を明示することであると思われる。

従来のコーヒー史にかんする情報の多くは、消費国の視点から考察・分析されたものである。例えば途上国の生産者について言及されることがあっても、彼らは先進国を中心とした国際政治経済の周縁に位置する受動的で無力な存在と位置づけられたり、エキゾチックで異質な存在であることが強調されたりする傾向にある。またそれとは逆に、彼らが国内外の権力者と戦う人びととして誇張された英雄に祭り上げられてしまうこともある。こういった観点は人びとの関心をひくかもしれないが、コーヒーをめぐって展開される複雑な歴史の一側面を任意に切りとって私たちに見せているに過ぎない。

これらをふまえて筆者は、生産国を起点としながらも、生産者、精製業者、金融業者、貿易業者、焙煎業者、広告業者、小売業者、販売業、消費者などの有機的なつながりのなかで織りなされるコーヒーのグローバル・ヒストリーをまとめることが火急の課題であると考える。

本書はその壮大で困難な挑戦を達成するための第一歩である。過去から現在へ脈々と続く時流を縦断し、国境線を飛び越えてさまざまな地域社会を横断する「落ち着きのない」コーヒーの動きをしっかりととらえるために、本書は以下のような三部構成になっている。

まず第Ⅰ部では、コーヒーというモノが、ヒトの歴史や社会とどうかかわってきたかについて説明をする。ここでは、もともとアフリカに自生する雑木であったコーヒーの果実が人間社会に飲物として受容され、農園で大量に栽培される重要な農産物となった歴史的経緯について概観する（第1章）。また、輸出農産品としてコーヒーの品質や市場価値がその生産様式によって変化することや、その生産様式の選択と労働者の性質のあいだの深い関係について指摘したうえで、コーヒーという飲物の成分が消費者の身体にいかなる影響をおよぼすかについても解説する（第2章）。

続いて第Ⅱ部では、世界最大のコーヒー生産地域であるラテンアメリカのコーヒーをめぐる歴史や現状について詳述する。おもにブラジル（第3章）、コスタリカ（第4章）、コロンビア（第5章）の三国が取りあげられ、各国のコーヒー産業に共通する特色とその相違点について比較しながら考察される。とりわけ国家形成と密接にかかわりながらコーヒー産業が確立された一八七〇年代～一九三〇年代の動向を注視しながら、ブラジルとコスタリカがきわめて対照的なコーヒー生産国モデルであり、コロンビアが基本的にその中間的モデルであることが明示される。また、この三国の比較分析に学問的な広がりをもたせるために、ベトナム、エルサルバドル、グアテマラのコーヒー産業についても考察されている。

最後に第Ⅲ部においては、コーヒー消費国の歩んだ歴史と現状を描出する。まずアメリカ社会がどのようにしてコーヒーという未知の飲物を「国民的飲物」として受容し、世界最大のコーヒー消費国となったかについて詳述される（第6章）。また、巨大焙煎企業の発達と徹底した宣伝広告戦略のうえに成立したアメリカのコーヒー大量消費文化の特色が、ヨーロッパ諸国のケースと比較されつつ明らかにされている。さらに日本におけるコーヒーの歴史をたどりながら、例えば缶コーヒー文化に代表されるような日本独自のコーヒー文化のありようも指摘されている（第7章）。

これら全七章を読み進めていくなかで、それぞれ異なったテーマについて論じられている各章がそれぞれの内容を補完しあっていることが、きっと読者には理解していただけると思う（本文のなかで十分に説明できなかったいくつかの話題について、コラムも配置してある）。読者にとって本書が、現在の地球上でもっともポピュラーな嗜好品であるコーヒーの世界史的意義について、その多義性もふくめてまるごと理解するための基礎的な参考書となることを願ってやまない。

本書を読み終わったあと、あなたが飲んでいるいつもの店のいつものコーヒーは、いつもとおなじ色あいに見えるだろうか。いつもとおなじ芳香をはなち、いつもとおなじ風味であなたを楽しませるだろうか。ひょっとするとあなたが口にするコーヒーは以前よりもっと甘く、香り高く感じられるかもしれないし、それとは反対にもっと酸っぱく、苦く感じられるかもしれない。そして、そのことに思いをめぐらせながら、筆者自身も目のまえのコーヒーを神妙に見つめることになるに違いない。

第Ⅰ部　コーヒーから見た人の歴史と社会

第1章　歴史をめぐるコーヒーの旅

——アフリカからラテンアメリカへ

1　アフリカ生まれのアラビア育ち

かつて「夜のように黒く、愛のように熱く、キスのように快く、恋する乙女の唇のように甘い」と形容され、今もなお世界のコーヒー愛好家を魅了してやまないラテンアメリカ産のアラビカ・コーヒー。だが、現在流通しているアラビカ種は、もともとラテンアメリカに自生していたわけではない。人間の手を介し、世界を股にかけて悠久の歴史を旅していくなかで、アラビカ・コーヒーはもっとも生育環境の適したこの地域にたどり着いたのである（図1-1）。

アラビカ種の起源は、アフリカのエチオピアに自生していた野生種である。現地の言葉で「ブン」と呼ばれたアラビカの果実は、当初は生のまま果肉ごとガムのように噛むものであった。やがてコーヒーの成分を効果的に抽出して生薬を作るために、水に浸した生豆を煮出す方法が考案された。その薬効は評判となって近隣諸国へと伝播していき、紅海を渡ってアラビア半島の人びとに受け入れられていった。ラーゼス（医学や錬金術の研究でヨーロッパに大きな影響をおよぼした医学者）をふくむアラビアの医師たちは、この「陽気なさっぱりとしたもので、胃に非常に良い」コーヒー煮汁を高く評価し、九世紀末から細々と薬用としてコーヒーの栽培（商業目的の本格的な栽培は一四～一五世紀以降）を始めるようになる。このようにコーヒーは、まずは薬としてアラビア社会に徐々に浸透していった（図1-2）。

一二世紀末ごろになると、イスラームの高僧や苦行者たちが、熱心な神への祈りや修行のともとし

エチオピア（アフリカ）……9世紀頃：コーヒー生果実の煮汁を飲用
↓
イエメン（アラビア）……12世紀末：イスラームの高僧が薬として飲用
↓
イラク・エジプト……13世紀頃：焙煎豆の煮だしコーヒーの普及
↓
トルコ（西アジアなど）……15世紀頃：イスラーム民衆にコーヒーが普及

イタリア……1640年代：ヴェネツィアでヨーロッパ初のカフェ誕生
↓
イギリス……1650年代：ヨーロッパにおけるカフェ・ブーム始まる

オランダ……1658年：ヨーロッパの東南アジアでのコーヒー栽培開始（スリランカ，インドネシア）

フランス
オーストリア
ドイツ
……1723年：ヨーロッパのラテンアメリカでのコーヒー栽培開始（仏領マルティニークからポルトガル領ブラジルへ）
……1883年：1870年代における英領アフリカにおけるコーヒー栽培に対抗し，アフリカで本格的なコーヒー栽培開始。

⇩

アジア，ラテンアメリカ，アフリカ諸国へ

図1-1　アラビカ・コーヒーの伝播（簡略図）

てコーヒーにふくまれるカフェインの力を利用するようになった。とりわけ神秘主義者として知られるスーフィーの苦行者たちは、沸き上がってくる睡魔を抑制し、食欲に耐え、意識を覚醒させ続けるために、コーヒーを頻繁に飲用した。そして一三世紀ごろ、どういう経緯によるものか定かではないが、コーヒーをより香り高く、おいしい日常的な飲料として楽しむ方法が考案された。コーヒー豆を黒くなるまで煎ってすりつぶし、水に入れて湧かすという現代にも通じる飲み方である。この飲み方の発明以後、コーヒーという飲物はイスラーム社会に広く浸透していくことになる。

一五世紀以降、コーヒー飲用の習慣はイスラーム民衆のあいだにも拡大していった。それとともに、従来は「軽めの白ワイン」を意味していた「カフワ」というアラビア語がコ

図1-2　エチオピア，アラビア，メソポタミア

ーヒーを意味するようになり、これが今日まで世界で使用されている「コーヒー」（英語）や「カフェ」（フランス語やスペイン語。「コーヒー店」も意味する）などの語源になったと考えられている（ただし、トルコ語で〈コーヒー〉を意味した〈カーヴェ〉という言葉が語源だとする説もある）。この呼称の変化は、飲酒を禁じられたイスラーム教徒たちが、酒の代用品として居酒屋などでコーヒーを飲むようになったことと密接にかかわっている。

アラビア半島にコーヒー文化が広がっていくなかで、イエメンではコーヒーが輸出用に栽培されるようになった。その規模はまだ牧歌的な家庭菜園程度であったが、一七世紀の中ごろ以降にヨーロッパでコーヒーの需要が高まってもなお、しばらくはイエメンが唯一と言っていいコーヒーの生産地であり供給地であった。「アラビカ」という種名もこうした歴史的経緯に由来する。のちにオスマン帝国の支配下でコーヒー輸出港として賑わったモカ港の繁栄ぶりは、現在でもこの港の名を冠したレギュラー・コーヒー（混じり物のない一〇〇%のコーヒー豆から抽出されたコーヒー）が世界のコーヒー・ファンから愛され続けていることからも容易にうかがい知れるだろう。イスラームの聖地メッカが一五世紀にはもっとも重要なコーヒー取引の市場となっていたことも、コーヒーとイスラームのあいだの深い関係を象徴していた。

2　イスラーム世界からキリスト教世界へ

北アフリカ、東ヨーロッパ、西アジアにまたがった巨大なオスマン帝国の繁栄は、イスラーム圏のコーヒー文化にさらなる発展をもたらした。一五五四年、オスマン帝国の首都コンスタンティノープル（イスタンブール）において世界最初の露店ではない本格的なコーヒー店が誕生すると、都市部を中心におなじような店がつぎつぎと作られていった。特にカイロは「コーヒーの都」として賑わった。やがてコーヒー飲用は儀式化され、人びとの社交の場を彩るようになる（図1-3）。こうして、多量のコーヒー粉（ときに香辛料も加味）を鍋で時間をかけて水から煮出し、粉が混じったままの熱い液体を各人の容器に注ぎ、粉が沈殿するのを待ってその上ずみをすすり飲む「トルコ・コーヒー」が人びとのあいだに定着した。煮出す際に多量の砂糖が加えられるようになると、ますますこの飲み方は帝国内に普及していった。人びとは車座に座ってこのコーヒーをまわし飲み、語らい合った。

図1-3　パレスティナのコーヒー・ハウス（1900年）

一五八七年には、世界最古のコーヒー専門書である『コーヒー写本』が、イスラーム教父のアブダルカディールによってまとめられた。コーヒーにまつわる伝説、その歴史や社会との関連性、薬効性などが紹介されるほど、すでにコーヒーはオスマン帝国の人びとにとって不可欠なものとなっていたのである。この帝国を訪れたヨーロッパ人旅行者、外交使節、商人たちが、この「異臭」を放つナゾの黒い液体に関心を抱いたことは想像に難くない。得体の知れないこの飲物に対して生理的な嫌悪を示す者もいたが、アウグスブルクの医者かつ植物学者であったラウヴォルフのようにコーヒーの虜になった者も少なくなかった。こうしてコーヒーの存在がヨーロッパにも知られるようになった。キリスト教徒のなかにはコーヒーを異教徒の「悪魔の飲物」として憎悪する者も現れるが、その訴えを聞いた教皇クレメンス八世自身がコーヒーに魅せられてしまい、コーヒーに洗礼を施したうえでキリスト教徒による飲用を容認した逸話はあまりにも有名である。

一七世紀になると、オスマン帝国に隣接し、商業的関係も深かったイタリア半島のヴェネツィアにおいてコーヒー文化が受容された。ついにヨーロッパのキリスト教圏においてコーヒーが公然と飲まれるようになったのである。一六四五年ごろ、ヴェネツィアのサンマルコ広場で創業されたコーヒー店が、ヨーロッパで最古だとする説が有力である。また、砂糖を取引するヴェネツィア商人が多かったこともあって、砂糖菓子と一緒にコーヒーを味わう習慣が見られるようになった。いわば最近の日本の喫茶店でよく見かける「コーヒー&ケーキ・セット」のはしりのようなものであろうか。以後、コーヒーを飲む習慣が、ほかのヨーロッパ諸国にも広がっていくことになる。

一六五二年にはロンドンで最初のコーヒー・ハウス（これにさきがけ、一六五〇年にオックスフォー

図1-4　ヨーロッパの主要都市

ドでコーヒー・ハウスが開店されていたとする説もある）が創業して好評を博したことは、ヨーロッパにコーヒー・ブームをもたらす画期となった。一六六六年にはオランダのアムステルダム、一六七一～二年にはフランスのパリ（サンジェルマン通りの「カフェ・プロコプ」は現存するヨーロッパ最古のカフェで、哲学者のヴォルテールやディドロ、政治家のダントンやロベスピエール、文人ユーゴーらも常連だった）、一六八三年にはオーストリアのウィーン、一六八六年にはチェコのプラハ、一六八七年にはドイツのハンブルク、一六八九年にはアメリカのボストン、一六九四年にはニューヨークにそれぞれ最初のコーヒー店が開かれ、ヨーロッパ都市部にコーヒー店が林立した（図1-4）。だが、例えば初期のロンドンなどでは、コーヒーの豊かな芳香を「悪魔のにおい」に例えて拒絶し、当局に苦情を訴える者もいた。コーヒーの有害性を強く主張し、その飲用に反対する者もあとを絶たなかったのである。

しかしながら、ロンドンの人びともやがてその香りと味に慣れていったのであろう。禁酒を美徳とする当時の厳格なピューリタニズム（清廉潔白さを求めた改革派のプロテスタント主義）を背景に、コーヒーは酒の代用品として社会に定着していった。最初のコーヒー・ハウスがロンドンで開店してからわずか三〇年あまりのうちに、その数はロンドンだけで三〇〇〇を数え、一七一四年には約八〇〇〇にものぼった。コーヒー有害説が完全に払拭されたわけではなかったが、コーヒーは万能薬（当時は薬局でも販売された）であり、天然痘を始めとするさまざまな病気に効くという大げさな評判の方が勝るようになった。『ガリバー旅行記』で有名な作家スウィフトが書き残した当時の言葉からもわかるように、知識人たちのなかにも人を「厳格で、重々しく、哲学的な気分にさせる」コーヒーを愛飲する者が増えていった。

3　カフェの空気は自由にする

「都市の空気は自由にする」ということわざで知られるように、中世ヨーロッパの農奴（半奴隷農民）たちは、都市や修道院に逃れて一年と一日を過してようやく自由身分を得ることができた。だが、カフェに集った一七世紀のヨーロッパ人は、少なくとも精神的な自由を得るためにそれほど長く待つ必要はなかった。一時的ではあるにせよ、訪れた客は誰でも一杯のコーヒー代金と引き替えに店外の世界を支配する身分制度のくびきから解き放たれ、自由な空気を吸うことができたからだ。もっともロンドンのコーヒー・ハウスなどでは、ごった返す客のくゆらすタバコの紫煙がもうもうと充満していたそうだから、店内の空気そのものはけっして健康に良いものではなかっただろうが。

まだピューリタン革命の記憶も生々しかったロンドンでは、「熱帯のエキゾチックな飲物」を求めて、当代を代表する知識人、芸術家、大商人、貴族、政治家などがコーヒー・ハウスに集った。一般に彼らは、さまざまな問題について政治権力からの介入を受けずに自由に議論を交わすことができた。そして、現在のようにマスメディアが発達していなかったこの時代において、コーヒー・ハウスはある種のメディア・センターのような役割を果たすようになる。店側も客のニーズに合わせてコーヒー以外の商品を取りそろえ、郵便、新聞や定期刊行物の販売、貸本、株取引、保険契約などの業務も行った。これによって客は、そこでますます最新の情報や知識を手にすることができるようになる。

やがて、第一級の情報や知的刺激を得ようと望む者は、テーブル・チャージさえ支払えば、誰でも身分や職業の区別なくコーヒー・ハウスに出入りすることができるようになった。コーヒー・ハウスは、まだイギリスで根強かった身分制度に囚われない、独自のルールを持った公共空間へと変貌したのである。店内の秩序を保つため、けんか、宗教的議論、賭博などが禁止され、当初こうした規則は客によって遵守されていた。たとえ平民の客であっても、後からやってきた貴族の客のために強制的に席を譲らされることもなかった。こうした平等主義的な規則が、店内における自由な雰囲気をさらに高めた。チャールズ二世のような絶対君主は、あからさまな王室批判さえ認められるこの「危険な場」を制限しようとしたが、人びとの強固な抵抗にあってこれを断念せざるを得なかった。

しかしながら、一八世紀中ごろになると店内の秩序が乱れるようになり、この喧騒を嫌った客のコーヒー・ハウス離れが始まった。これにイギリス最大の植民地であるインドからもたらされた紅茶の大量流入や、「男の社交場」とされたコーヒー・ハウスに入りびたる男性に対する女性の反対運動などが重なって、ロンドンのコーヒー・ハウスは急激に衰退していった。その後イギリスの人びとは、政治・経済・社会・文化的により均質的な人びと同士で結成された閉鎖的な社交場（クラブ）や自宅において喫茶を習慣化し、日本や中国の茶文化や作法の影響を受けた独自の儀式（ティー・セレモニー）へと発展させていった。特に女性をふくむ裕福な貴族たちのあいだでは東洋趣味が全盛であり、高価な茶器で優雅に喫茶を楽しむことは、みずからの高貴さを示すステータス・シンボルでもあった。こうして、当初コーヒー・ハウスでも売られていた茶が、やがてイギリスの食卓でコーヒーにとって代わっていく。

一方でパリのコーヒー文化は、ロンドンのコーヒー・ハウスのように衰退することはなかった。フランスは、神聖ローマ帝国（現在のドイツ、オーストリア、チェコ、北イタリアにまたがる国家連合体）を挟撃するためにオスマン帝国と友好関係を結んでおり、イスラーム商人を通じてコーヒーが流入しやすい環境にあった。またロンドンとは異なり、パリでは女性も堂々とカフェでのおしゃべりを楽しむことができた。女性専用のカフェもあったほどである。さらに一八世紀初頭のフランスでは、挽いたコーヒー豆をネル（布袋）に入れ、そこに熱湯を注いでドリップする方法が発明された。これに牛乳を混ぜたいわゆるカフェオレが大人気となり、フランスの食文化として定着することになる。こうした要因が重なって、パリはヨーロッパにおけるコーヒー文化の中心地となった。歴史家ミシュレが評したように、まるで「パリは巨大な一つのカフェ」のような街と化したのである。

ロンドンでもそうであったように、パリのカフェには第一線で活躍する知識人、政治家、その他の専門家などが集って自由に語り合い、その議論の輪に農民や職人も加わることができた（図1-5）。フランス革命の指導者で人権宣言を起草した自由主義貴族のラファイエット、恐怖政治をしいて多くのフランス人をギロチン台へ送りこんだジャコバン派のロベスピエール、時代の寵児としてヨーロッパの戦場を疾風のごとく駆け抜けたナポレオンも、お気に入りのカフェに通いつめながらみずからの思想を練りあげた。イギリスとの独立戦争に苦戦していた北米一三植民地（アメリカ）軍から派遣され、フランス軍の支援を求めたフランクリンも、くり返しカフェに足を運んで演壇に立ったという。彼がアメリカ独立宣言の起草にたずさわったことも加味すると、この事実はいっそう感慨ぶかい。

図1-5　フランス最古のカフェ「カフェ・プロコプ」の様子を描いた絵

すなわち、世界的な近代化の契機とされる二つの歴史的事件――アメリカ独立戦争とフランス革命――の原動力となる自由主義とナショナリズムは、カフェのなかで醸成されたと言っても過言ではない。ところがおもしろいことに、フランスでカフェが流行りだした時代はちょうどルイ一四世の治世にあたる。「朕は国家なり」

の言葉で知られる、ヨーロッパ近世史上もっとも権力をほしいままにした絶対専制君主の時代に誕生したカフェで、やがて専制君主制や身分制をくつがえす革命の精神が育まれていったというわけである。なんと皮肉な歴史的結果であろうか。

オーストリアやドイツ（当時は神聖ローマ帝国）のカフェも、市民的な公共空間のさきがけとなった点ではロンドンやパリの場合とよく似ている。一六八三年、神聖ローマ軍はオスマン軍によるウィーン包囲を撃破したあと、戦場に残された物資のなかに大量のコーヒーを発見し、軍関係者がそれを利用してウィーンで最初のカフェを開店した。ウィーンの人びとは、命がけで破った宿敵オスマン帝国の食文化を象徴する「トルコ・コーヒー」のとりこになったわけであり、その後もカフェは増え続けることになる。女帝マリア・テレジアの治世にウィーンで実施された役人によるカフェ内秩序の監視も一時的な措置に過ぎず、カフェでの民衆の自由な言論活動を制御することはできなかった。

ドイツにおけるカフェの性格は地域色豊かであり、ロンドンやパリのように知性や感性を大いに刺激する「市民の社交場」の役割を果たしたベルリンのカフェから、学芸や政治とは無縁の娼婦や博徒（これらの人びとは一八世紀前半に出入り禁止となる）がたむろする地方都市のカフェまで多様であった。いずれにしても、ドイツにはフランスにもひけをとらないほどしっかりとコーヒー文化が根づいたことは間違いない。音楽家のバッハは、コーヒーの「毒性」を信じるコーヒー反対派の父とコーヒー狂の娘をモチーフにした楽曲「コーヒー・カンタータ」において、ドイツに定着したコーヒー文化の一端を描いてみせた。また思想家のマルクスが、ドイツの対ナポレオン戦争開始の原因の一つをフランスの大陸封鎖令による「砂糖とコーヒーの欠乏」に見出したこともうなずける。

このように、コーヒー店内で生まれた自由な気風が、身分制によらない平等な個人を起点とする人権思想や市民概念を形づくっていき、ヨーロッパ諸国の政治的近代化を推し進めていった。「コーヒーがなければヨーロッパは近代化し得なかった」というのは言い過ぎだとしても、少なくともコーヒー店の存在はヨーロッパの近代化を急速に早める役割を担ったとは言えそうである。これを機に成立したヨーロッパの近代国家が、良くも悪くもその後の世界の国家づくりに多大な影響を与えたことを考慮すると、コーヒーの世界史的意義はますます大きいと言えるだろう。

4　黒い奴隷が摘み、白い主人が味わう

ヨーロッパにおけるコーヒー文化の拡大は、当然のごとく既存のコーヒー生産や流通のありように変化をもたらした。当時コーヒーはイエメンで生産され、カイロやレヴァント（東地中海岸地方）やオランダの中継貿易商人を介してヨーロッパ諸都市に輸入されていた。とりわけヨーロッパのカフェ林立の影響によって潤ったオランダ商人は、ヨーロッパ全体でますます需要が高まっていたコーヒーをみずから生産し、さらなる利益を上げようと考えた。こうして一六五八年ごろ、アムステルダムやロッテルダムの資本家に後押しされたオランダ東インド会社は、アジアの植民地であったセイロン（スリランカ）やジャワ（インドネシア）で本格的なコーヒーの栽培を開始し、一八世紀に入ると、ジャワ・コーヒーがアムステルダムを経由してヨーロッパのカフェに届けられるようになる。

オランダはジャワの支配層と結託し、この地にもともと存在していた先住民農民を搾取する労働制

度を利用してコーヒー栽培を行い、収穫物を先住民から金銭で安く買いとった。このようなコーヒー・プランテーションが急速に広がっていくなかで、多くのジャワ農民は土地を奪われたり、自分たちの農地におけるコーヒー栽培を強制されたり、プランテーションにおける無償の労働に従事することを求められた。これにともなって、ジャワ先住民の食文化と密接にかかわっていた伝統的な米作システムも破壊されてしまう。こうして一面に広がったプランテーションのなかで、腹を空かせた先住民農民たちがヨーロッパ白人の食欲を満たすためにコーヒーを育てるという歪んだ構造が生みだされたのである。

じつはオランダ人は、アジアの植民地でコーヒー栽培を始める以前、日本や中国との貿易を通じて一七世紀初頭のヨーロッパに初めて茶を紹介した人びとでもある。多種の茶が当初は薬としてヨーロッパへもたらされ、その健康への影響に対する賛否両論を巻き起こした点ではコーヒーとよく似ている。その後、コーヒーほどではないにしても、紅茶がイギリスを始めとしたヨーロッパ社会に受容されていった。つまりオランダ人は、のちの世界における二大嗜好品飲料であるコーヒーと茶——どちらもヨーロッパ人がみずからの消費のために植民地で生産させた「ぜいたくな飲物」——の普及に大きな役割を果たしたことになる。

フランスの王族たちは、こうしたオランダによるジャワ・コーヒー生産の成功に嫉妬していたことだろう。コーヒーの自家生産のためにオランダからコーヒーの苗（アラビカ種ティピカ）を入手したものの、フランスはその栽培に失敗し続けていたからである。しかし一七二三年、あるフランス軍士官がはるばる大西洋を渡り、カリブ海に浮かぶフランス領マルティニークへコーヒーを持ちこみ、初

図1-6　中米地峡拡大地図とカリブ海のフランス領

めてその栽培と収穫に成功した。そこでフランスはこの地に大量の黒人奴隷労働者を投入し、オランダによるコーヒー貿易の独占を打破するためにコーヒーの増産に尽力した。ほどなくしてグアドループやサンドマング（ハイチ）へと、フランスのカリブ海域植民地におけるコーヒー生産は拡大の一途をたどった（図1-6）（このころ、スペインもフランスと争うようにカリブ海の植民地キューバにてコーヒー生産を開始している）。そして一七二七年、フランス領マルティニークを訪れたポルトガル領ブラジルの官吏がコーヒーの種子を南米大陸に持ちかえったことこそ、一九世紀にラテンアメリカが世界最大のコーヒー生産地域となる契機だった。

一九世紀末になると、ヨーロッパ列強による植民地争奪戦の舞台となるアフリカでもコーヒー栽培が始まった。一八七〇〜八〇年代、イギリス人によってニアサランド（マラウィ）で、また一八八三年にはドイツ人によってアンゴラ湾沿岸やドイツ領東アフリカのタンザニアなどでコーヒー栽培が開始され、これが次第にアフリカ大陸に広がっていった。二〇世紀に入ると、フランス領西アフリカ（マリ、モーリタニア、コートジヴォワール、ブルキナファソなど）においても本格的なコーヒー栽培が始まる。こうして、もともとアフリカ大陸生まれのアラビカ・コーヒーは、品種改良されてその姿を変えながら西アジア諸国やヨーロッパ諸国をへて、ふたたび故郷アフリカへと戻ってきたのである。

アラビカ・コーヒーのアフリカへの「帰郷」は、コーヒー史上の思わぬ発見をともなった。ヨーロッパ列強によって栽培されたアラビカ種がサビ病によって絶滅の危機にひんした一八九八年、ベルギー領コンゴでカフェイン含有量が高くサビ病などに耐性のあるロブスタ種（カネフォーラ種の一種）が発見されたのである。その名の通り「たくましい」ロブスタ種は、アラビカよりも品質に劣るものの、はるかに気候の変化に強く、成長も早く、多くの実をつける。このため、おなじくサビ病に苦しめられたオランダ人は、すぐにジャワを中心とするインドネシアのコーヒー・プランテーションにロブスタ種を導入した。一九二〇年ごろには、ジャワ産コーヒーの約八〇％がロブスタ・コーヒーとなったほどである。

ロブスタ種が発見されたのとほぼおなじころ、西アフリカのリベリアではやはり病害虫に強く繁殖力の強いリベリカ種も発見された。のちにリベリカ種は、アラビカやロブスタとともに「コーヒーの三原種」と見なされるようになる。ただし、アラビカはもちろん、ロブスタと比較しても味や香りの劣るリベリカは、ほとんど他の地域において移植・栽培されることはないまま現在にいたっている（現在、リベリアからスーダンにいたるアフリカ低地に自生〈栽培はわずか〉するほか、マレーシアやフィリピンの高温多湿な平地でごく少量の栽培が行われているに過ぎない）。

このようにヨーロッパ人たちは、自分たちの胃袋を満たすためにアジア・ラテンアメリカ・アフリカの植民地において大規模なコーヒー生産を開始した。ヨーロッパの近代化と深い関係にある「自由」で刺激的なカフェ文化は、植民地の農園において「不自由」な奴隷や貧農によって栽培・収穫されたコーヒーが支えていたと言ってもいい。さらに皮肉なことに、こうした熱帯の旧ヨーロッパ植民地の多くは、それぞれ主権国家として独立した後も経済基盤をコーヒー生産に求めざるを得なくなる。その構図は少しずつかたちを変えながらも現在まで続いている。そして、そこで生産される最高級のコーヒーを悠々と味わっているのは、あいかわらずかつての彼らの主人とその仲間たちなのである。

5　ラテンアメリカとコーヒーのほろ苦い関係

一八世紀前半の南米大陸に伝播して以来、コーヒー樹はきわめて適した生育環境であったラテンアメリカ地域に着実に根を張っていき、農民とともに激動の近現代史を生き抜くことになる。一九世紀に入ると、北米大陸におけるアメリカ合衆国のイギリスからの独立やヨーロッパにおけるフランス革命の影響を受け、中南米やカリブ海域のスペイン・ポルトガル植民地住人のあいだにも自由主義とナショナリズムにもとづく独立の気運が高まった。一八〇四年にフランス領サンドマングの黒人奴隷が蜂起してハイチ共和国を建国したのを皮切りに、一八二〇年代初頭までにはキューバやプエルトリコを除くほとんどのラテンアメリカ植民地が独立した（図1-7）。

独立直後の一八三〇年から一世紀後の一九三〇年までが、ラテンアメリカにおける「コーヒーの時代」となったことは興味ぶかい。産業革命によって豊かになった欧米社会がしだいに大量のコーヒー

図 1-7　ラテンアメリカ全体図

注：中米地域については図 1-6 参照。

を消費するようになり、これに対して新生ラテンアメリカ諸国も欧米市場に狙いをさだめてコーヒーの大量生産にとり組んだ結果である。ここで重要なことは、コーヒーが独立したばかりのラテンアメリカ諸国の国家経済を支える最重要の生産品となったことである。しかも先進国の大資本家と結託してこの莫大な利益を独占した国内の政治エリート層たちは、自国の近代化計画をコーヒー産業の発展を基盤にして構想した。すなわち多くのラテンアメリカ諸国にとってコーヒーは、単なる一作物ということでは済まされない、その国家形成や近代化の根幹にかかわる重要産品なのである。

南米大陸で最初に本格的なコーヒー生産・輸出システムを確立したのは、南米で最大の奴隷制国家だったブラジルである。一八一八年、当時ポルトガル領であったブラジルがヨーロッパへのコーヒー輸出を始め、一九世紀中ごろまでには早くも世界第一位のコーヒー生産高を誇った。この成功を目の当たりにしたメキシコやベネズエラなどラテンアメリカ諸国の多くは、世界的に需要が伸び続けていたこの魅力的な赤い果実の生産に競って取りかかった。特に資本力や技術力で周囲に劣っていたコスタリカのような国にとってコーヒーは、地の利を活かすことができるうえに、うまくいけば比較的小さな投資で巨大な利益を上げることができるきわめて有望な一次産品であった。

かなりの浮き沈みはあるものの、一八七〇年代から一八九〇年代にかけて国際市場におけるコーヒーの需要と価格は上がり続けたと言える。世界的な「コーヒー・ブーム」の到来である。このとき、コロンビア、グアテマラ、エルサルバドルなど、のちに市場において大きなシェアを獲得することになるいわゆる「マイルド（味のバランスが良い高品質のコーヒー）」生産国が急激にコーヒーを増産する。そしてこれらの国々は、すでに「コーヒー王国」の地位を不動のものとしていたブラジルとともに、ラテンアメリカを世界最大のコーヒー生産地帯へと変貌させた。そのなかにはすさまじい早さでコーヒー・モノカルチャー（単一作物生産）へと移行する国も少なくなかった（二〇世紀前半にはラテンアメリカ諸国で生産されるコーヒーが世界全体の八〇～九〇％を占めるようになる）。

一九〇二年、ラテンアメリカのコーヒー生産国は、世界最大のコーヒー消費国であるアメリカの呼びかけに応じ、ニューヨーク・コーヒー取引所において「コーヒーの生産と消費を考える国際会議」（第一回国際コーヒー会議）を開催した。この会議は具体的な成果をほとんど残すことができなかったが、生産国の代表たちがコーヒー消費を増大させる宣伝活動の必要性について相互確認したという点で重要である。世界のコーヒー産業は、まさしく南北アメリカを中心に動き始めたのである。

グアテマラやエルサルバドルなど後発のコーヒー生産国では、強大な国家権力が振りかざされ、従来の地域経済システムがごく短期間のうちに破壊された。そしてかつての牧歌的な田園風景は、あっという間にコーヒー一色に染め上げられたのである。これにともなって、これらの国では国家権力者やそれと手を組んだコーヒー農園主にとって都合の良い土地制度や労働制度が整備されていった（ただし第5章で詳述するように、コロンビアだけはその例外である。コロンビアでは国家権力というより民間の富裕層がコーヒーの増産を指導した）。多くの先住民や混血の小作農は土地を奪い取られ、伝統的な自給自足の道を絶たれ、コーヒー農園での労働を強いられた。このような変化はとりわけ貧農たちの国家や農園主に対する反発を招き、それを軍事力で押さえつけようとする国家側と衝突することで恒常化する社会不安の元凶ともなった。

他方、ラテンアメリカ諸国がコーヒーの大増産体制に突入したことにより、国際市場におけるコーヒーの供給量は倍増し、価格も相対的に低下することになった。このことも手伝って、消費国側である欧米先進国においてコーヒーはいっそう大衆的な飲物として消費されるようになった。二〇世紀になっても紅茶文化が根強く残っていたアメリカでコーヒーがしだいに「国民的な飲物」となり、すでにコーヒーが食文化の一部となっていたヨーロッパでは、より品質の高いコーヒーを求める気運が高まっていった。安価なコーヒーの大量生産には一日の長があるブラジルに対して、収穫量に劣るマイルド・コーヒー生産国はその独特の味わいや品質の違いで対抗するというかたちで、それぞれがこの拡大した欧米コーヒー市場での生き残りをかけて競いあった。その結果、商品としてのコーヒーも品質や種類が多様化していくことになる。

このように、コーヒー産業の歴史的な発展過程やその特色にかんする考察は、ラテンアメリカ諸国がたどった「近代化」の特色を理解するために不可欠な知的作業である。コーヒーはこれを生産するラテンアメリカ社会を変質させながら、これを大量消費するようになった欧米社会にも多大な影響をもたらし、さらに欧米の巨大企業や消費者の動向がふたたびラテンアメリカ諸国のコーヒー産業のありようを大きく規定した。雄大なる大西洋をはさんで、コーヒーをめぐるラテンアメリカと欧米諸国のあいだの相互連関や対立は、その後も現在にいたるまで繰り返されている。

第2章　輸出農産品としてのコーヒーとその特色

1　手のかかる作物

コーヒーノキはアカネ科コーヒー（学名「コフィア」）属の多年生常緑樹木であり、二〇〇六年の時点で七〇数か国（世界全体の約三〇％の国々）で栽培されている。コーヒーノキには約八〇種あるが、商品価値のあるコーヒー豆が収穫できるのは「コーヒーの三原種」とされるアラビカ種、ロブスタ（カネフォーラ）種、リベリカ種にほぼ限定される（表2-1）。国際市場において圧倒的に流通量の多いアラビカ種の場合、一年を通して摂氏一七～二五度の気温が保たれ、年間降雨量が一〇〇〇～二〇〇〇ミリメートルにとどまる、海抜五〇〇～二〇〇〇メートルの高地で栽培されることが多い。コーヒーノキは熱帯の作物という印象が強いが、じつは高温多湿を嫌う。そのため日射量の多い地域では、コーヒーノキを直射日光から保護するためにシェードツリー（日陰を作るために植えられる樹木）が必要となる。しかもアラビカ種はサビ病などの原因となるカビ類やブロッカ虫などの害虫、さらには日照りや大雨など気候の変化に対して弱いため、生産者はつねに樹木の健康状態に注意してやらなければならない。

ラテンアメリカなどで一般的なアラビカ種の場合、種の植えつけをしてから三年ほどでコーヒーノキは実をつけ始め、四～五年過ぎてから大量に収穫することが可能になる（図2-1）。クチナシを思い起こさせる白くて小さい花が咲き、自家受粉してから半年以上をかけてしだいに果実がふくらんでいき、緑色から黄色をへて鮮やかな赤色へと変色すると摘みごろである（図2-2、図2-3）。かじる

表2-1　コーヒーの三原種

	アラビカ	ロブスタ	リベリカ
原産地	エチオピア(アフリカ)	コンゴ(アフリカ)	リベリア(アフリカ)
一般的な味の特色	香り豊かで酸味があり高品質	酸味少なく，独特の強い臭みと苦み	強い苦みがあり低品質
国際市場での価格	高価	安価	とても安価
国際市場での流通量(現在)	70～80%	20～30%	微少
自然状態での樹高	5メートル前後	5メートル前後	10メートル前後
木一本あたりの果実収穫量	やや多い	とても多い	少ない
一般的な栽培高度	500～2000メートル（高地）	500メートル以下（やや低地）	200メートル以下（低地）
カフェイン含有量	普通	多い	普通
おもな用途	飲用	コーヒー加工品や薬品の製造・飲用	飲用
害虫や病気への耐性	弱い	強い	強い
気温や雨量への適応性	弱い	強い	強い
最初の収穫までの年数	約3年（安定した収穫は4，5年後から）	約3年	約5年

とほのかに甘いこの完熟果実は、サクランボに似ていることから「チェリー（スペイン語ではセレサ）」と呼ばれる。このコーヒー・チェリーを手際よく収穫できるかどうかが、コーヒーという輸出農産品の品質そのものを大きく左右する。未成熟の青々とした果実や過熟のために干からびて茶褐色となった果実が混入していると、コーヒーの味や香りが損なわれるからである。

そのため、短期間に完熟チェリーを収穫するための労働力が大量に必要とされる。例えば、収穫期を迎えたラテンアメリカのコーヒー生産国では、多数の季節労働者（ふだんは失業状態にある者も少なくない）が職を求めて農園間を移動する。つまり収穫期を迎えたコーヒー生産地域の労働者たちは、外国へ輸出するために摘みとられるチェリーをめぐって、国内をわたり歩くことになるわけだ。しかも土地を所有する

図2-1　コーヒーノキ

図2-2　コーヒーの花

図2-3　コーヒーの果実

自営農でないかぎり、労働者自身がみずから摘みとった上質のコーヒーを味わうことはまずない。国際市場において高値で取引される高級品は丁重に扱われて外国へ輸出されるのであり、農園で貧しい労働者たちが口にするコーヒーは質の良くない廉価品なのである。

こうして多くの労働者を動員して収穫されるにもかかわらず、生の果実はその状態のままでは商品価値を持たない。腐敗するまえに果皮や果肉が取り除かれ、そのなかの種子だけがきれいに取りだされてようやく、チェリーは市場で取引できるコーヒー生豆となるのである。この精製過程も収穫過程とおなじようにコーヒーの品質を左右するので、生産者は細心の注意を払わねばならない。ふつうコーヒーの果実は、果肉（全質量の三九％）、粘質物（一七％）、果皮（七％）、種子（三七％）によって構

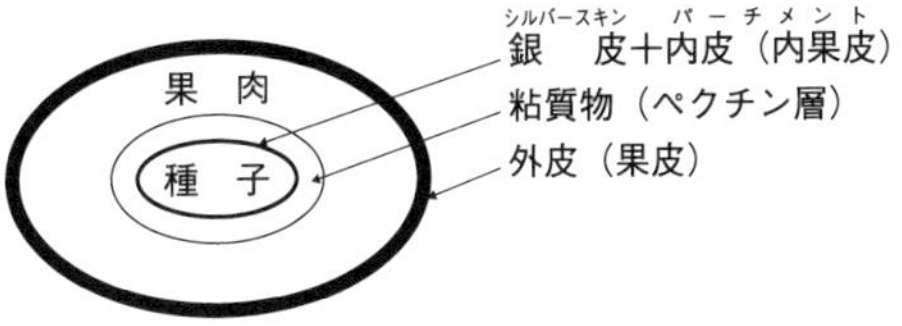

図2-4　コーヒー果実の構造

成され、全体の六五％が水分で占められている（図2-4）。コーヒーの精製とは、チェリーにふくまれる不要な水分を乾燥させたり、あるいは逆にチェリーを水槽タンクで発酵させたりしたあとで、なかの種子を取りだす過程をさす。こうしてできあがったコーヒー生豆が乾燥後に商品として消費国へと輸出され、その多くは消費国側で焙煎されたうえで店頭に並べられることになるのである。

コーヒーノキは芽をふいてから六〜一五年目ごろにもっとも収穫量が見こめ、樹木の状態によっては二〇〜三〇年目くらいまで収穫が可能である。木が弱ってきたら、幹を低くカットバック（切り戻し）して新芽をふかせて再生させたり、古木に代えて新しい若木を植え直したりするなどの措置が必要となる。もちろん継続してコーヒー栽培を行うために、生産者が肥料などを使用して土地がやせてしまわないように注意を払うのは当然のことである。コーヒー生産者は、この一連の作業をできるだけ全体の収穫量を落とさないように注意しながら、計画的に進めていかなければならない。ブラジルなどの大農園では、手っ取り早い樹木の植え替え方法として老木の焼き払いやブルドーザーなどによる根こぎが行われてきたが、これは自然環境や生態系の破壊につながる深刻な問題として近年では禁止される傾向にある。

このようにコーヒーノキはたいへん手間がかかり、多くの人手が必要とされるうえに、中長期的計画にもとづいて栽培されなければならない。インディゴ（藍）・サトウキビ・タバコなどの一年草とは異なり、多年生の樹木から収穫されるコーヒーは、種を植えてから五年ほど過ぎなければ安定した収穫が望めない。

その間にもし不慮の自然災害に見まわれたり、病害虫が発生したりすれば、人びとの数年間にわたる努力が水泡に帰してしまう。また、ようやくコーヒーの果実を収穫しても、収穫や精製のプロセスに問題があればその商品価値はたちまち失われてしまう。しかも収穫までの先行投資がかさむため、もし生産者が途中で他作物の栽培に切り替えようと思えば、かなりの損害を覚悟しなければならない。これはとりわけ貧しいコーヒー生産者にとって厳しい選択となる。そのため小農のなかには、不安定なコーヒー生産業に不満を持ちつつもそこから離れられない者も多いのである。

2　おいしさを左右する三つの過程——収穫

アラビカ種のなかにはティピカ、ブルボン、カトゥーラなどの多様な品種があり、それぞれ少しずつ風味や味わいが違う。これらの品種やその亜種が、さらに各生産地における異なった栽培・精製方法、気候、土質などの影響を受けて、独自のブランド・コーヒーがつくりだされる。このなかには、ブラジル産のサントス、コロンビア産のコロンビア・スプレモ、ジャマイカ産のブルーマウンテン、イエメン（あるいはエチオピア）産のモカ・マタリ、タンザニア産のキリマンジャロ、インドネシア産のマンデリンなど世界的に知られた銘柄もふくまれる。特に、現在では全コーヒー生産量の一〇％前後にあたる「スペシャルティ・コーヒー」と呼ばれる高級コーヒーは、そのフレグランス（焙煎豆の香り）、アロマ（コーヒー抽出液の香り）、酸味、ボディ（こく）、風味（後味）、フレーバー（味わいテイスト）、そして全体のバランスにかんする厳しい審査を通過したうえでようやく高値で売買され

表 2-2　コーヒーの収穫方法

収穫方法	必要とされる労働者数（おなじ耕地面積の場合）	労働者の熟練度	収穫量（おなじ耕地面積の場合）	収穫された時点での豆の価格	木へのダメージ
手摘み（選別式）	とても多い	高い（摘み取り技術）	とても少ない	高い	小さい
手摘み（非選別式）	少ない～多い	低い	少ない～多い	低い	大きい
落果	少ない～多い	低い	少ない～多い	低い	大きい
機械摘み	とても少ない	高い（機械の操作）	とても多い	低い	大きい

るのである。

だが、こうした高級コーヒーをつくりだすためには、生産国における栽培に始まって消費国の店頭に商品として並ぶまで、多くの人びとがまるでわが子を育てるかのように時間をかけてやさしくコーヒーを扱ってやらなければならない。ジャマイカのブルー・マウンテン山脈で栽培しさえすれば、あとは黙って放っておいても自動的に最高級のブランド・コーヒーである「ブルーマウンテン・ナンバーワン」が生産されるわけではないのである。とりわけコーヒーの品質（ニューヨーク・コーヒー取引所などが定める商品としてのコーヒーの品質）にきわめて重要な影響をおよぼすのが収穫・精製・焙煎の三行程である。順を追って、それぞれの行程のありようとその特色について考察することにしたい。

まず収穫についてであるが、コーヒーの収穫方法は大別して「手摘み・選別式」、「手摘み・非選別式」、「落果」、「機械摘み」に分類される（表2-2）。コーヒーの果実は、おなじ枝上に実った果実のあいだでもそれぞれ成熟の早さが異なる。従って品質の高いコーヒー豆をつくりだすためには、未熟果実や過熟果実のなかに混在する完熟チェリーのみを選んで収穫する「手摘み・選別式」であること

図 2-5　コーヒーを選別して手摘みする労働者

が望ましい。

しかしながら、手摘み・選別式で手際よく果実を摘みとっていくためには、労働者が一定の経験や熟練技術を身につけなければならない（図2-5）。また果実を一つずつ選別するとどうしても労働者一人あたりの収穫量が少なくなるため、農園主はできるだけ多くの経験豊かな労働者をかき集めて収穫にあたらなければならない。ただし、この方法で収穫された果実は、高級豆を求める精製業者や仲買業者によってそれなりに高い値で購入してもらえる。さらに枝や葉が必要以上に痛まないので、コーヒーノキそのものの健康状態を良好に保つためにも望ましい方法である。栽培している木の本数の少ない小農家は、収穫量は小さいが買値が高くなるこの選別式を採用する場合が多い。品質にこだわるコロンビアを始めとするマイルド・コーヒー生産国の多くが、ブランド・コーヒーをつくるためにこの方法で収穫を行っている。

おなじ手摘みでも非選別式の場合、これとはかなり様相が異なる。「手摘み・非選別式」の場合、非熟練労働者（あるいはかつてブラジルに存在した奴隷など）は枝に群生するコーヒーの果実を選り分けず、そのすべてを手でしごき取る。チェリーを選別しない分だけ労働者一人あたりの収穫量は大きくなるが、同時に豆のなかには収穫に不適格な果実や小枝などの異物も混入するため、この状態のままでは収穫物は買付人に高値で買ってもらえない。収穫してから異物を取り除く作業を行う場合にはさらなる時間とコストがかかる（最近では自動選別機を利用する場合もある）し、なによりも果実とともに枝葉がはぎ取られるために木の健康も損なわれることになる。この非選別式の手摘みは、基本的に選別式よりもやや安価なコーヒーを多く生産するのに適していると言えよう。

「落果」は手摘みとは違い、労働者が棒などで枝をはたいたり、木を揺すったりして、コーヒーの果実を地面に落下させてから拾い集める方法である。この方法は、栽培されているコーヒーノキの本数に対して労働者の数が少なく、しかも品質の保持よりも大量に収穫しようとする農園で採用されることが多い。コーヒー・チェリーは臭気に敏感に反応するため、地面に落とされるとその土の匂いを吸収してすぐに風味や香りが損なわれてしまう。そのためこの方法は香り高いアラビカ種の収穫には不向きであり、おもにブラジルやエチオピアなどでロブスタ種の収穫のために用いられている。もともと強い臭みと苦みがあるロブスタは、飲用のためのストレート・コーヒー（ほかの銘柄と混ぜないで単品で焙煎・摘出されたコーヒー）として市場に出回ることはあまりないため、落果によって商品価値が著しく下がることはない。ロブスタ・コーヒーは、おもにブレンド・コーヒー（複数の銘柄のコーヒー豆を混ぜて作ったコーヒー）に少し混ぜられたり、インスタント・コーヒーやカフェインを含有する薬品の製造に利用されたりするからである。

品質の低いロブスタや、インスタント・コーヒーなどあとから味や香りを調整することができるコーヒー加工品用のチェリーを効率よく大量に収穫する方法に「機械摘み」があり、現在ではコーヒーを収穫するための大型収穫機も開発されている。これは車高が三メートルを超える巨大なトラクター型自動車で、車体の中央部に大穴が開いていて、そのなかにガソリンスタンドでよく見かける自動洗

図2-6　コーヒー収穫機

車機のような機械がついている（図2-6）。この中央部分に樹木全体をはめこむようにして、収穫機は果実を枝葉もろとも根こそぎ車内に取りこむのである（ただし、最近では成熟したチェリーのみを積み取る優れた収穫機も導入され始めている）。従って、少なくとも収穫段階におけるコーヒーの品質は高くないが、少ない労働力で大きな収穫量を確保するには最適な方法である。ただし、この収穫法には先行投資として高価な収穫機を購入する資本力が不可欠であるし、「落果」と同様にコーヒーノキ自体を著しく傷つけるため自然環境にやさしい方法でもない。高価な機械を導入しても膨大な収穫量によって採算が取れ、多少の木を枯らしても問題がないほど広大なブラジルの大農園以外では、この方法は不向きだと言える。

このようにそれぞれの収穫方法は、コーヒー生産者をとり巻くさまざまな状況によって異なる。実際にはすでに述べた四パターンに簡単に分類できないような、いくつかの収穫方法を複合的に用いる生産者も存在するが、これらの基礎的な収穫方法の違いについて認識することによって、その大まかな特色をとらえることはできる。農園の規模、木の本数、労働者の数や質、農園の経営戦略（手間をかけて少量でも高品質のコーヒーを生産するのか、効率よく低品質のコーヒーを大量に生産するか）などに左右されつつ、それぞれの収穫方法が決定されているのである。

3　おいしさを左右する三つの過程――精製

つぎにコーヒー生産業者は、収穫されたコーヒー・チェリーを新鮮なうちにできるだけ早く精製し、商品となる種子の部分を取りださなければならない。コーヒー精製の基本的な方式としては、乾燥式（ナチュラル、アンウォッシュト）と水洗式（湿式、ウォッシュト）がある。もちろんこの二つの方式を部分的に組み合わせた複合的な精製法（例えば、果肉を除去して水洗した後、発酵させずに乾燥させる半水洗式〈セミウォッシュト〉など）も各地に見られるが、まずは乾燥式と水洗式の違いについて理解しておくことが、コーヒー生産と品質の関係性を考えるうえで欠かせない（表2-3）。

現在のニューヨーク・コーヒー取引所において、コーヒーは精製法と産地によって大きく四タイプに分類され、先物で取引されている。このことからも、コーヒーの品質にかかわる精製過程の重要性がわかる。その四タイプとは「コロンビア・マイルド（コロンビア、ケニア、タンザニアなどで生産された水洗式精製のアラビカ種）」、「アザー・マイルド（メキシコ、ペルー、エルサルバドル、ジャマイカ、コスタリカ、グアテマラ、ホンジュラス、ベネズエラ、インドなどで生産された水洗式精製のアラビカ種）」、「アンウォッシュト・アラビカ（ブラジル、エチオピア、ボリビア、パラグアイ、イエメンなどで生産された乾燥式精製のアラビカ種）」、「ロブスタ（ジャワを除くインドネシア、コートジヴォワール、ウガンダほかで生産された乾燥式精製のロブスタ種）」である。このうち、コロンビア・マイルドとアザー・マイルドに分類される水洗式精製のマイルド・コーヒーが高値で取引される傾向にある。つまり精製法の

表2-3　乾燥式と水洗式

乾燥式	水洗式
収穫 ↓ 乾燥場（日光で3～4週間の乾燥） ↓ 脱穀機（外皮や果肉の除去） 古典的なものに牛力脱穀機もある ↓ 〔選別機〕（不純物や欠損豆の除去） ↓ 輸出	収穫 ↓ 貯水槽（24時間。完熟豆の選別） ↓ 果肉除去機（外皮や果肉の除去） ↓ 発酵槽（2～3日。ぬめりの除去） ↓ 水洗機（水流による洗浄） ↓ 乾燥機（豆の乾燥） ↓ 〔内皮脱穀機〕（内皮と銀皮の除去） ↓ 〔選別機〕（不純物や欠損豆の除去） ↓ 輸出

違いは、コーヒー価格へと直接的に反映されるのである。

乾燥式は、コーヒー・チェリーを天日に三～四週間干して乾燥させ、果皮や果肉の水分をとばして干からびさせてから脱穀機にかけ、なかの種子を取りだす方式である（現在ではこのあと、色彩や形状を見わけて欠損豆を除去することができるコンピュータ式の自動コーヒー豆選別機にかけられる場合もある）。野外に設けられた乾燥場いっぱいに広げられたチェリーは、ときどき人の手によってかき混ぜられ、すべてがまんべんなく乾くように配慮される（図2-7）。チェリーを乾燥させる熱エネルギーは太陽から無料で無尽蔵にもたらされるうえに、除去された乾燥皮などはしばしば肥料として利用される。しかも乾いた果皮などを除去するための脱穀機は、それほど高価なものではない。すなわち乾燥式は、低いコストで大量のコーヒーを処理することができるうえに、周辺の環境にも優しい精製方式であると言えよう。

とは言え、たとえばブラジル南東部のコーヒー生産地帯のように日干しにするあいだに雨が降らない気候でなければ、生産者がこの方式を採用することは難しい。乾燥途中で雨に見まわれれば、チェリーが腐敗してしまうからだ。また、たとえ雨が降らなくても、地上に注がれる日射量は年によって微妙に異なるために品質が安定しにくい（日干しの期間は、最終的には生産者の経験や勘で決定される）。しかも野外にチェリーをさらすため、どうしても周辺の水分や匂いの影響を受けたり、異物が混入したりする可能性が高くなる。脱穀機にかける段階で取りだされた種子に傷がつく可能性も小さくない。

図2-7　コーヒーの日干し乾燥

このように乾燥式の精製法は、気候や自然環境に大きく依存しているために品質を維持するうえでの不確定要素が多くなる。つまり一般に乾燥式は、あまり品質の高くないコーヒーを低コストで大量に精製するのに向いていると言えよう。ただし、なかにはブラジル・サントス、モカ・マタリ、スマトラ・マンデリンなど、むしろ乾燥式によって創出される独特のクセを活かした味わいぶかいブランド・コーヒーもあるので、頭ごなしに乾燥式精製のコーヒーすべてが低級品だと考えるべきではない（コーヒー通のなかには、天日干しのおいしいコーヒーに勝るものはないと断言する者も少なくない）。例えば、水洗式の高品質コーヒーで知られるコスタリカのコーヒー業界が、わざわざ高い人件費を割いて「一種のセミウォッシュト・コ

図 2-8　水洗式工場

ーヒー」の生産を試みていることは示唆的である。水洗式で取り出した豆を手間をかけて日干しにし、独特の風味を加えようというのである。

これに対して水洗式は、水流を利用した人工的な装置で種子を取りだす方法である。この場合、まず収穫された果実は水洗式装置の貯水槽に投入され、水流を利用しながら完熟チェリーのみを発酵槽へと送りこむ（図2-8）。チェリーは水槽のなかで二、三日発酵させると果肉や粘液が除去しやすくなるので、これを強烈な水流にさらすことでなかの種子が取りだされる（この段階の種子には果肉と種子を隔てる薄い内皮〈パーチメント〉と銀皮〈シルバースキン〉がついており、パーチメント・コーヒーと呼ばれる。図2-4を参照）。最後にこれを乾燥すれば、きれいなコーヒー生豆ができあがる（このあと内皮と銀皮が機械で除去されてから出荷されることもある）。しかもすべての行程が水を使用した機械のなかで進められるため、種子にはほとんど傷がつかず、気候の影響も受けない。安定した高品質が期待できる精製方式である。

しかしながら、この水洗式を導入するためには、適度な降雨量があって水源に近い立地環境が欠かせない。しかも近年ではコンピュータによって制御される大がかりで精密な水洗式機械が主流となっているから、これを購入し、管理・運営する専門的技術者を雇い入れるには、農園側の豊富な資金が不可欠である。水洗システムがきちんと管理されなければ、発酵臭が豆に残り、乾燥式精製の豆よりもかえって品質が悪くなってしまう。さらに水洗式では大量の汚水が発生するため、これをそのまま河川などに流すことによってその下流域で深刻な公害が引きおこされることもある。現在、精製業者はこうした問題にも誠実に対応することが求められている。

このように水洗式は、先行投資もふくめてコストがかかり、一度に大量のチェリーを処理することはできないものの、品質の高いコーヒーを安定して生産するのには適した精製方法であると言えよう。コロンビア・スプレモで有名なコロンビアや中米地峡諸国などのマイルド・コーヒー生産国は、水洗式精製の技術と効果を追究することでコーヒーの品質を高め、その生産量ではかなわないブラジルと国際市場で渡りあっている。

4　おいしさを左右する三つの過程――焙煎

精製をへて取りだされた生豆は、薄い緑色をしていることから「グリーン・コーヒー（グリーン・ビーン）」と呼ばれ、いよいよ商品価値を持つようになる。このグリーン・コーヒーが消費国に輸出され、小売店や飲食店で人びとの味覚を満足させるためには、味を左右する最後の行程を無事に通過しなくてはならない。焙煎（ロースト）である。たとえ収穫や精製の段階でていねいにつくりだされたコーヒー豆でも、焙煎で失敗すればすべてが台なしになってしまう。とは言え、コーヒー専門業者やコーヒー・マニアなどグリーン・コーヒーを仕入れてみずから焙煎する者は別として、一般の消費者はあらかじめ焙煎業者によって焙煎（あるいは加工）されたコーヒーを購入しているのではないだろうか。もちろん生産国側でコーヒーが焙煎されることもあるが、コーヒーは焙煎後に品質の劣化が早いため、消費国側のコーヒー輸入業者や焙煎専門業者がこの作業を行うことが多い。

コーヒーの焙煎とは、生豆をおよそ摂氏二〇〇度で一五～二〇分ほど熱することによって、生豆から炭酸ガスと水分をとばして炭化させる作業のことをいう。焙煎釜は多種あるがドラム回転式の焙煎機が一般的であり、そのなかで生豆は直火や熱風で煎られ、その重量は生豆時より一五～二〇％ほど軽くなる。一般にコーヒーは深く煎れば苦くなり、浅く煎れば酸っぱくなるが、その豆の味や香りなどの特色を活かしてその豆にもっとも合うようにローストできるかどうかが、焙煎業者の腕の見せどころということになる。

現在、焙煎度合の国際的な基準は八段階あり、ライト（超浅煎り）、シナモン（浅煎り）、ミディアム（中煎り・弱）、ハイ（中煎り・中）、シティ（中煎り・強）、フルシティ（深煎り・弱）、フレンチ（深煎り強）、イタリアン（超深煎り）がそれにあたる。例えば、「アメリカン・コーヒー」（この名称はアメリカの浅煎りコーヒーを再現した日本の業者がつけたもの。世界的には通用しない）にはシナモン・ローストが、一般的な「ブレンド・コーヒー」にはミディアム・ローストが、有名銘柄などのストレート・コーヒーにはハイ・ローストやシティ・ローストが、エスプレッソにはフルシティより上の深煎りが最適とされている。

おなじブランド・コーヒーでも、焙煎の強弱によって味や香りはかなり異なってくる。ちなみにコーヒーは豆の挽き方によってその味がさらに変化する。一般にエスプレッソには極細挽き、水出しコーヒーには細挽き、ペーパードリップやコーヒー・メーカー用には中細挽き、サイフォン〈気圧の差を利用して湯を移動させ、コーヒーを抽出する専門器具〉やネル（布袋）ドリップには中挽き、パーコレーター〈吹き上がる沸騰湯を利用してコーヒーを摘出する専用ポット〉やコーヒープレス〈湯とコーヒー粉を入れてコーヒーを抽出する落としぶたのついた専用ポット〉には粗挽きが向いているとされる。三行程のなかで焙煎は、消費国の人びとが直接に関与できる唯一のプロセスであるため、消費国側ではこの過程がコーヒーの品質にとって最重要視される傾向にある。

ここで強調しておきたいことは、コーヒーの味を左右する三行程――収穫、精製、焙煎――において、あとのプロセスになればなるほど利益がつり上がっていき、もっとも儲かる焙煎は多くの場合消費国である先進国のコーヒー企業によって行われているということである（図2-9）。視点を変えれば、もっとも時間と手間のかかる収穫までの作業を担っている生産国の農業労働者たちは、その労働に見合った代価を得られていないということになる。土地を手に入れることも借りることもできない季節労働者の場合、その理不尽な労働の搾取はさらに深刻である。

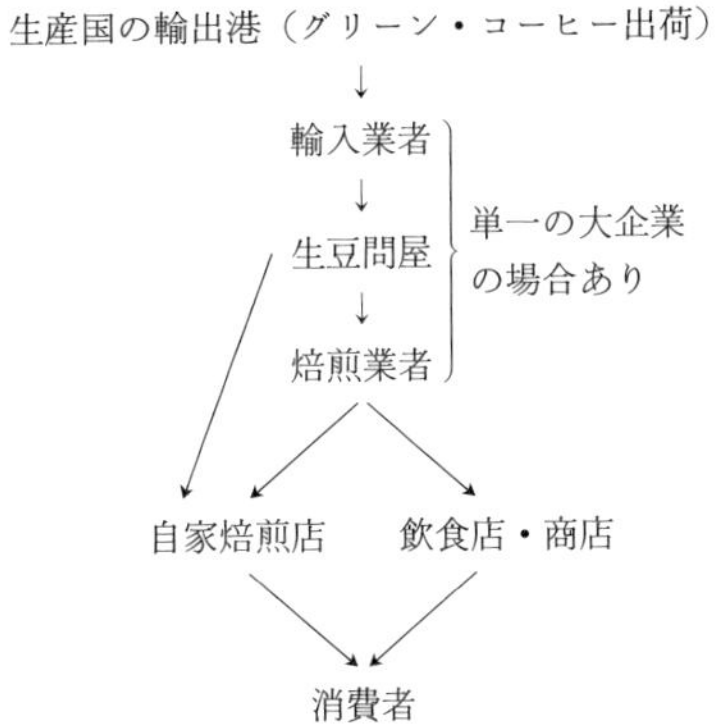

図2-9　輸入国における一般的なコーヒー流通経路

ラテンアメリカの小農や零細農の視点から、そのからくりの一例について見てみよう。小・零細農は種つけから数年かけてコーヒーノキを大切に育てたのちにようやく収穫にこぎつける。もし彼らが品質の高いコーヒーを生産しようと手摘み選別式で丁寧に完熟チェリーを収穫したとしても、しばしば精製業者や仲買業者に安く買いたたかれる。貧しい小・零細農たちは水洗式の精製が行えないため、これらの業者に足元を見られてしまうのである。さらに精製されたコーヒー生豆は、現在であれば世界に流通する生豆の約半数を取り扱う上位五社の巨大な多国籍輸入焙煎企業によって買いとられる。これらの企業は徹底した情報戦略を通じてコーヒーの市場価値を高めつつ、焙煎したコーヒーを高値で売りにだす。しかも小・零細農はつねに干害や冷害などの自然災害や国際市場におけるコーヒー価格の予期せぬ急落に直撃されるリスクを負っているのに対して、輸入焙煎業者は先物取引でコーヒー生豆を買いつけているため、こうした価格の上下動にともなう損害を軽減することができる。

このように収穫する者よりも精製・仲買業者が、さらに精製・仲買業者よりも焙煎業者が儲かるようにできている現在のコーヒー生産流通システムは、深刻な問題を抱えていると言わざるをえない。この構造的な著しい不平等は、世界のコーヒー生産を支える小・零細農には理解しがたく、容認しがたいことであろう。例えば、NGO団体のオックスファム・インターナショナルは、コーヒー生産国ウガンダにおける現地調査で、あるコーヒー関連の巨大多国籍企業で働くウガンダ人のつぎのような印象的な発言を記録している。

「カンパラ（ウガンダの首都――小澤）のシェラトンホテルでは、コーヒーが一杯六〇セント、欧州ではその倍はする。いったい何が起きているのか見当もつかない。農民たちにとってはわけがわからない。何で、農民が一キログラムあたり八セントで売っているキボコ（現地の未処理豆の呼称）が、スプーン一杯で六〇セントになるんだ？　焙煎業者が儲けているのか？　彼らが超人的な利益を上げてるってわけか？　まっとうな額を支払ってもらえば、ウガンダ人は自国にとどまることができ、移民になって欧州諸国を困らせることはないんだ」。憤然と発せられたこの言葉は、コーヒーをめぐって構築された生産国と消費国のあいだのいびつな関係がもたらす厳しい現実の一端を私たちに教えてくれる。

5 健康的な嗜好品?

アジア、アフリカ、ラテンアメリカのコーヒー農民たちに不当で苦しい労働を強いてまで、先進国の人びとがコーヒーを口にしたがるのはなぜだろうか。そもそもコーヒーは、コメや小麦やバナナのように私たちの主食として十分な栄養分やカロリーを補給してくれるような食物ではない。コーヒー生豆には糖分・アミノ酸・たんぱく質・脂質などもふくまれているが、焙煎して挽いたコーヒー粉に湯を通して抽出されたコーヒー液自体は全質量の九八~九九%が水分で占められており、そのなかにはほとんど栄養分はない。つまりコーヒーは人間の生命にとって不可欠な栄養素を補ってくれる基礎的な食物ではなく、酒類やタバコなどとおなじ嗜好品として扱われるべき飲物なのである。なぜ人びとはこのような「ぜいたく品」であるコーヒーに惹かれるのであろうか。

一日に五〇~六〇杯のコーヒーを飲みながら数々の名作を世に送りだした一九世紀のフランス人作家バルザックならば、コーヒーは欠かすことのできない食文化の一部であり、同時に自分の文学的才能をひきだす秘薬でもあると答えるだろう。スターバックス社を世界的なコーヒー企業に育てたハワード・シュルツであれば、コーヒーは企業家を大成功に導いてくれる「宝石」であるからだと答える

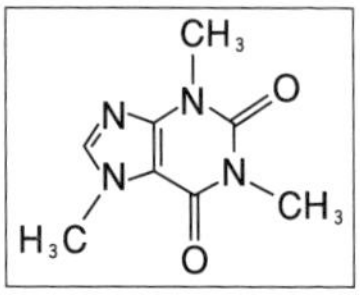

図2-10　カフェインの分子構造

かもしれない。あるいは西田佐知子や井上陽水が歌ってヒットした「コーヒー・ルンバ」の歌詞にあるように、コーヒーには恋を忘れたあわれな男でさえも思わず心が躍ってしまうほどの情熱的なアロマがあるからだろうか。どの説明にも一理ありそうである。コーヒーが複雑で多様性に満ちた人間社会と密接な関係を持つようになるにつれ、人が主体的にコーヒーを求める理由もさまざまに考えられる。

また薬理学の立場からすると、人間がコーヒーを欲する行動はしばしば簡潔に説明される。コーヒーのなかにふくまれるアルカロイドの一種であるカフェインが、飲む者の体内においてこの成分に対する依存性（もしくは習慣性）を生みだすのであり、これこそが人のコーヒーに対する「愛」の正体だというわけである（図2-10）。しかもカフェインには、酒やタバコにふくまれるアルコールやニコチンほど人体に対して破壊的な毒性もないとされている。最近の研究によれば、カフェインには眠気をさます覚醒作用、強心作用、利尿作用、食欲増進、精神の安定、疲労やストレスの緩和、ダイエットなどの効果があるとされ、このカフェインを中心とするコーヒー成分の薬効を強調する者も少なくない。こうした議論を展開すると、カフェインにはある種の習慣性はあるが、それは基本的に健康に良いものであるから、人がコーヒーを欲するのは当然だということになる。たしかにこうした側面もあるだろう。

しかしながら、人びとがモノを消費するという行動は、思いのほかさまざまな情報やイメージによって操られていることもまた事実である。とりわけ情報チャンネルの拡大した現代においては、コーヒーそのものの社会的イメージや特定のブランド・イメージが、人びとの消費行動を大きく左右している。振り返ってみれば、最初にコーヒーを飲み始めたヨーロッパ人の多くも、異国のエキゾチックなイメージに心を奪われて一杯のコーヒーを求めたではないか。コーヒー業界による意図的なイメージ戦略としては、一九六〇年にコロンビア・コーヒー生産者連合会（FNC）がアメリカ市場にしかけたプロパガンダが典型である（第5章で詳述）。コロンビア側は、がんこで人なつこいコロンビア農民のイメージをまとったファン・バルデスという架空の農民を主人公にしたコーヒー広告によって、アメリカにおけるコロンビア産コーヒーの消費量と市場価格をいっきに高めた（これは現代にいたるまで、コロンビア・コーヒーは高級であるというアメリカ人の一般的な意識に影響していると考えられる）。商品イメージは人の消費行動を大きく左右するのである。

もっとも、実際に世界でコーヒーを売りさばいている大企業の多くは、たとえコーヒーが健康を促進する飲物でなくてもこの商品を売り続けるにちがいない。むしろ営利を第一に考える大企業にとって重要なのは、いかにコーヒーの肯定的なイメージ（それが科学的な説得力を持っているかどうかは、彼らにとって本質的な重要性を持たない）を人びとのあいだに定着させ、それによって自社製品の売り上げを高めることができるかどうかであろう。さらに、ときにコーヒー業界と結託した研究者による「科学」的見解が、世界のコーヒー業界を牛耳っている多国籍コーヒー企業にさらなる活力を与える可能性も否定できない。巨大コーヒー企業は、消費者の健康を促進する使命感に突き動かされてコーヒーを扱っているのではなく、経済的な利益を上げるためにコーヒーを売買しているのだという大前提から目を反らすべきではないだろう。

さらに、「ぜいたく品」であるコーヒーは、もし輸入国側の経済状況が悪化すれば、生活苦にあえぐ一般消費者によって最初にその購買が切りつめられる傾向にある。いくらコーヒー文化が世界に定着しつつあるとはいえ、最低限の衣食住に必要な生活資金を削ってまで高価なコーヒーを飲み続ける消費者はそうはいないだろう（それでもなおコーヒーへの「愛」に殉ずるという人がいるとすれば、これほどコーヒー業界にとってありがたい顧客はいないだろう）。この点でおなじ嗜好品である酒類やタバコと比較して依存性のはるかに弱いコーヒーは、それゆえにその売り上げが消費国側の経済的動向に大きく左右されることにもなる。

だからこそ、コーヒー輸入・焙煎業者はこうした危機的な状況からコーヒーという商品を守るため、徹底した情報戦略を通じてコーヒーの積極的なイメージを作りあげようと努力するのである。特に巨大多国籍企業がコーヒー商戦において有利なのは、マスメディアに大きな影響力を持ち、イメージ戦略のノウハウを獲得し、宣伝用の資金に潤沢であることと無縁ではない。大手のコーヒー企業は情報戦における圧倒的な優位性を活かして、積極的なイメージをまとった自社ブランド・コーヒーを人びとの消費生活のなかに定着させることができる。コーヒー産業をめぐる国際的な経済的不平等の構造は、こうした問題とも深くかかわっている。

こうしたさまざまな歪みがあるのを知りながら、なぜ多くの開発途上国があいかわらずこの輸出農産品に依存し続けるのか。なぜ小農や零細農は、安定した利益をもたらす保証のないこの投機性の強い作物から逃れられないのか。それを理解するためには、開発途上地域におけるコーヒー輸出経済システムの確立と近代国家形成の関連性について具体的に分析・検討しなければならない。これらの国々におけるコーヒー輸出経済システムのありようは、現在につながる歪んだ政治・経済・社会構造のなかに複雑に織りこまれてしまっている。とりわけ、世界最大のコーヒー消費国となるアメリカに隣接し、世界最大のコーヒー生産地帯をかかえるラテンアメリカ諸国にとって、これはまさに国家や社会の性格を決定的に規定する問題なのである。

ちなみに、コーヒー飲用によるカフェインの過剰摂取は、それこそ科学的な見地からやめておいた方が良さそうである。重度のカフェイン依存者がカフェインを絶つと、一種の禁断症状として軽い精神不安や頭痛が二、三日ほど続くことがある。じつはカフェインの過剰摂取で人が死にいたることもあるのだが、これについてはコーヒー飲用者がそれほど神経質になる必要はない。カフェインの致死量は成人で約一〇グラムであるが、コーヒー一杯分にふくまれるカフェインはふつう九〇〜一二五ミリグラムに過ぎない。従って計算上は、約八〇杯のコーヒーを一度に飲むような無茶をしないかぎり人が中毒死することはない（ただし、個人の体質や健康状態によってもカフェインの影響は異なるので注意されたい）。

筆者とおなじように、目の前のコーヒー・カップを見つめて、ほっと胸をなでおろした読者も多いのではないだろうか。

第Ⅱ部　コーヒーとラテンアメリカの近代化

第3章　ブラジル

——他を圧倒する世界最大のコーヒー生産国

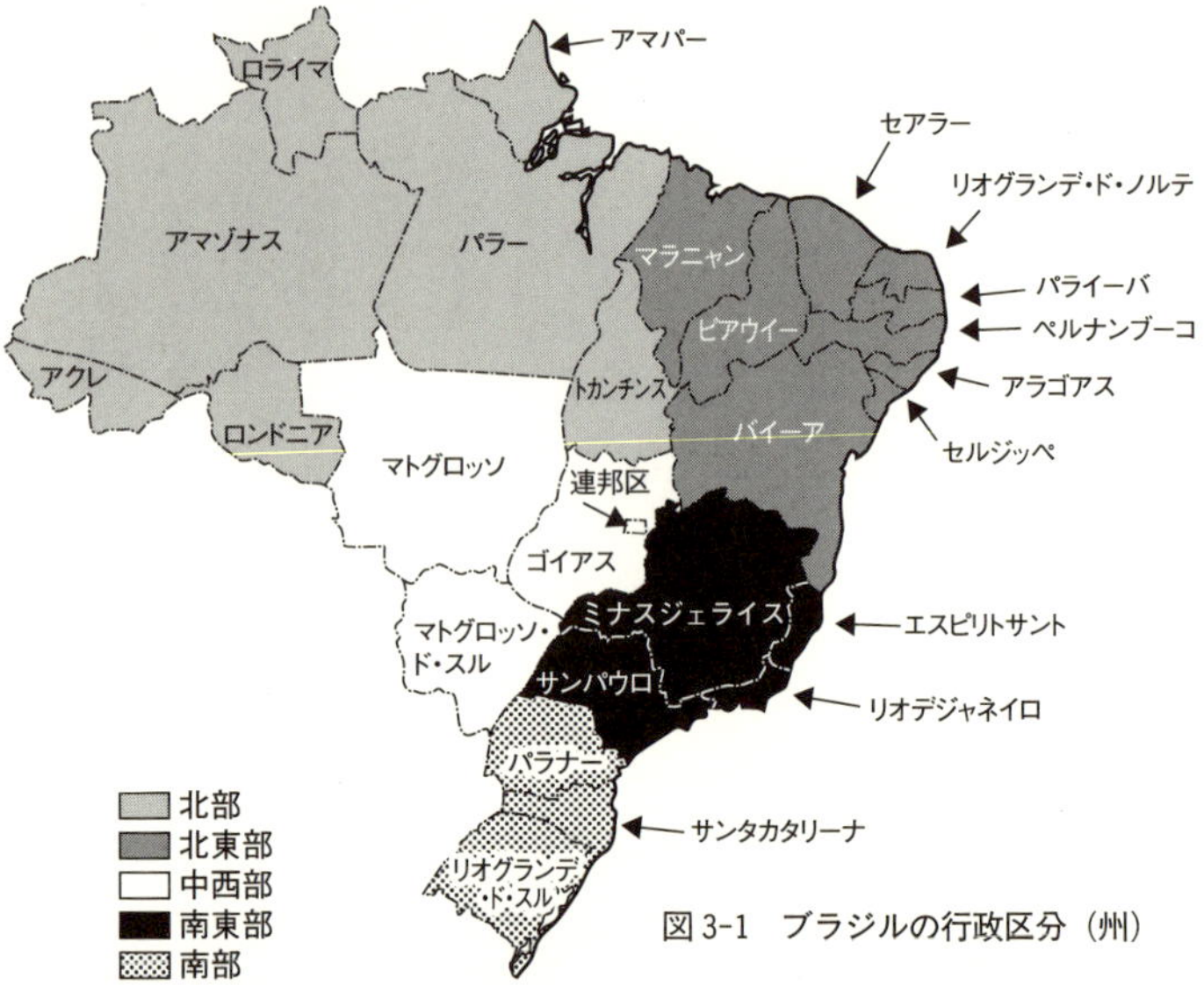

図 3-1　ブラジルの行政区分（州）

図 3-2　ブラジルの主要都市（州都）

出所：シッコ・アレンカールほか『ブラジルの歴史』，p. 698より作成

ブラジルの基礎データ

正式国名	ブラジル連邦共和国
面　　積	約851万2000km²（日本の22.5倍）
人　　口	約1億8390万人
民　　族	ヨーロッパ系＝55%，混血＝38%，その他（アフリカ系・アジア系など）＝7%
主要言語	ポルトガル語
主要宗教	カトリック
首　　都	ブラジリア
主要産業	製造業，鉱業（鉄鉱石ほか），農牧業（砂糖，オレンジ，コーヒー，大豆など）
一人あたり国内総生産	6938米ドル
経済成長率	5.4%
物価上昇率	4.86%
失 業 率	9.3%
最近のトピック	2003年，ブラジル初の労働者階級出身の大統領となったルイス・ルーラ大統領は，2007年に再選されて2期目に突入した。社会福祉政策の充実や貧困対策を重視し，経済の安定化を目指すルーラ大統領に多くの人の期待が集まる一方，その政策の不徹底さを批判する者もいる。2008年は，日本人が最初にブラジルへ移住してから100周年にあたり，各種のイベントが開かれた。現在では，日系人を中心に約30万人のブラジル人が日本に居住している。

（日本外務省公表データより作成，2008年9月時点）

1　ブラジルの歴史とコーヒー

ポルトガル人とコーヒーの到来──植民地ブラジルの成立

一五〇〇年、カブラル隊長の率いるポルトガル艦隊が初めてブラジル沿岸部に漂着したとき、その新天地はポルトガル人にとって必ずしも魅力的な場所ではなかった。当初、このヨーロッパからの征服者たちは、のちにブラジルという地名の由来となるブラジルボク（赤い染料がとれる常緑樹）以外に利益となりそうなものを発見できなかったからである。インド航路による香料貿易に熱心だったポルトガル人は、まだブラジルの雄大な自然に抱かれた豊かな森林資源や地下資源に気づいていなかった。彼らはほかのヨーロッパ人と同じくコーヒーという飲物を知らなかったし、ブラジルにもコーヒー文化は存在しなかった。一九世紀に「コーヒー王国」としてその名を世界に轟かせることになるブラジルは、コーヒーとは無縁の土地だったのである。

ブラジルへの本格的な植民活動を進めたポルトガルのブラガンサ王家は、ほかのヨーロッパ列強の侵略を恐れつつ、区画化した土地を貴族に委譲して、本国をモデルにした植民地社会の形成を急がせた。その過程で、イエズス会士らを通じた先住民のキリスト教への改宗が推進されると同時に、植民地経済を支えるようになった砂糖産業の労働力として大量のアフリカ黒人奴隷が輸入された。入植時に七〇〇万人いたとも推計される先住民は戦闘や病気などで植民地時代中期までに二〇万人にまで激減し、残った者たちもジャングル奥地へと逃亡していったため、労働力が不足したからである。アフリカ黒人奴隷の置かれた状況はじつに過酷だった。すし詰め状態の奴隷船による輸送中に奴隷の四〇%が死亡し、生きてブラジルへたどり着いた者の平均寿命も一〇年を下まわったほどである。

ブラジルの先住民はアステカ、マヤ、インカのような高度の文明を持たない半放浪の民であり、定住農業の経験も冶金（鉱石から金属を取りだし、加工する技術）の知識も持っていなかったため、ポルトガル人入植者から「奴隷として不適格」と見なされていた（図3-3）。そのためブラジルでは、奴隷制が生みだす筆舌につくせない苦しみは、おもに黒人奴隷に背負わされることになった。先住民が奴隷化されることがあるとすれば、それは何らかの原因で黒人奴隷が不足した場合に限られる。こうして、ポルトガル系白人の富裕な大土地所有者のもとで、黒人を中心とする奴隷労働力に依存し、サトウキビなどの商品作物のモノカルチャーに立脚する、ポルトガル領ブラジルの農業基盤が確立された。この構造はのちのコーヒー生産業の原型ともなる。

図3-3　J.B.ドゥブレが描いた先住民共同体（19世紀前半）

一八世紀になると、ミナスジェライス地方を中心にブラジルはゴールドラッシュに沸いた。その最初の七〇年にブラジルで産出された金は、隣りあうスペイン領アメリカ全体における三五〇年間の産出量より多かった。この黄金ブームさなかの一七二七年、コーヒーノキの種子がフランス領マルティニークから現在のパラー州に持ち込まれた。そして、一七六〇年代に枯渇し始めた金に代わって、コーヒーが南東部のパライーバ川（サンパウロ州からリオデジャネイロ州を通って大西洋岸へと流れる川）

の流域で生産されるようになる。とは言え、一九世紀に入るまでもっとも利益の上がる農作物はいまだにサトウキビであって、事実上ブラジルのコーヒー産業は国際市場とは結びついていなかった。

王家が命じたコーヒー生産――コーヒー輸出の開始

一九世紀初頭、ヨーロッパを席巻したナポレオン戦争は、ブラジルのコーヒー生産が飛躍的に拡大する遠因となった。全ヨーロッパ大陸の支配を狙うナポレオンは、最強の敵であるイギリスを排除するため、ヨーロッパ諸国にイギリスとの交易を禁じた。だが、ポルトガル王室は親密であったイギリスとの通商関係を継続したため、これに激怒したフランス軍の侵攻を招くことになった。母国ポルトガルを脱出したブラガンサ王家一族は、イギリス艦隊に護衛されながら大西洋を越えてブラジルへ渡り、一時的にリオデジャネイロ市をポルトガルの首都とした。国を追われた宗主国の王が、遠く離れた植民地に首都を移して即位することになったわけである。

ブラジルへ移住したポルトガル王家は、君主制にもとづく旧いヨーロッパ文化や価値観を重視しながら、経済の発展を狙ってブラジルの「再征服」を進めた。それまでブラジル経済の支柱であった砂糖や綿花がヨーロッパ列強との国際競争において劣勢であったため、ポルトガル王室は収益の高い新たな商品作物を必要とした。このとき着目されたのがコーヒーである。ちょうどこのころ、産業革命期のイギリスはもとより、オランダ、ベルギー、フランス、アメリカ合衆国なども経済発展を遂げ、それにともない世界のコーヒー需要が増大しつつあった。しかも広大なブラジルには、コーヒー栽培に適した土壌や気候をそなえた地域がいくつも存在した。さらに利にさといイギリス資本家は、ブラジルの潜在的な経済力に期待しており、コーヒー生産を始め、鉄道、商業、海運、保険、銀行などに多額の資金を投資したのである。

ナポレオンの失脚後、ふたたび王家は本国の首都リスボンに帰還したが、皇太子ペドロはそのままブラジルにとどまって直接統治を続けることになった。ペドロは王家のなかではリベラルな人物であり、ハプスブルク家出身の聡明な妻レオポルディナとともに、ブラジルにおける農牧業の発展に尽力した。こうしたなか、一八一八年に七万五〇〇〇ポンド（約三四トン）のブラジル産コーヒーが、サントス港からヨーロッパ市場へ送られることになる。この「サントス・コーヒー」の輸出は、ブラジルはもちろんのこと、中南米地域全体における「コーヒーの時代」の到来を告げる最初の鐘声となった。

旧スペイン領ラテンアメリカ諸国では、独立を達成したあとの経済基盤としてコーヒー産業が発展する。だがブラジルの場合、まだポルトガルの植民地であったきわめて早い時期に、王室による経済政策の一環としてコーヒー生産が始まった。しかし、すでに本国ポルトガルとは異なるアイデンティティや価値観を持ち始めていた植民地生まれの白人（スペイン語では「クリオーリョ」、ポルトガル語では「マゾンボ」と呼ばれる）のなかには、王家によるブラジルの直接支配に反発する者も少なくなかった。この動きはやがてブラジルのポルトガルからの独立へとつながっていくが、王家が軌道に乗せたコーヒー産業は独立後のブラジルにも継承され、一八二〇年代以降にいっそう発展していくことになる。

帝政下の独立とコーヒー・モノカルチャー

一八二二年、ブラジルは独立国家となり、コーヒーの輸出港でもあったリオデジャネイロ市が最初の首都に定められた。しかしながら、ブラジルの独立は、ほとんどのラテンアメリカ諸国と異なる歴史的過程をたどった。近隣のスペイン領では、クリオーリョを中心とする植民地人が激しい独立戦争のすえに独立と主権を勝ちとり、アメリカ合衆国やフランスをモデルにした共和政をしいた。これに対してブラジルのマゾンボ（クリオーリョ）は、ポルトガルとの戦争を回避して多額の賠償金を支払い、ポルトガル王家の皇太子ペドロを皇帝（ペドロ一世）とする中央集権的な帝政国家として独立したのである。

帝政時代のブラジルでは、皇帝が司法、行政、立法に介入できるうえ、さまざまな面で植民地時代の体制を引き継いでいた。人びとは伝統的なヨーロッパ文化の規範にそって暮らしており、明確なブラジル国民意識も持っていなかった。特にブラジル社会の圧倒的多数を占める奴隷や貧農にとってみると、植民地期の大土地所有制、奴隷制、モノカルチャー制がそのまま継承された「独立」は、彼らの国民意識とは無縁なものだったのである。独立時にブラジル総人口の約半数は奴隷だったうえに、大土地所有者による小農や借地農の土地からの追放も頻発した。有権者とされた有産階級のみが、植民地時代の体制を維持しようとするポルトガル党（のちの保守党）と、これに対抗して諸改革を求めた大農園主を中心とするブラジル党（のちの自由党）などに分かれて政治に関与することができた（図3-4）。

一方でイギリスは、独立後のブラジルに大きな政治的、経済的影響力をおよぼした。イギリスは、

図 3-4　J. B. ドゥブレが描いた白人家族と黒人奴隷（19世紀前半）

独立のためにブラジルがポルトガルに支払った賠償金を融資し、独立後はポルトガルを牽制して帝政ブラジルの主権を擁護した。イギリスはブラジル市場の独占を狙っていたが、ブラジル側もイギリスの豊富な資金を必要としており、両者の利害が一致したのである。ブラジルと安定した交易関係を築いたイギリスは、一九世紀中ごろまでブラジルにとって最大の輸出国であり、二〇世紀初頭までブラジルにとって最大の輸入先であり続けた。特にイギリスの資本家は、自国の植民地における生産業の競合相手とならず、将来性も高いと見なしたコーヒー産業に積極的に投資した。反対にイギリスは利害が衝突する砂糖産業を敵視し、その基盤である奴隷制の廃止を求めてブラジルに圧力をかけた。

一八三〇年、イギリスの要請を受けたペドロ一世が議会の反対を押し切って奴隷貿易を禁止すると、奴隷制の存続を求める大土地所有者はこれに猛反発して政治が混乱した。「独立の英雄」であったペドロ一世に対する彼らの不満には、伝統的な砂糖、綿花、コメ、タバコなどの基軸産業が欧米諸国との競争に敗れつつあった焦りも反映されている。対外債務が増大していたことも、人びとを不安に陥れていた。結局、ペドロ一世はまだ幼かった息子（ペドロ二世）に皇帝の座をゆずり、自分自身はリスボンに戻ってポルトガルの王位を継承することになった。これを機に、ブラジル人の政治家や官僚が政治の実権を握るようになる。

ブラジルはコーヒーであり、コーヒーは黒人だ――大農園の拡大と奴隷制

幼いペドロが即位したころ、良質な土壌と安定した降雨に恵まれた南東部リオデジャネイロ州のパライーバ川流域の渓谷地帯において、大農園（ポルトガル語で「ファゼンダ」、スペイン語では「アシエンダ」と呼ばれる）を中心とするコーヒー栽培が本格化した。すぐにコーヒーはブラジルにおける第一位の輸出品となり、ブラジルにおける全輸出額の四〇％を占めるようになる。特にリオデジャネイロ州の発展は、一九世紀末に最大のコーヒー生産地帯となるミナスジェライス州やサンパウロ州へのコーヒー産業拡大の起点となったという点で重要である。コーヒーは不況にあえぐブラジル経済を再建し、ブラジルと世界市場を結びつける切り札だと見なされ、一八五〇年代には世界全体のコーヒーの約五〇％がブラジルで生産されるまでになった。さらに二〇世紀初頭まで、その数字は少しずつ上がり続けていくことになる。

一八五〇年、中央政府が奴隷貿易の全面禁止を決定し、土地法を制定して土地の登記や所有制度の整備に着手したことは、コーヒー大農園主にとって脅威に思われた（ただし、一八五〇年の時点でいまだ二五〇万人の奴隷が存在し、一八八八年に奴隷制が全面禁止される直前にも「ブラジルはコーヒーであり、コーヒーは黒人だ」と表現されるほど黒人奴隷に依存することになるのだが……）。中央政府は土地問題をふくむすべての農業部門を統轄し、奴隷に代わる労働力として移民の入植を企図した。だが、土地制度の不備につけこんで所有地を拡大し、奴隷制度に甘んじてきた大農園主にとって、これは深刻な問題であった。とりわけ大農園主が恐れたのは、自由労働者が小農園を構えて生産物を市場に流し、みずからの市場における優位を脅かすことであった。

ところが、「売買によらない公有地の取得を禁止する」などの条項は、むしろ大農園主にとって有利に働いた。この法律は大土地所有を規制するどころか、小土地所有の形成を困難にし、土地なし労働者を「自由労働者」として大農園に従属させたのである。特にコーヒー大農園主は合法的に国家から公有地を買い取り、「私有地」とされた先住民居住区を狡猾に奪って耕地を拡大していった。こうして、ブラジルの大農園におけるコーヒー生産はますます拡大の一途をたどり、ブラジルは世界最大のコーヒー生産国となるが、その生産様式や技術は革新的な発展や発明をともなうものではなかった。

一八六〇年代までには、コーヒー輸出経済の発展にともない、ブラジル国内の製造業、銀行業、保険業も発展し、蒸気船や鉄道などの交通・輸送路も整備された。とりわけコーヒーを低コストで大量に輸送するうえで重要な鉄道には、イギリス資本家による投資が集中した。一八五四年のリオデジャネイロ州を皮切りに、その後もつぎつぎとコーヒー生産州において鉄道が開通した。こうした経済発展を背景に、言論や出版の自由を認められていた都市中間層のなかから、欧米諸国にならったより自由主義的な社会を希求する者が少なからず出現した。アメリカ合衆国をモデルに連邦制や共和主義の樹立を目指す人びとも増え、彼らは一八七〇年代に主要都市部で共和党を結成することになる。

しかしながら、一八六五年に勃発したパラグアイ戦争によってブラジルの財政状況はいっきに悪化した。ラプラタ川流域の領有をめぐって始まったこの戦争において、ブラジルは激闘のすえにパラグアイを破ったものの、その戦費としてイギリスから多額の借款を背負うことになった。加えて、四年にわたる戦争のあいだに軍の規模が増大し、戦後には一〇万の人員を抱えるほどになっていた。こうした軍部の急激な膨張を背景に、やがて都市の中間層を代表する青年将校たちがブラジルの政治に直接的に関与することになる。のちにブラジルが共和政へと移行する際、彼らが大きな役割をはたすことになる。

流入する移民と解放された奴隷――帝政の終焉

世界的なコーヒー・ブームとなった一八七〇年代、ブラジルにおける主要なコーヒー生産地に大きな変化が起こった。ブラジルのコーヒー産業にとって最大のライバルであったセイロン（スリランカ）を始めとするアジアのコーヒー・プランテーションが、サビ病の蔓延によって壊滅的なダメージを受けたのである。しかもブラジル産コーヒーにとって最大の輸出先であったアメリカにおけるコーヒー需要の高まりは、ヨーロッパ諸国における伸び率をはるかにしのぐものであった。ブラジルのコーヒー産業界は、この状況こそ一攫千金を可能にする千載一遇のチャンスと見たに違いない。

ところが、ブラジル最大のコーヒー生産地域であったリオデジャネイロ州は、もともと低い農業技術に略奪式（収奪式）の農法による土壌の疲弊が重なり、生産量がまったく上がらなかった。リオデジャネイロ州に代わってその後のコーヒー産業を牽引していくことになったのは、コーヒー栽培に適した自然条件がそろい、整備された港へのアクセスが容易な、おなじ南東部のミナスジェライス州とサンパウロ州であった。特にサンパウロ州の高原地帯におけるコーヒー生産の伸びはすさまじく、二〇世紀初頭までにブラジル・コーヒーの五二％を生産するようになる。コーヒーがもたらした巨額の富はサンパウロ州を中心とする南東部の工業化や都市化を促進し、不況に苦しむ他地域から大量の国内移民を呼びよせた。

サンパウロ州西部では、ブラジルのコーヒー生産様式に変化も見られた。この地域はドイツ、スイス、スペイン、ポルトガル、イタリアなどヨーロッパからの移民を大量に受け入れており、彼らは権利意識の強い中小土地所有者や賃金労働者となって奴隷制を基盤とした大農園とは異なるコーヒー生産システムをつくった。一八七四年には、アメリカ合衆国における移民制限措置を受けて約二万人の移民がブラジルへ到着したが、とりわけ多かったのがリソルジメント（国家統一）の過程で居場所を失ったイタリア北部からの移民（一八八八年までにその数は二〇万人にのぼった）であった。独自の習慣や農業技術を身につけ、家庭農園で生産した穀物や家畜の売却によって稼ぐこともできたこれらヨーロッパ移民の動向は、のちのブラジルにおける農民運動にも大きな影響を与えることになる。

一八七〇〜八〇年代にかけて、ヨーロッパ的な資本主義と近代主義を信奉する農業ブルジョワジーであったサンパウロ州のコーヒー生産者は、衰退しつつあった砂糖産業や伝統的なコーヒー農園主と対立した。すでに国家歳入の六分の一を提供していたサンパウロ州のリーダーたちは、中央集権的な帝政をくつがえして、サンパウロ州の自立性を維持しうる連邦国家の確立をもくろんだのである。彼らは奴隷廃止論者、新興の企業家、青年将校などを取りこみながら、中央政府に圧力をかけていった。

一八八八年、国内外の圧力に耐えかねて、ついにペドロ二世はブラジルの奴隷制を全面的に廃止する「黄金法」を発布した（図3-5）。これによってブラジルにおける黒人人口の一割に相当する約七五万人の奴隷が解放されたが、アメリカ合衆国での解放奴隷と同様に、無学で無産の解放奴隷の多くは、結局のところ元奴隷主の農園で小作人として働くことを余儀なくされた。とは言え、奴隷制に立脚したブラジルの農業生産システムが、根本的な構造変化を迫られることになったのは間違いない。

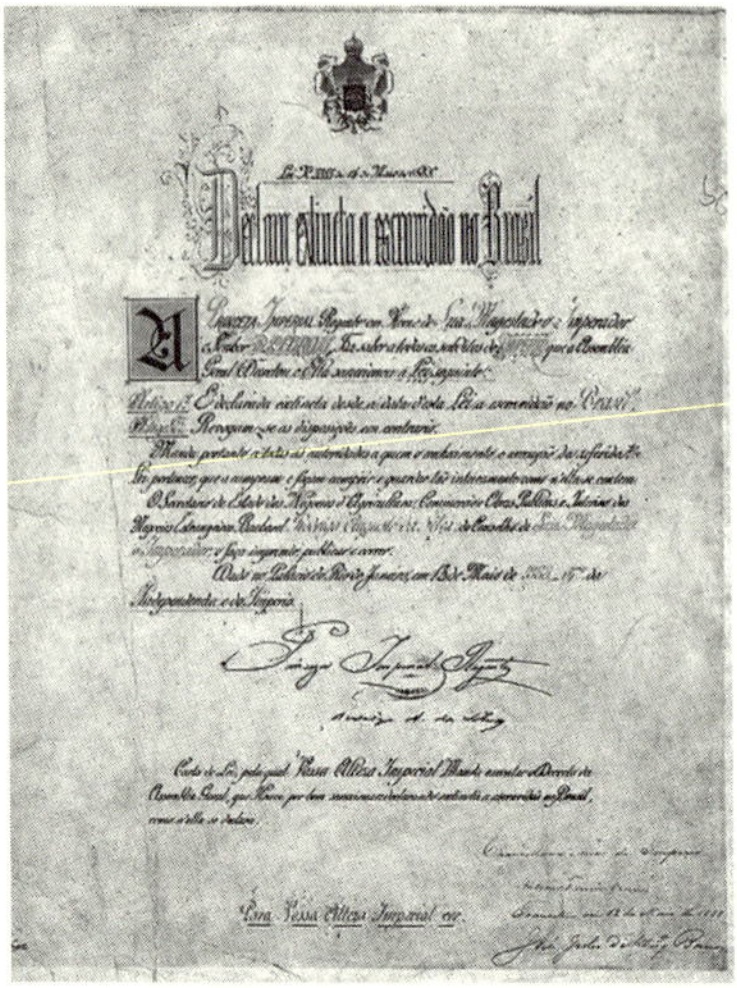
Declara extincta a escravidão no Brazil

図 3-5　黄金法のオリジナル版（1888年）

その後、労働力を補完するための国家政策として、ブラジル政府はときに渡航費などを負担してまで、ヨーロッパなどから数百万人の外国人移民を招致した。非合法移民をふくめるとさらにその数は跳ねあがるだろう。こうしてブラジルは移民大国へと変貌することになるが、高い教育、優れた技術、一定の資本を持つ外国人移民の流入は、結果的に解放奴隷の労働者としての価値を低下させることにもなった。

この「黄金法」の制定は、帝政の支持基盤であった大土地所有者や旧奴隷主を中央政府から離反させることになり、いよいよ帝政の崩壊は時間の問題となった。そして一八八九年、政治基盤を失った中央政府に対して、共和主義の軍人によるクーデタが発生した。ペドロ二世はすぐにポルトガルへ亡命したため、帝政は無血のうちに崩壊し、共和政（第一共和政）の時代が開かれた。このときペドロ二世を救ったのは、またもやイギリスであった。かつてイギリス軍艦に護衛されてブラジルへ移住したポルトガル王家の末裔が、イギリスの圧倒的な影響力のもとで独立したブラジルの支配者となり、最後もイギリス軍艦に守られてブラジルから出立することになった。こうして軍部によって導入された共和政のもとで、コーヒー産業界のエリートたちはとうとう国家権力を手にすることになる。

権力はミルクコーヒーの香り――共和政期の確立

ペドロ二世がブラジルを去ったあと、軍部による臨時政府が成立した。この機をとらえて、かねてから政治権力への接近を試みていたサンパウロ州の新興コーヒー・ブルジョワジーは、その抜きんでた経済力を背景にして軍部を取りこんでいった（一八九〇年にはサンパウロ州全体におけるコーヒーノキは約二億本に達しており、農園の支配層はブラジルを代表する富裕者となっていた）。そしてコーヒー・ブルジョワジーは政府から中央集権主義者を追放し、一八九一年、アメリカを模範とする連邦共和政を採用するかたちでブラジル連邦共和国が成立したのである。

大都市の新聞のなかには、これを共和主義の勝利だと賞賛するものもあった。だが現実には、都市の中間層や労働者、あるいは人口の三分の一を占めていた農村の人びとは、このできごとを他人ごととして傍観するのみであった。サンパウロ市の大衆新聞が伝えたように、民衆はこの政変を「不思議そうに眺めるばかりで、それがなにを意味するのかわからない」のだった。この「共和主義」の性格は、新たに制定された共和国憲法の内容に明示されている。この新憲法は非識字者（帝政時代初期には有権者だった）、女性、修道士、兵卒などの選挙権を認めず、帝政時代に制度化されていた国民への初等教育も無効とした。つまり、多くのブラジル民衆が国民としての基本的な権利を認められなかったのである。

共和国憲法による最大の受益者は、サンパウロ州のコーヒー産業を仕切るエリート層（ほとんどは大農園主）であった。地方分権を大幅に認めたこの憲法は、重要な国家財源である輸出税にかんする権限をブラジル連邦政府ではなく、各州政府へ付与することを定めている。また、各州は独自の州法と州兵を保有することも認められた。言わば、輸出の好調な州は豊かな財源を確保することができ、その資金をかなり自由に自州の開発や軍備増強に注ぐことができるようになったわけである。一九世紀末、コーヒーはブラジルの輸出総額の六〇％を占めており、その半分以上がサンパウロ州で生産されていたことを考慮すると、この法律のもとでのサンパウロ州の優位は自明のことである。サンパウロ州のコーヒー・エリートは、この好条件を利用してみずからの利益を代弁する政治家や政党を育成し、連邦政府において支配的な権力を行使するようになった。

さらに政治権力を確固たるものとするため、サンパウロ州のエリート層は共和党ネットワークを利用し、ミナスジェライス州の支配層と同盟を結んだ。ミナスジェライス州はサンパウロについで重要なコーヒー生産地であり、国内市場向けの乳牛飼育でも大きな成功をおさめていた、ブラジル最大の有権者数を誇る有力州だったからである。こうして、サンパウロ共和党とミナスジェライス共和党から交互に連邦の大統領や副大統領を選出するという寡頭政治（オリガルキー）体制が構築された。両州の州知事を努めた政治家が、自動的に大統領へ昇格するというケースもまま見られた。この体制は、サンパウロのコーヒーとミナスジェライスの乳牛というイメージから「ミルクコーヒー（カフェコンレイテ）の政治」と呼ばれ、共和政が頓挫する一九三〇年まで続くことになる。

「コーヒー王国」の快進撃とつまずき

二大コーヒー生産州から選出される連邦大統領が、なによりもコーヒー産業の発展を重視する政治を行ったことは想像に難くない。コーヒー産業に有利なかたちで国家予算が配分され、コーヒーの生産や輸出にとって便利なインフラストラクチャーの整備がなされ、コーヒー産業界に有利な税制が組まれた。招致された数百万の外国移民のおよそ六〇%がサンパウロに定住したことに象徴されるように、コーヒー農園における労働者の確保を目的とした移民政策もその一環であった。

白人は生まれながらにして有色人よりも優れているという人種意識が一般的だったため、連邦および各州政府はヨーロッパからの白人系移民を積極的に招致しようとした。しかし、白人移民だけでは労働力不足が解消されなかった（例えばイタリア政府は、イタリア移民に対するブラジル側の待遇の悪さを理由に移民事業を停止することもあった）ため、一九〇八年以降は日本の農村部からも移民が招致され、太平洋戦争が勃発する一九四一年までに約一八万九〇〇〇人の日本人がブラジルに渡った（ただし、一九二三年には黒人の移民を禁止し、黄色人の移民を制限する法律がブラジルで制定されている）。その多くがコーヒー産業に従事し、二〇世紀前半におけるブラジルのコーヒー産業を支えたことは周知の通りである。またヨーロッパ移民のなかに元工場労働者が多く含まれていたことは、コーヒー・ブームにともなって進展した南東部の工業化にも多大な影響をおよぼした。

こうして二〇世紀初頭、ブラジルは世界のコーヒーの七六%を生産し、サンパウロ州だけでも約七億本（一九三〇年には一〇億本に達する）のコーヒーノキを栽培し、サントス港を中心に世界のコーヒーの半分を輸出するようになった（図3-6）。一九〇一年には、世界全体のコーヒー消費量が一一三〇〇万袋ほどであったにもかかわらず、世界全体のコーヒー生産量はその約二倍の二〇〇〇万袋に達しており、そのうち一〇〇〇万袋が「サントス・コーヒー」であった（しかし、コーヒーの市場価格は低調で、例えばアメリカでは一ポンド〈約四五四グラム〉がわずか六セントで取引された）。この時期のブラ

図 3-6　サンパウロ州内の大コーヒー農園

ジルは外貨の九〇%をコーヒーに依存し、ブラジル人の九〇%が広い意味でのコーヒー産業に携わっていたとする説もある。イギリスを始めとする外国の金融資本もこの成長に注目し、コーヒーはもちろん、公益事業、鉱山開発、工業などさまざまな分野に投資して、ブラジルの「近代化」に助力した。「ミルクコーヒーの政治」体制下のブラジルは、まさしく世界の「コーヒー王国」と形容するにふさわしかった。

だが、この「王国」は当初から内部にさまざまな問題をはらんでいた。まず、外資に依存し過ぎたことにより、いっそうブラジル経済が欧米諸国に従属するようになったことがあげられる。消費国の要求にこたえるかたちで、ブラジルはコーヒー栽培のモノカルチャーに特化しつづけて産業構造の歪みに拍車をかけたうえに、その交易からもたらされる利潤はほとんど外国人資本家のものとなった。その頂点に君臨していたのはハンブルク（ドイツ）のテオドール・ヴィラ商会であり、この企業は一社のみでサントス・コーヒー全体の五分の一の輸出を手がけていた。当時のブラジル国内に有力銀行が存在しなかったことも、外国人資本家の得手勝手を許すことにつながった。定期的に訪れるコーヒー価格の変動に備えることができるのは資本家や輸入業者だけであって、生産者のほうは失業、賃金カット、負債の拡大などから免れることはできなかった。

つぎに、南東部のコーヒー生産地帯が繁栄するかたわら、生産性の低い内陸部が事実上放置されたことがあげられる。くり返し内陸部を襲った干ばつはこの状況をさらに悪化させ、ときに数十万にものぼる死者を出した。生活にいきづまった民衆のなかには、盗賊団や新興宗教運動に参加するなどして既存の秩序に挑戦し、ブラジル社会を揺さぶる者も現れた。

あらゆる州の権力者があいかわらず「コロネル（大佐）」と呼ばれた大土地所有者（あるいは彼らと結託した大商人や知識人）であったことも、深刻な問題であった。二〇世紀初頭にはブラジル全国に約六五万の農園があり、そのうち一〇〇〇ヘクタール以上の面積を有する農園はわずか四％であったが、総面積では六〇％を占めていた。農村住民の大半は、私有地もなければみずからの権利を守ってくれる法律もない、極貧のコロノ（待遇の悪い契約労働者）や小作人などであった。「コロネル」の権力はあまりにも強大であったため農民たちの団結による抵抗は難しく、既存の秩序に対する組織的な異議申し立ては、都市化や工業化にからんでまず都市部の労働者から発せられることになる。

あり余るコーヒー豆、高まるナショナリズム——生産過剰と国民統合

二〇世紀初頭になると、コーヒー産業に対する過剰な投資によって、ブラジルは他国では考えられないような慢性的なコーヒーの生産過剰に陥った。消費国の経済状況に激しく左右され、投資や輸入業が外国人によって握られていたため、ブラジルの生産者自身がコーヒー生産量を計画的にコントロールすることは難しかった。このため、リオデジャネイロ、ミナスジェライス、サンパウロの三州の知事は、コーヒー市場価格の暴落を防ぐためのコーヒー保護政策を取りまとめた。その骨子は、外国からの融資による余剰コーヒーの買い取りと貯蔵、借金返済のためのコーヒーへの課税（一エーカー

〈約〇・四ヘクタール〉あたり一八〇ドル相当）、連邦政府によるコーヒー生産量の管理であった。

　ところが、この政策はかえってブラジルのコーヒー産業をめぐる状況を悪化させた。余分なコーヒーの貯蔵、管理、販売のために設立されたサンパウロ州コーヒー委員会のような組織を通じて、外国資本によるブラジル・コーヒー産業の支配がいっそう深まったのである。テオドーラ・ヴィラ商会を頂点とする大手二〇社の外国企業がブラジル・コーヒーの九〇％を輸出し、そのうち上位五社だけで全体の五〇％を占めるようになった。

　また、ブラジルに巨額の融資をもちかけたドイツ系大富豪ハーマン・ジールケン率いるアメリカの焙煎業者は、担保としてアメリカやヨーロッパで保管されたブラジル産コーヒーをブラジル政府の承認なしに自由に売却することができた。彼らはコーヒーの供給量を操作し、市場価格を上げては売却し、巨額の富を手にしたのである。これにともない、外国からの資金を国内で使用するために実施された紙幣の増発は、物価の高騰を誘発してブラジルの下層民を直撃することになった。さらに、これら一連のコーヒー価格保護政策は、コロンビアなどほかのコーヒー生産国をも刺激したため、国際市場におけるコーヒーの供給量を容易に統制することができなかった。

　第一次世界大戦（一九一四～八年）が勃発すると、顧客であったドイツ、オーストリア、ハンガリー、デンマーク、スウェーデンなどのコーヒー購買力が減少し、ただでさえ余剰コーヒーの問題を抱えるブラジルは危機に直面した。しかしながら、一九一七年、ドイツを相手に苦戦したアメリカとフランスは、それぞれ一〇〇万袋（一袋＝約六〇キログラム）と二〇〇万袋の余剰コーヒーを買い取ることを条件にブラジルへ対ドイツ参戦を求めた。これを承諾したブラジルは、先進国の思わぬ申し出によって余ったコーヒーを売却する幸運を手にしたわけだが、見方を変えればコーヒーの生産過剰問題を根本的に解消するチャンスを失ったとも言える。

またこの時期、多くの途上国と同じように、ブラジルにおいてもヨーロッパ的価値観や文化の絶対性を疑う社会的風潮が見られた。これまでヨーロッパ諸国をもっとも「文明化」の進んだ地域と見なし、自国の近代化や国民国家形成のモデルとしてきたブラジル人にとって、ヨーロッパ諸国が第一次世界大戦という史上最悪の「野蛮」な戦争に手を染めたことは大きな衝撃であった。これを機に、ブラジル人は従来のヨーロッパ崇拝から離れ、ブラジル特有の国民アイデンティティや文化をいっそう模索し始めた。一九一七年のロシア革命も旧いヨーロッパを打破する動きと見なされ、ブラジルの労働者を刺激し、同年にサンパウロ市街で参加者四万五〇〇〇人とも推計される労働者暴動が勃発するなど、その後数年間にわたって大都市部でストライキが頻発することになる。

一九世紀末には、「白人に適さない」熱帯気候、「非文明的」な黒人の存在、「怠惰で進歩しない」ポルトガル人の特性などを理由に、ヨーロッパの「先進性」に対するブラジル国民の「後進性」を嘆いていた人びとが、いまや熱狂的なブラジル人ナショナリストに変貌した。この時期の小説や芸術における最重要テーマも「ブラジルらしさ（ブラジリダーデ）」の追究であり、あらゆる人種や民族の融合によるブラジル国民の統合が呼びかけられた。その過程で現実主義的なインディアニズモ（ブラジル先住民の資質や純真さを理想化する思想や運動）が流行し、外国からの影響や国内の諸民族文化をすべて取りこんで新文化を創造することを目指す「人食い」（著書『ブラジルボク』などで知られるユーモアあふれる詩人オズワルド・デ・アンドラーデが命名した）運動なども展開されたが、この動向が抑圧される先住民の地位を劇的に改善させることはなかった。

一九二〇年に発効した禁酒法の影響により、アメリカの公的空間における酒の代用品としてコーヒーの需要が高まったことは、ブラジルのコーヒー生産過剰問題をさらに悪化させることになった。第一次世界大戦後、世界最大の経済大国となっていたアメリカが一九二〇年代末までブラジルを中心とするラテンアメリカ産コーヒーを大量に輸入し続けたことで、ブラジルにはコーヒー・バブルがもたらされたのである。このとき、「ミルクコーヒーの政治」の代表者たちのなかには、このバブル景気が永遠に続くと感じた者も少なくなかった。これを機にブラジルが、この「黄金の豆」の生みだす利益を外国人の手から自国へ取りもどそうと思ったのは当然のことであろう。

一九二三年、ブラジルのアルトゥール・ダシルヴァ大統領は、外国の倉庫にコーヒーを保管するコストを削減し、ブラジル自身がコーヒーの出荷を調整し、市場価格の決定に主体的な役割を果たすことができるように、サンパウロにコーヒー三五〇万袋を貯蔵しうる巨大倉庫を建設した。これに対して、これまで自分の好きなようにコーヒーの流通量を調整することができたアメリカのコーヒー関連業者たちは、不満をあらわにしてこの動きを批判した。これに対してブラジルは、「砂糖トラストや石油の企業合同、葉巻とタバコの独占、金属鉱業と精錬の連合、薬剤と清涼飲料の独占、精肉業に映画トラスト」で有名なアメリカに自分たちの行動を非難する権利はないはずだと反論したのだった。

焼き捨てられるコーヒー、燃えつきる共和政

しかし、栄華をきわめたはずのコーヒー大農園主によるブラジルの寡頭政治支配は、その一九二〇

年代に揺らぐことになる。都市での労働運動は数年前の勢いを失ったものの、一九二二年に結成（四か月後には非合法化された）された共産党の活動などを通じて、労働者のあいだに階級意識に立脚した政治に対する怒りがくすぶりつづけた。また、実業家や専門家として成功をおさめた中間層や、移民出身の新興富裕層（イタリア出身のマタラーゾ一家がその代表格）も、大土地所有者を頂点とする既存の支配体制に敵対し始めた。こうした都市民衆の動向に尉官（テナンチ）クラスの改革主義的な若い軍人が呼応し、一九二二〜三二年に反乱や武装蜂起をくり返して政治不安を増大させた。

ただし、労働者の運動が激化した都市部と違って、一九三〇年以前のブラジル南東部の農村では組織的な農民運動は起こらなかった（これはコロンビアなどの例外をのぞく多くのラテンアメリカ諸国と共通する）。例えばサンパウロ州では、生産されるコーヒーの三分の一以上を担った中小土地所有者は、大農園主やコロネルの権力に対して嘆願や訴訟を通じて抗議するようになっていた。特にサンパウロ州におけるコーヒー労働者の七〇〜八〇％を占めたイタリア北部からの移民は、本国のイタリア政府と緊密な関係を維持しながら、独特の地域社会や互助組織を作りあげていた（図3-7）。このイタリア移民たちは、自治組織であるイタリア植民者会議を通じて「経済活動に集中するた

図3-7　ブラジルのイタリア移民（1900年）

め」にブラジルの政治権力者との衝突を極力避けるよう相互に確認していた。こうしたイタリア系を中心とする移民農民の存在が、サンパウロ州の農園における穏健な気運を生みだしていた。

一九二六年以降になると、好調だったコーヒー経済そのものもかげりを見せ始めた。まず、ラテンアメリカをはじめとする世界全体のコーヒー生産量が、ふたたび世界全体の消費量を上まわった。一九二七〜八年には、世界における年間コーヒー総生産量（三五〇〇万袋）が年間コーヒー総消費量（二四〇〇万袋）の約一・五倍に達したのである。そして一九二九年、ブラジル産コーヒー最大の輸入国であり、世界一のコーヒー消費国となっていたアメリカが突如として経済破綻を起こし、その衝撃波は大恐慌となって国際社会を包みこんだ。コーヒー・バブルは一瞬にしてはじけ飛んだのである。

世界恐慌の嵐が吹き荒れた一九二九〜三〇年、皮肉なことにブラジルは記録的なコーヒーの大豊作（二九〇〇万袋）を経験した。しかし、このコーヒーには行き場がなかった。コーヒーの市場価格は五七％引き下がり、同時にコーヒー農業労働者の賃金も五〇〜六〇％削減されて大量の失業者が生じた。このためコーヒー生産者は、せっかく資金をつぎ込み、数年かけて収穫し、精製したコーヒー豆を、経費を払って処分しなければならなかった。一九三〇年代前半にブラジルで海上投棄されたり、焼却されたりしたコーヒーは四七〇〇万袋にのぼると推計されるが、これは世界恐慌直前の世界全体における年間コーヒー消費量の約二倍に相当する。石炭にコーヒーを混ぜ、蒸気機関車の燃料として利用する鉄道会社もあったほどである。

こうした状況で、ついにコーヒー寡頭支配がほころびはじめる。サンパウロ州出身のワシントン・ルイス大統領がミナスジェライス州との取り決めを破ってサンパウロ州出身のジュリオ・プレステスを後任大統領に指名したのだ。このためミナスジェライス州は、リオグランデ・ド・スル州（南部）やパライーバ州（北東部）のオリガルキーと連携して「自由同盟」を結成し、リオグランデ・ド・スル州知事のジェトゥリオ・ヴァルガスを大統領候補に指名してルイス派に対抗した。一九三〇年、結局プレステスが大統領に選出されたが、すぐに反政府軍がクーデタに成功し、ジェトゥリオ・ヴァルガスによる臨時政府が樹立されることになった。こうして、苦々しい「ミルクコーヒーの政治」は終わりを告げたのである。

「新国家」体制とポピュリズム――ヴァルガス時代のブラジル

「一九三〇年革命」以降、サンパウロ州のコーヒー・オリガルキーは、共和政期のように連邦政府の政治権力を独占することはできなくなった。しかしながら、ヴァルガス政府もサンパウロ州の経済力を無視できなかったため、この州のコーヒー・ブルジョワジーは政府からコーヒー産業の運営にかんする一定の自由を保持し続けることができた。他州におけるコーヒー・オリガルキーの権力も、すぐに弱体化することはなかった。ただし、一九三三年に連邦政府機関として新たに「国家コーヒー局（DNC）」（一九五二年、ブラジル・コーヒー院〈IBC〉に改組される）が設置され、連邦政府がコーヒーの買い取り・貯蔵・廃棄などを引き受けることになった。これによりコーヒー産業に対する中央政府の権限がこれまで以上に強化され、コーヒーの輸出や苗木の新規植えつけにも課税されたため、コーヒー生産者の負担は以前よりも重くなった。

同時にブラジルは、コーヒーの市場価格や流通量の安定化にとり組み始める。一九三六年には、ブ

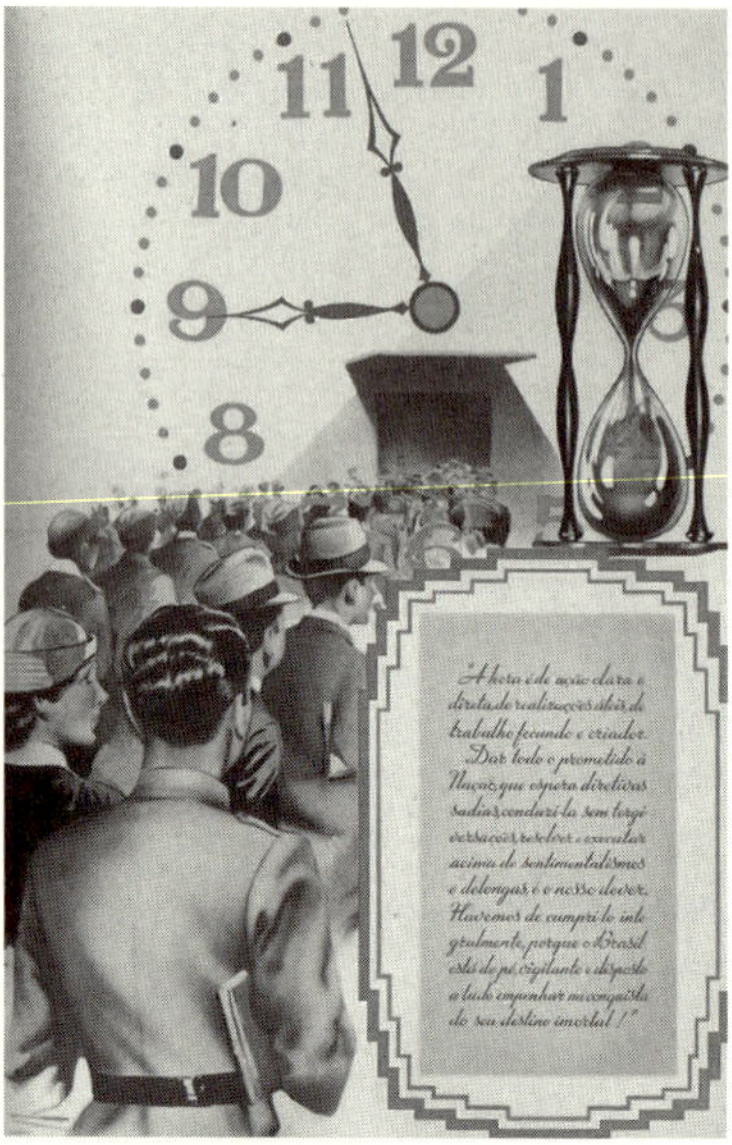

図3-8　国民に「新国家」を印象づける政府広告

ラジルはほかのラテンアメリカ・コーヒー生産国に呼びかけ、コロンビアの首都ボゴタでコーヒーにかんする会議を開いた。このなかで、北アメリカにおけるコーヒー消費を促進するために、資金を出しあってパンアメリカ・コーヒー局を設置することが決定された。世界最大のコーヒー生産国であるブラジルは、世界第二位のコロンビアと組んでコーヒーの価格や安定したコーヒー供給システムを維持するための協定を打ち出した。しかし、ここで合意されたはずの国別のコーヒー出荷量はコロンビアには厳しすぎる条件であったためこれは遵守されず、コーヒーをめぐるブラジルとコロンビアの対立は続くことになる。

「新国家」の名のもと、ヴァルガスは独裁的なファシズム体制を強化しつつ、ブラジリダーデを強調するナショナリズム高揚政策を推進した（図3-8）。その一環として、外国人移民の入国制限や移民のブラジル国民文化への同化政策も実施された。これはブラジル社会に新風を吹き込んできた移民労働者たちに重くのしかかる反面、活動的な彼らに手を焼いてきた工場主や大農園主はこれを歓迎した。農地の半分以上がわずか三%の大土地所有者の手中にあり、ほとんどの農業労働者は所有地もないまま大土地所有者やコロネルに従属する以外になかった。第二次世界大戦が勃発すると、ナチスの同類と見なされたヴァルガス政権に反する国内世論が高まり、クーデタによってヴァルガスは無血で政権を明け渡すことになった（とは言え、ヴァルガスは五四年に自殺するまで、ブラジル政治に影響力をおよぼし続ける）。その後、一九六四年まで大衆を動員するポピュリズム（ポプリズモ）の時代が続くものの、ブラジルの政治的・社会的改革は遅々として進まなかった。

ポプリズモの台頭には、世界恐慌を契機としてブラジルをはじめとするラテンアメリカ諸国が輸入代替工業（世界恐慌による欧米製品の輸入停止を受けて、それらを自国で生産するために発展した工業。この時点では繊維・皮革・食品加工などの軽工業が中心）の過程に突入していたことが大きくかかわっている。これを支えたのはアメリカ資本と結びついた官僚や中流階級、またその利益にあずかろうと考えた大多数の都市労働者や農民たちであり、これがナショナリズムを介して結束することでポプリズモの政治基盤となった。だが、この輸入代替工業化は農地改革などの抜本的改革につながらず、国内市場の拡大や再整備を促進するためにアメリカ系を始めとする多国籍企業の活動を制限することもなかった。やがて、どう猛なアメリカの資本家、いまだに農村で根強かった寡頭支配勢力、保守化した新興農家などの力強さの前で、社会構造全体の改革を視野に入れていなかったポプリズモ的改革は手詰まりとなる。

下落するコーヒー価格と高揚する農民運動

第二次世界大戦中、パラナー州北部がサンパウロ州西部に代わってコーヒー生産の中心となり、ブラジルにおけるコーヒー生産の六〇％を占めるようになった。一九四〇年代末〜一九五〇年代初頭にかけてコーヒー経済は好調であり、それにともなって農村部で賃金労働者や季節労働者が増大した。一九四〇年、アメリカへのコーヒー供給の安定とコーヒー価格の著しい下落を回避するため、各国間のコーヒーの供給割当量――ブラジルは全体の六〇％、コロンビアは二〇％であった――などを定めたアメリカ大陸間コーヒー協定が結ばれた。

このとき、一時的にアメリカとラテンアメリカの関係は安定した。アメリカの本格的な参戦以前、ドイツを中心とするファシズム勢力に接近していたヴァルガスはすぐにアメリカ側へ寝がえり、ドイツ人、イタリア人、日本人などアメリカと敵対する「枢軸国民」に対して、事業の没収、国外追放、収容所への強制移動を実行した（ただしヴァルガスは、ドイツ系住民のひき渡しを求めるアメリカの要求に対しては、これを人権侵害と見なして拒絶した。アメリカはドイツ側に拘束された自国民と、ドイツ人との人質交換をもくろんでいたからである）。

しかし、第二次世界大戦末期にコーヒー価格が下落すると、ブラジル側はその「不公平」を是正するようにアメリカ側に求めた。この主張に対してアメリカ側の明確な対応がなされなかったので、一九四五年以降のブラジルは、それ以前のようには積極的にアメリカにおけるコーヒーの宣伝広告に資金を提供しようとはしなくなった。

他方で、労働者たちは依然として向上しない労働条件に怒り、ふたたび起こったコーヒー価格の下落をきっかけに組織的な農民運動を展開するようになる。一九五三年にサンパウロ市で約三〇万人の労働者による約一か月間のストライキが決行されたことに刺激を受け、一九五五年、ペルナンブーコ州の農業労働者が「ペルナンブーコ農牧労働者協会」を設立した。この組織は、農民による土地の保有と農地改革を主張する主体的な農民組織として歴史的な意義を有する。

ちょうどこのころ、パラナー州を襲った霜害やアフリカ諸国におけるロブスタ種生産の増大によってブラジルのコーヒー産業が危機に瀕したことで、いっそう農民運動は急進化することになる。一九五八年、中南米とアフリカの生産者がコーヒー消費の促進を名目にリオデジャネイロ市に集い、アメリカから派遣されたオブザーバーが見守るなか「中南米コーヒー協定」を締結した。このときブラジルを筆頭に、コーヒー生産量の多い順から各国のコーヒー供給にかんする暫定的な分担量（シェア）が決定されたが、国際市場におけるコーヒー価格の下落は収まらず、農民の生活をさらに圧迫した。くり返される自然災害にもかかわらず、ブラジル・コーヒーの貯蔵量は増大し続けており、一九五九年にはその在庫量が世界全体の年間輸出量と同等になっており、このことが少なからず市場価格の下落に関連していたのである。

一九六一年、農民運動は全国へ拡大し、ミナスジェライス州ベロオリゾンテ市において第一回全国農民・農業労働者会議が開催され、参加者は農地改革（依然としてブラジルでは、全体の一・六％に過ぎない大農園が、耕地面積の半分以上を占めていた）を始めとして、労働法の農村への適応や農民の結社の自由などの要求を政府に突きつけた。六二年には、この会議を基盤にして農民組合も結成された。

ちょうどこの年、生産国と消費国の双方にコーヒーの生産と消費の割当量を振り分ける世界規模の国際コーヒー協定が成立（七五か国が加盟）し、世界最大のコーヒー生産国であるブラジルは、ロンドンに設置された国際コーヒー機構（ＩＣＯ）を通じて、ライバルのコロンビアや世界最大のコーヒー消費国アメリカとともに、世界各国のコーヒー供給量や生産量の割当について大きな発言権を確保

図 3-9　リオデジャネイロ市（2006年）

することになった。

ブラジルのコーヒー農民は、こうした国内外の動向に乗って、これまで手中にすることができなかった政治・経済的権力に近づきつつあった。ところが、都市と農村の大衆運動が活発化していた一九六四年、ブラジルの社会主義化を恐れる軍部右派がクーデタによって政権を奪取した。こうして一九八五年まで、ブラジルは軍事政権下に置かれることになったのである。

軍政の「奇跡」と民主政の痛み

軍事政権は連邦議会を停止して軍政令をしき、保守的な秩序の維持と実業家の利害を重視した（ブラジルではいっそう農作物生産の多様化や工業化が進行したが、依然としてコーヒーが輸出品目全体の三五％を占めた）。この時期には「ブラジルの奇跡」と呼ばれるつかの間の経済発展も見られたが、農村部における大土地所有、農民の低賃金、非生産性はほとんど改善されなかった。しかも、工業化による環境汚染や土地収奪型の農業による自然破壊も深刻の度合を増していた。また都市化が進み、ブラジル人口の七〇％が人口五万人以上の都市に居住する一方で、例えばリオデジャネイロ市では一〇〇万人を超えるスラム住人やストリート・

チルドレンが存在するなど、貧富の格差もきわまっていた（図3-9）。

こうした危機に対処するため、都市の労働者組合と地方の農業労働者組合が接近し、一九八一年には第一回労働者階級会議が開催され、両者をつなぐ「労働者単一センター（CUT）」が設置された。このとき、全国一一二六の労働組合（そのうち三八四が農業労働者組合）を代表する五〇〇〇人以上が集い、公正な労働法の制定、農地改革、国家安全保障法の廃止、政治活動の自由、議会政治の復活などを決議した。こうした動きは一九八四年の約五〇〇万人からなる民主化を求める市民運動へと発展し、二一年間にわたる軍事政権に終止符を打ったのみならず、一九八八年の新共和国憲法の制定へと結実する。この憲法により、ようやくブラジルでは代議制民主主義や国民主権などが法的に確立されたが、実際には多くの社会問題が未解決のまま残された。

東西冷戦が終結した一九八九年には国際コーヒー協定が完全に破綻し、アメリカを中心とする先進国がコーヒー貿易の自由化を進めたため、コーヒー供給量の調整が困難となったブラジルは生き残りをかけていっきに在庫コーヒーを処分する行動にでた。さらに当時アジア随一のコーヒー大国であったインドネシアも貯蔵コーヒーを大量に売却したため、コーヒーの市場価格はあっという間に下落し、結局はブラジル自身もその低価格に苦しむことになった。

一九九〇年には、五二年以来コーヒーの利益をめぐってアメリカと渡りあってきたブラジル・コーヒー院（職員三五〇〇人、年間予算一五〇〇万ドル）がもろくも解散した。ほぼ時をおなじくして、アフリカ諸国のコーヒー産業界も運営が行きづまった。つまりコーヒー農民を保護するための国家機関は、アメリカを中心とする新自由主義の津波に呑みこまれてしまったと言えるだろう。国際協定の不在はまた、ベトナムにおける急激なコーヒー増産とそれによるコーヒー価格の下落を引きおこし、いっそうラテンアメリカやアフリカのコーヒー農民を苦しめることになった。

こうした新たなコーヒー危機は、新憲法のもとで遅々として進まない改革に対する人びとのいらだちとあいまって、怒れる民衆の蜂起を引き起こした。例えば一九九〇年代、農地改革が進まないことに業を煮やした貧農による「土地なし農民運動（ＭＳＴ）」が起こり、農民が実力行使で農園内の土地を占拠し始めたのはその一例である。九六年には農民に不法占拠された農場は一七〇か所におよび、この運動に五万世帯の土地なし農民が参加していた。九七年には、サンパウロ、マトグロッソ、ミナスジェライスの三州から、合計約三万人が一〇〇〇キロメートルのデモ行進を敢行してブラジリア市（一九五六年からリオデジャネイロ市に代わって首都）で抗議集会を開いている。

一九九二年の時点で、一〇〇〇ヘクタール以上の農牧地四万四〇〇〇か所の総面積が、ブラジル全体の農牧地の五三％にあたり、そのうち六二％が有効利用されていない。反対に、七五％の農家が二五ヘクタール以下の土地しか所有しておらず、土地なし農民の数は一四〇〇万人を超えると見られる。コーヒー生産にからんで植民地時代から存在し続けている大土地所有の問題は、いまだに解決にはほど遠いと言わざるを得ない。

一九九〇年代末、ふたたびブラジルのコーヒー生産の中心地はミナスジェライス州に移ったが、大農園を中心とした生産形態にはそれほど変化はない。ブラジルの輸出全体に占めるコーヒーの割合は五％ほどに落ち着いたものの、今でもコーヒーはブラジル経済にとっては大豆と並んで重要な輸出農産品である。二〇〇六年、ブラジルの輸出に占める割合は乗用車、航空機、自動車部品などの工業製品が約五四・三%、鉄鉱石、原油、コーヒー、大豆、鶏肉などの一次産品が二九・三%となった。それでもブラジルは、世界全体のコーヒーの約三〇%を生産する「コーヒー王国」の地位を守り続けている。

2　ブラジルのコーヒー生産の特色と社会——一九三〇年代までを中心に

全能なるコーヒー農園主——環境・土地・権力

ブラジル・コーヒーのふるさと、南東部。サンパウロ、リオデジャネイロ、ミナスジェライス、エスピリトサントの四州によって構成されている（図3-10）。ブラジル全体の領土からすれば小さな地域だが、ここが世界のコーヒー生産の中心地だと言っても過言ではない。この四州のあいだでも、しばしば住人の気質の違いが指摘される。サンパウロ州民は仕事に忙しく、リオ州民は遊びに忙しく、ミナス州民はのんきでマイペース……といった具合である。しかし、ことコーヒー生産にかんしては、ほぼ共通してじつに好ましい自然環境に恵まれていると言えよう。

ブラジル南東部は、適度な気温と降水量に恵まれた地球上でもっともコーヒー生産に適した地域の一つである。渓谷や高原地帯の耕地は日ざしも比較的ゆるやかで、日光からコーヒーノキを保護するためのシェードツリーはほとんど必要ない（ただし、植えたばかりの若木はのぞく）。したがってコスタリカやコロンビアなどとは異なり、シェードツリーを利用したコーヒー農園内における他作物の同時栽培はブラジルでは一般的ではなく、典型的なコーヒー・モノカルチャー農園が拡大することにな

図3-10　ブラジル南東部

った。乾期と雨期もはっきりとしており、収穫期に雨が降らないため、乾燥式の精製にとっても有利な気候である。ただし、数年おきに霜害が発生するなど、アマゾン地帯に代表されるブラジルの豊かな大自然は時として農民を絶望の淵へ突き落とすこともある。自然の楽園であるアマゾンが、「緑の地獄」という異名を持っていることが思い出される。

この南東部を中心に、ブラジルの主要なコーヒー生産地は移り変わっていった。一八三〇～七〇年代にかけて、古都リオデジャネイロを擁し、パライーバ川を利用する大西洋沿岸への輸送路を確立したリオデジャネイロ州が、ブラジルにおけるコーヒー生産の最初の中心地となった。ここからブラジルの「コーヒー王国」への道のりが始まったのである。一八七〇年代以降、パライーバ川を上流に向かって西漸するかたちでコーヒー農園が拡大し、ミナスジェライス州とサンパウロ州が新たなコーヒー生産のメッカとなった。とりわけサンパウロ州は、二〇世紀初頭にはブラジルにおけるコーヒー生産（当時、世界のコーヒーの七六％）の半分以上を担うほどの繁栄ぶりで、その経済力を活かして一九三〇年まで政治権力をも手中にした。

特に、サンパウロ州のテラローシャ（テーラ・ロシャ）と呼ばれる玄武岩などの火山岩が風化してできた赤褐色の肥沃な土壌はコーヒー栽培に最適である。ただし、この土壌は肥料が雨などで容易に流出してしまうという欠点を持っているのに加え、ブラジル南東部は自然状態のままでコーヒー栽培に適していることもあって、この地域では肥料はあまり使用されなかった。一九二〇年代末、サンパウロ州のテラローシャでは約三五年間は肥料なしでコーヒー栽培が可能とされ、土地が疲弊した場合にのみ肥料が使用されていた。肥料が使用されたのはサンパウロ州のコーヒー農園の約四分の一で、使われる肥料の九〇%が海岸部でとれる鳥糞石などの自然肥料である。精製後のコーヒーかすも肥料となるが、精製作業をみずから行わない中小農園では、肥料を外部から購入しなくてはならないこともある（全体の約七%）。これらの理由が重なって、ブラジルでは肥料の使用は積極的になされなかった。

ブラジルは広大な農地を有し、これに対して労働者が圧倒的に不足していた。このため移民の導入にも積極的だったわけだが、それでも労働力はつねに不十分であった。つまり大農園主にとっては、手間をかけて肥料を散布するよりも、焼き畑などで森林を開拓して新たな農地へ変える方がずっとコストを下げられる。そのためコーヒー農園主たちは、彼らの目からすると無尽蔵にあるかのように見えた土地を徹底的に収奪するかたちでコーヒー農園を拡大していった（コーヒー以外の作物を栽培する場合にも、焼き畑農業はきわめて一般的な農法であった）。このためブラジルでは、農地の有効利用に対する意識はたいへん低く、土地の広さに比するコーヒーの生産性も低いのが特徴であった。

こうした略奪式の農業により、森林に暮らす先住民は伝統的な生活を追われ、ブラジルの自然環境は急速に破壊されていった。もちろんコーヒー農園だけの責任ではないが、一九六〇〜九〇年のあい

図3-11　マングローブに覆われたアマゾン川

だにアマゾンで消失した森林は、合計で日本の国土面積を上まわる三九万六〇〇〇平方キロメートルにもおよぶとされる。国名の由来となったブラジルボクも絶滅が危惧されており、「ブラジル〈発見〉五〇〇年」が祝われた二〇〇〇年に記念行事としてブラジルボクを保護するための植樹が全国でなされたことは、まさに環境破壊の深刻さを物語っている。アマゾン地帯に代表されるブラジルの大自然が、地球全体の生物にとって不可欠な酸素供給や地球を強烈な紫外線から守るオゾン層の維持と密接にかかわっていることを考慮すると、もはやこれはブラジル一国の問題にとどまらない人類全体にとっての安全保障の問題である（図3-11）。

ほかのコーヒー生産国では、植民地以来の旧大土地所有者は新興コーヒー農園主との権力闘争に敗れることが多かった。しかしブラジルの場合、一八五〇年の土地法による土地改革の失敗により、植民地時代以来の伝統的な大土地所有者の領土と権力がそのまま維持された。その後、こうした旧大土地所有者がそのまま大コーヒー農園主へ転身することも珍しくなく、共和政への移行後も各州の政治権力を握りつづけた。しかもサンパウロ州やミナスジェライス州の大コーヒー農園主は「ミルクコーヒーの政治」の中核を担ったため、コーヒー・エリートである彼らは連邦の国家権力をも手中にすることになった。さらにブラジルの大農園は、コーヒーの生産や精製のみならず、その輸出も自前でまかなうことが多く、プランテーション内での農園主はまさに一国の「王」のような存在となっていたのである。

すなわち、ブラジルにおけるコーヒー産業の拡大は、政治権力をほしいままにするコーヒー・エリート層の指導によってなされ、人類にとって看過できない環境問題を引き起こしたのである。これは紛れもなく、世界のコーヒー好きに親しまれているブラジル・コーヒーがたどった歴史の一側面なのである。

奴隷のくびきとたくましい移民——労働力・生産方法・市場

ブラジルの大コーヒー農園では、すべての利益が農園主のもとに集中する仕組みになっていたうえ、一八八八年以前には奴隷労働力による生産活動が行われていた。こうした農園の構造や性格が、農園主に対する農業労働者の運動がなかなか活発化しなかった大きな理由である。コーヒー生産地域にかぎらず、農村部における労働条件の向上を求める組織的な運動は、一九四〇年代末ごろまでほとんど見られなかった。一九五五年のペルナンブーコ農牧労働者協会の設立が、農民による土地に対する権利と農地改革を求める最初の本格的な動きとして注目されるものであり、全国的な農民運動の出現にいたっては一九六一年を待たなければならない。このように、ブラジルのコーヒー農民にかかる政治的、社会的圧力は、ほかのコーヒー生産国をはるかにしのぐ強力さであった。長い奴隷制の伝統により、農園主の「奴隷主」体質が習慣化していたこともその背景にある。

サンパウロ州に定住したイタリア北部出身の移民農民は、一定の農業技術を身につけて労働者の権利を主張する人びとであり、彼らはブラジルの農民運動を大いに刺激した。この北イタリア移民たちは、一九世紀末にアメリカ合衆国に移民し、禁酒法時代にマフィアなどを組織化した南部イタリア出身の移民たちとは文化的に異なる。南イタリア系移民は非熟練労働者が多く、アメリカ人だけでなく北イタリア人からも「野蛮人」扱いされた人びとであり、自衛と相互扶助のために家父長主義、閉鎖性、反権力性を特徴とする共同体を形成する傾向にあった。マフィアという非合法組織は、こうした状況下で誕生したのである。

しかしながら、サンパウロ州に定住した北イタリア系移民は、大農園主による行き過ぎた土地集中や権力の行使に反対する以外には、ブラジル支配層と衝突することを努めて回避した。彼らの多くは「イタリア国民」意識を持ち続けており、ブラジルを母国とは考えなかった。ブラジル農民とイタリア系移民は、社会文化的に断絶していたのである。そのため彼らは、統一的な農民運動を展開するよりも、ブラジルの国家権力とうまく折り合ってみずからのビジネス・チャンスを拡大することに終始した。こうした戦略のなかで、マタラーゾのようなブラジルを代表するイタリア系大企業家も出現したのである。これは移民たちが新天地で生き抜くための賢く、現実主義的な戦略であったが、これによってコーヒー生産地帯における統一的な農民運動の展開が遅れることにもなった。

知識、資本、技術を有する移民労働者はさておき、解放後も十分な教育が与えられず、人種差別にさらされ続けた元奴隷たちは、単純労働者となる以外の可能性をほとんど持たなかった。彼らは奴隷から解放された後も、すぐに専門的技術者や熟練労働者に転身することはできなかった。このことは、広大な土地に対して労働力不足が著しく、品質を重視しない当時のアメリカ市場をターゲットにしてきたブラジル・コーヒー産業のありようとあいまって、大量生産による低価格の実現を第一目的とするブラジル・コーヒー産業の特色を生みだした。もちろん、ブラジルでも高品質のコーヒーは生産されるが、さまざまな歴史的・社会的ファクターがからみあって、とりわけ低価格コーヒーの大量生産には一日の長がある。この特長により、ブラジルは国際的なレベルでのコーヒー流通や価格設定に対する強い発言権を維持しているのだ。

圧倒的な労働力不足、かつて奴隷であった非熟練労働者の存在、アメリカ市場との密接な結びつきといった要素は、コーヒー農園における非選別式の手摘み収穫や機械摘みの普及につながった。また、自然状態のままでコーヒー生産に適したブラジル（とりわけ南東部）の気候とあいまって、水洗式ほどには専門的知識や熟練技術を要しない乾燥式の精製が大部分を占めるようになったのもこのためである。すなわちブラジルの政治社会的な環境も、良質のコーヒーを生産するための一般的過程、すなわち選別式収穫～水洗式精製の手順を踏みにくい状況にあったといえる。たとえブラジルの生産者が無理をしてこのプロセスでコーヒーを処理したとしても、そのコーヒーはコストがかさんで販売価格が高くなり、当時のアメリカ市場には受け入れられなかっただろう。

とはいえ、一般的には「品質の悪さ」につながるとされる天日干しによるブラジル・コーヒーの独特の風味が、世界のコーヒー・ファンの心をとらえてきたことも忘れるべきではない。比較的高い技術力と資金を持ってサンパウロにやってきた移民たちのなかには、低コストながらも品質の高いブラジル産コーヒーを生産するために努力し続けた者も少なくなかった。高級なサントス・コーヒーが有する独特のコクや味わいは、ブラジルならではの気候と風土のなかでつちかわれた生産者の「職人技」によって生みだされているのかもしれない。人間の味覚や食文化というのは簡単に定式化できるほど単純なものではなく、まだまだ謎が多く奥深いものだということだろう。

いずれにせよブラジルでは、その歴史を通じてコーヒー生産における非熟練労働者の役割が大きく、一般には非選別式で収穫されたチェリーを乾燥式で精製することでコストを下げてきた。こうして生産された安価なコーヒーを国際市場で大量に売りさばくのが、ブラジル・コーヒーの基本的な戦略だといえる。

3　ロブスタ・コーヒーとベトナムの挑戦

ロブスタは世界のコーヒー文化を変えるのか？

「ほんの数年前まで、コーヒー仲買人はロブスタ豆のコーヒーの味を嫌ったものだ。ところが何度も飲んでいるうちに、その味に慣れてくる」。一九三七年、あきれ気味にこう語ったアメリカのコーヒー専門家は、「ロブ臭」と呼ばれる独特の焦げ臭さや泥臭さのある苦味の強いロブスタ種が、世界のコーヒー市場の重要な一角を担うような時代が到来するとは思ってもみなかっただろう。一九一二年の時点では、ロブスタ種はニューヨーク・コーヒー取引所の職員が「実用価値なし」と判断して取引を差し止めるほどの「粗悪品」であった。だが、第一次世界大戦中、オランダ人はインドネシア植民地で生産されるものを中心に大量のロブスタ種を消費するようになり、その消費量はそれ以前のオランダで一般的だったブラジル産アラビカ種を凌駕した。一九二〇年ごろには、ジャワ島産コーヒーの約八〇%がロブスタ種となる。

このオランダにおける「ロブスタ・ブーム」を契機として、インド、セイロン（現スリランカ）、アフリカ諸国も、いっせいにロブスタ種を生産し始めた。そもそもこれらの地域では、アラビカ種を栽培するのに適当な自然環境が少なく、アラビカ種を病害虫などから保護するための資金も十分でない場合が多い。その意味でも、自然状態のままでアラビカ種よりもずっと気候の変化に強く、病害虫に耐性があり、大量のチェリーを収穫できるロブスタ生産への転向は、これらの国々の農民にとってまさに望むところであった。一九五四年、アフリカを代表するコーヒー生産国のエチオピアとケニアはそれぞれ六二万袋と二一万袋（一袋＝六〇キログラム）のアラビカ・チェリーを出荷したものの、アフリカ全体としてはコートジヴォワールやアンゴラを中心に全コーヒー生産の八〇%にあたる四八〇万袋のロブスタ豆が輸出されるようになっていた。

この頃になると、かつてニューヨーク・コーヒー取引所からロブスタを追放したアメリカ人も、輸入コーヒーの一〇%ほどをアフリカ産ロブスタに依存するようになっていた。当時のアメリカではコーヒー・メジャー（大企業）による値下げ合戦がくり返されており、各社は販売価格を下げるために消費者に通告せずにブレンド・コーヒーにロブスタを混入し始めた。この安い新ブレンドはアメリカ系コーヒー企業の主力商品となっていき、やがてロブスタを三〇%混ぜたレギュラー・コーヒーも売り出された。インスタント・コーヒーにいたっては、ロブスタを五〇%以上もふくむ商品が一般的となり、廉価品のなかにはロブスタ一〇〇%のものも見られた。コーヒー豆から抽出されたエキスを混ぜることで開封時の豊かな香りを保つなど、品質の劣化をごまかす技術の発達もこの傾向に拍車をかけていたのである。

一九五六年、ついにロブスタは全世界で取引されるコーヒーの二二％を占めるようになり、市場でのシェアをさらに伸ばす勢いをみせていた。一九世紀以来の伝統的なアラビカ種生産国の心配をよそに、一九六〇年、ニューヨーク・コーヒー取引所はついにロブスタを公認することになった。このとき、もはや多くのコーヒー産業関係者は「ロブスタの時代」の到来を疑うことはなかった。

とりわけブラジルのコーヒー産業界にとって、ロブスタ入りの安価なレギュラー・コーヒーやインスタント・コーヒーの流行は脅威であった。もともと安価なアラビカ・コーヒーを大量に生産することによって「コーヒー王国」の地位を築いてきたブラジルからすれば、さらに低価格のロブスタ・コーヒーが市場を席巻することは何としても阻止しなければならなかったのである。そのためブラジルは、アメリカもオブザーバーとして参加した中南米コーヒー協定（一九五八年）において、自国とコロンビアがそれぞれ生産されたコーヒーの四〇％と一五％を貯蔵にまわすことと引き替えに、アフリカ諸国のコーヒー輸出制限を求めた。さらにブラジルは「コニロン」などの自国産ロブスタ種の生産を増強し、インスタント・コーヒー業界に大量の豆を売りさばくよう尽力した。新興のロブスタ・コーヒー生産国の前に、ブラジルは立ちはだかり続けたのである。

コーヒー・ブーム前のベトナム

「王者」ブラジルはコロンビアを始めとする世界中のコーヒー生産国の挑戦をつねに受け続け、国際市場におけるコーヒーの高品質イメージにかんしてはマイルド・コーヒー諸国にお株を奪われた感があるものの、その生産量においてブラジルが脅かされることはなかった。国別コーヒー生産量の推移をマラソンに例えるなら、ブラジルはスタートから後続を大きく引き離して首位を悠々と独走し、二位につけるコロンビアにその背中を見せないほど引き離してきたといえる。インドネシアを先頭とする三位以下のグループは、コロンビアの姿さえも目にすることが困難であったはずだ。ところが近年、この集団の後方からスパートをかけて抜けだし、そのまままいっきにコロンビアを抜きさり、ずっと一人旅をしてきたブラジルを視界にとらえて猛然と迫りくる驚異的なランナーが現れた。ベトナム社会主義共和国である（図3-12）。

図3-12　ベトナム

一九八〇年代、ベトナムはすべてのコーヒー生産国のなかで四〇位以下のコーヒー生産量に過ぎず、約六万七〇〇〇袋（一袋＝六〇キログラム）を輸出するに過ぎなかった。ところが一九九〇年代になると急激にロブスタ・コーヒーの生産量を増大させ、一九九九年までに当時最大のロブスタ生産国であったインドネシアの生産量を上まわり、ブラジルについで世界第二位のコーヒー生産国となったのである。生産されるコーヒーの八〇％以上がロブスタであり、まさに「ロブスタ王国」の名がふさわしい。二〇〇四年、ベトナムは七一万トンのコーヒーを輸出したが、これは世界全体の流通量の一三％にあたり、世界全体のコーヒーの三分の一を占めるロブスタ種の輸出量にかぎって言えば、その四割がベトナム産ということになる。このような変化はいかにして起こったのであろうか。それを理解するためには、まず近代以降のベトナム史を振り返ることが不可欠である。

古代から北方に隣接する中国の影響を受けてきたベトナムは、一八五九年にナポレオン三世の率いるフランス軍の侵略を受け、コーチシナという名のフランス植民地となった。一八八七年、ベトナムは西方に国境を接するラオスやカンボジアとともにフランス領インドシナ連邦に編入され、植民地経営の立場からインフラストラクチャーの整備がなされる反面、その豊富な天然資源はフランス人に収奪されることになった。このとき初めてベトナムにアラビカ種のコーヒーノキが移植されたようであるが、まだ海外への輸出は行われず、もっぱら植民地内のフランス人に消費されるだけの小規模生産に過ぎなかった。

一九三〇年、フランスの支配に抵抗してホー・チ・ミンを代表とするインドシナ共産党が結成され、独立運動が展開される。太平洋戦争時には大東亜の建設をもくろむ日本軍がベトナムに駐留したため、インドシナ共産党は連合国軍の側に立って対日抗戦運動を展開した。日本が敗北すると、インドシナ共産党の支配する北部とアメリカの後押しする親フランス的な南部とが激しく対立し、インドシナ戦争（一九四六～五四年）へと突入することになった。やがてフランス軍を退けた北部が社会主義を標榜するベトナム民主共和国として再出発する一方、南部にはアメリカの支援を受けた反共国家のベトナム国が誕生した。このときソ連率いる社会主義陣営と対立していたアメリカは、北ベトナムの影響でベトナム全土が社会主義化することを恐れて南ベトナムに介入し、一九六五年の北爆（北ベトナムへの大規模な空爆作戦）を機に本格的なベトナム戦争の泥沼に足を踏み入れることになる。

しかしベトナムは、世界最大の軍事・経済大国アメリカにも敢然と立ち向かった。アメリカ軍は第二次世界大戦時よりも多くの爆弾を投下し、一時は約五〇万人もの兵士をベトナムに派遣したにもかかわらず、ゲリラ戦でねばり強く戦うベトナム軍はアメリカ軍の圧倒的な圧力に屈しなかったのである。一九七五年、ついにサイゴン（現在のホーチミン市）が陥落して北側（ベトナム民主共和国）が勝利し、南北ベトナムを統一して共産党主導のベトナム社会主義共和国が産声を上げた（図3-13）。これをきっかけにベトナムはソ連や東ヨーロッパ諸国との関係を緊密化させつつ、新しい経済基盤の一つとするためにコーヒー増産政策に取りかかった。だが生産性は上がらなかったうえに、一九七〇年代末に中国との軍事衝突や親中国派のカンボジアへの軍事侵攻などによって国際的に厳しい状況に置かれるようになる。しかも一九八〇年代半ば、後ろ盾だったソ連がアメリカをはじめとする資本主義諸国との協調路線に転じると、ベトナムは国家としての生き残りをかけて新しい政治・経済政策を打ち出す必要に迫られた。

図3-13　混雑するホーチミン市街（2007年）

こうして一九八六年、ベトナムはドイモイ（刷新）を旗印とする開放路線へと大きく舵を切った。社会主義を基盤とする共産党の一党支配体制は維持されたものの、以前よりも国民の多様性が認知され、配給制が廃止され、すべての国との友好をめざす「全方位外交」が採択された。これを機にベトナムは市場経済を受け入れ、外国資本を積極的に導入したため、ホーチミンやハノイなどの都市では高度経済成長が見られた。また農業を統括していた権限の強い農協が大幅に縮小され、農民は新たに配分された農地で私的な農園を経営し、その生産物を自由に売買することができるようになった。これにともなって、国民のあいだの貧富の格差が急激に広がり、貧しい農村から都市部への人口流入が顕著になるなど諸問題も噴出することになる。

カンボジアからの撤退（八九年）、中国との国交正常化（九一年）、アメリカとの国交正常化（九五年）などによって国際的環境を安定させ外資を導入し始めたベトナムは、農業銀行の創設（九〇年）や農地法の制定（九三年）などによって小規模農園経営や農業の個別化をさらに進展させた。特に新しい農地法は、個人的な農地の利用権を通常作物（例えば、コメ、サトウキビ、トウモロコシなど）の場合で二〇年、樹園地の永年作物（例えば、コーヒーやゴムなど）の場合には五〇年と長期間にわたって承認し、その農地の交換、譲渡、賃貸借なども公認するものであった。かつて農協が管理していた農地は各農民に平等に分配され、農機具も農民に売却され、多くの小農が誕生したのである。当初、一世帯あたりの土地保有面積は土地環境に応じて二～三〇ヘクタールに限定されていたが、一九九八年には貸借による農地取得にかんしては無制限とされた。まさにちょうどこのころ、世界市場においてコーヒー価格が跳ねあがり、多くの農民がコーヒー生産を開始したのである。

「ロブスタ王国」への道

こうして一九九五年以降、中部高地でコーヒーの大量生産が始まった。中部高地四省（コントゥム省、ザライ省、ダクラク省、ダクノン省）とラムドン省には、多数派のキン族だけでなくモンタニャールと呼ばれる少数派の先住山岳民族が居住しており、豊かな自然のなかで独自の暮らしを続けていた。モンタニャールはかねてから政府の国民統合政策に反発していたが、この地域を賑わせたコーヒー・ブームの利益を享受するにつれ、その反感も薄れつつあるように見えた。ダムや送電線の建設計画も持ち上がるなど、このベトナム最後の辺境地は円滑に国家に統合されるかと思われた。だが、二〇〇〇年にコーヒー価格が暴落するとふたたびモンタニャールの反国家的な姿勢が強まった。コーヒー生産にかかわる借金を返済できない小農や零細農が増え、彼らの生活はいっそう困窮したからである。

特にプロテスタント系のモンタニャールは、共産党の統合政策に反対するデガ運動を展開した（「デガ」とはマレー系エデ語で「森の人」を意味する）。彼らは、ベトナム戦争中に親米的な反共主義者を増やそうと狙ったアメリカが戦略的に行った布教活動の結果、プロテスタントへ改宗したベトナム人である。政府はこのデガ運動を鎮圧したあと、コーヒー農民の債務返済期日の延長、モンタニャールを優遇する土地の配分、モンタニャール語の尊重、穏健派プロテスタント教会の公認など、モンタニャールの懐柔政策を打ちだした。しかし、それでも政府を信頼しない約一〇〇〇人のモンタニャールがカンボジアとの国境を越えて難民となり、なかにはアメリカへ移住する者も現れた。コーヒーは伝統的な先住民族の生活を一変させたのである。

また他方で、コーヒー・ブームに刺激されて都市部などから押しよせた国内移民は、中部高地に土地を得て労働者を雇いいれ、違法な焼き畑などで開拓を進めていった。農地や宅地が増えて地価が上がり、それがさらなる乱開発を誘発して森林の破壊や地下水の枯渇を引き起こし、生態系を変化させて動植物にも甚大な影響をおよぼしている。社会主義的な土地政策によってベトナムにはブラジルのような大農園はなく、小・零細農家がコーヒー生産の主力であるが、概して中部高地のコーヒー農民は資金や技術力に乏しいため、農地を拡大することが生産量の増大に結びついている。こうした略奪式農業が環境破壊の要因となっている点で、ベトナムはブラジルのコーヒー産業とおなじ問題を抱えている。

このように、中部高地の自然、動植物、先住民族を犠牲にしながら、ベトナムは短期間のうちに世界の「ロブスタ王国」へと変貌を遂げた。しかもベトナム農民は、当初一ヘクタールあたり二トンというコーヒー収穫のきびしいノルマを国から課せられており、その目標に達しないと農地を失う可能性もあったため、その土地あたりの生産性はインドネシアをはるかに上まわるほど高いものとなっていたのである。また、ベトナムの増産にともない、二〇〇〇～〇一年にはついに世界で流通するコーヒーの約四〇％がロブスタ種となった。

ベトナムが輸出した大量のコーヒーは、しばしばその後のコーヒー価格が世界的に低迷した最大の理由とされる。特にコスタリカ、グアテマラ、エルサルバドルなどのアザー・マイルド生産国は、スペシャルティ・コーヒー・ブームに乗って順調だった自国産コーヒーの利益をベトナムに妨害されたと感じて強く反発している。たしかにベトナム産の安価なロブスタが市場におよぼした影響は否定できないが、コーヒー価格の下落にかんする責任のすべてをベトナムに押しつけることは不当だといえよう。一九八九年にコーヒーの流通量を調整する国際コーヒー協定が破綻したことで、ベトナム・コーヒーの台頭以前からすでにコーヒー市場は不安定化していた。そのうえ、一九九五年にコーヒー価格が急騰したため、世界中でコーヒー生産量が爆発的に増大したのである。

加えて、コーヒー多国籍企業がコーヒー価格の高騰に対応し、利潤の確保のために低品質ではあっても低価格が魅力のロブスタ・コーヒーを競って買いあさり、自社ブレンドに混入するようになったことは決定打となった。例えば、地球上のインスタント・コーヒーの半分以上を生産しているネスレ社は、そのインスタント製品の主原料として大量のベトナム産ロブスタを驚くほどの安価で買い入れている。

こうしてベトナム産ロブスタが大量に輸出される国際的環境が整い、ベトナム農民はこの動向に順応したのだと言える。そもそもベトナム・コーヒー最大の生産地帯となる中部高地は海抜八〇〇メートル以下の山岳地帯であり、アラビカ種を栽培するには気温が高すぎる。さらに雨期が一一月上旬まで続くことから病害も発生しやすく、収穫したチェリーの天日乾燥も困難なのである。こうした事情がかさなり、ベトナム中部高地はロブスタ・コーヒーの一大中心地となったのである。

ベトナム・コーヒーをめぐる諸問題

しかしながら、ベトナムに有利な状況は長くは続かず、二〇〇二年にはコーヒーの輸出価格が一九九五年当時の七分の一へと落ちこみ、二〇〇六年には中部高地農民は生産コストの約六〇％でコーヒーを販売することを余儀なくされた。コーヒーの輸出金額も、一九九五年時の約六億ドルから、二〇〇六年には約四億ドルにまで減少した。小零細コーヒー農家は軒並み大きな打撃を受け、コーヒー価格の好調時に結ばれたローンや借金に縛りつけられることになった。しかもベトナム産ロブスタは安価なロブスタ種のなかでもさらに低品質であるため、品質の高さを求め始めた世界のコーヒー消費者のニーズにこたえられない（一九九〇〜二〇〇一年、ベトナム産ロブスタはロブスタ種の国際市場平均価格のおよそ四〇〜八〇％の安値で取引されている）。今後ベトナムがコーヒー大国であり続けるためには、まずもって早急な品質の向上が不可欠である。

とは言え、ベトナム農民がコーヒーの品質向上を達成するためには、ほかにも超えなければならないいくつかのハードルがある。例えば、本来コーヒー栽培に不向きな土地にあるコーヒー農園の存続について検討する必要がある。コーヒー・ブーム時には品質の悪いコーヒーでも売れたため、土壌や気候の合わない不適格地にもコーヒー農園が拡大していった。こうした不適格農園を縮小しつつ、他方で環境の整った優良な農園における効率性をさらに高め、品質管理を徹底することが求められる。同時に、コーヒーの国際的流通システムを知りつくし、品質を見きわめられるベトナム人専門家をより多く育成することも必要となるだろう。

またブラジル同様、ベトナムではコーヒー・モノカルチャー・システムが広く行きわたっており、後述するコスタリカやコロンビアのように農民が農園内で食糧を自給したり、コーヒーの不調時に副収入ともなる副産物が栽培されたりすることはあまりない。そのため、コーヒー国際価格の変動は直接的にベトナム農民の生活を直撃し、食糧すら農園の外部から調達しなくてはならない事態となる。これは不況時の農民にとってさらなる経済的負担となる。この意味でベトナム農民は、コーヒー・モノカルチャー体制から早々に脱する必要がある。

さらに、ベトナムのコーヒー農民は、ベトナム戦争時におびただしい数の同胞の生命を奪った枯葉剤にかかわる否定的なイメージを今も背負い続けていることを確認しないわけにはいかない。一九六一年から七三年にかけて、アメリカ軍は人体に悪影響をおよぼす猛毒ダイオキシンをふくむ枯葉剤を空中から散布し、ジャングルや森林を枯らすことによってゲリラ戦に強いベトナム軍にダメージを与えようとした（図3-14）。総量で五七〇〇トンにのぼるとされるこの化学兵器の使用によって、ベトナムの森林の一四％、マングローブの五〇％が死滅し、正確に把握することができないほど広範囲にわたる生態系が破壊された。また、直接に枯葉剤を浴びたり、汚染された動植物を食したりした四〇万人のベトナム人が重い疾病にかかり、五〇万人が生まれながらの障害に苦しめられている。

図3-14　枯葉剤を散布する米軍機（1969年）

ダイオキシンは水溶性ではないため、コーヒーノキが根から土中のダイオキシンを直接吸い上げることはないとされているが、それでもコーヒーのダイオキシン汚染を心配する声はあとを絶たない。今後もその健康への影響にかんする調査は続けられていくことだろう。ベトナム戦争の痛々しい傷跡は、劇的に発展し続ける現在のベトナムからもけっして消え去ってはいないのである。アメリカとの通商関係を正常化し、農産物を積極的にアメリカ市場に輸出するようになったベトナムは、この大国との友好関係を維持するため、また自国産農産物の安全性に疑念を抱かれないために、いまや枯葉剤に言及することをみずから避けているようだ。しかし、この歴史的現実から目をそらさずに、ベトナムだけの問題ではなく国際的な取り組みとしてこの問題に善処することが重要であろう。

それにしても、日本の飲食店でも供されるようになった「ベトナム・コーヒー」は、ほかのコーヒーとはひと味違っている。あらかじめコンデンスミルク（練乳）をたっぷりと入れたコーヒーカップに、底に細かい穴のあいた金属製抽出器を乗せ、そこに挽いたコーヒーと湯を注いで濃厚なコーヒーをカップに抽出する。そして、強烈な苦味と香りを放つ黒々としたロブスタ・コーヒーと甘い乳白色のコンデンスミルクをかき混ぜて飲むのである。ドリップ式やサイフォン式でいれたアラビカ・コーヒーの絶妙な味わいや香りをブラックで楽しんでいるコーヒー通のなかには、このワイルドな「ベトナム・コーヒー」を邪道と見なす者も少なくない。だが、巷には多くの「ベトナム・コーヒー」ファンがいることは周知の通りである。やはり人間の味覚はそれぞれ個性的であり、ニューヨーク・コーヒー取引所で扱われるコーヒー豆のように、単純に格づけされるようなものではないのだろう。

Column

社会主義国キューバのコーヒーと文化

カリブ海最大の島国キューバ。風光明媚な景色で知られ、「カリブの真珠」とも呼ばれる。フィデル・カストロやチェ・ゲバラらの指導下で達成された一九五九年のキューバ革命以来、アメリカの経済封鎖に苦しみながらも独自の社会主義体制を維持している。二〇〇九年は革命五〇周年の記念すべき年であり、しかも日本との国交樹立八〇周年にあたっていて、数々の記念行事が盛大にとり行われた。社会主義国によく見られる情報統制や言論・表現の自由に対する制限はあるものの、つましい庶民の表情はとても明るく人なつこい。

首都ハバナの旧市街にはスペイン植民地時代の情緒がそのまま残り、バロック様式を基調とした優美なヨーロッパ式建築物がいくつも軒を連ねる様子は、かつてこの街がカリブ海でもっとも繁栄する港町のひとつであったことを私たちに思い起こさせる。その昔ながらの街並みをぶらぶら歩いていると、ヨーロッパさながらのオープン・カフェやカウンターだけのカフェ・バーをいくつも目にする。

オープン・カフェは観光客向けに営業されていて値段も高いため、地元の人びとが立ち寄るのはたいてい値段の安いカフェ・バーのほうである。イタリアでよく見かけるような立ち飲み式カフェ・バーもあり、男女が入り交じってコーヒー（夜はビールやラム酒を飲む客も多い）を飲みながら仲間との会話を楽しんでいる。キューバの治安の良さや人びとの素朴さも影響してか、カフェの空気は明るいうえに穏やかで、時間はゆっくり流れているように感じられる。

初めてキューバにコーヒーがやってきたのは一八世紀中頃のこと。スペイン人が仏領ハイチから持ちこんだとされている。現在ではキューバ産コーヒーも種類が増え、協同組合の指導のもと、おみやげ品としても

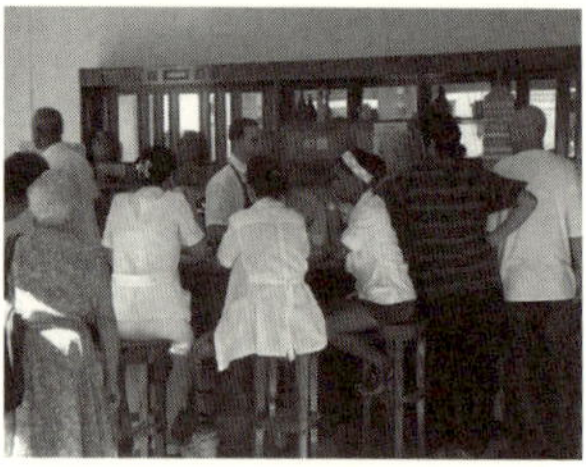

▲カフェ・バーでくつろぐキューバ市民

知られる「クビータ」や、日本がほぼ独占的に輸入している高級品「クリスタルマウンテン」などが生産されている。ただし、ハバナ市内のカフェで飲まれているコーヒーは不思議とエスプレッソばかりである。おそらく、いれるのが簡単なことや、高価なコーヒーは一般市民の手に届かないことが影響しているのだろう。

私に同行してくれたキューバ人A氏によれば、キューバ庶民にとって外食はたいへんな経済的負担になるそうだから、カフェ・バーでくつろげるのは比較的裕福な人たちということだろうか。最大の支援国だったソ連の崩壊後、キューバは資本主義諸国との経済関係を深めつつ社会主義を維持しなければならないという難題に直面している。その当座の策として、キューバ国民が使用する人民ペソ（CUP）と、その二五倍の価値を有する外国人観光客向けの交換ペソ（CUC。

▲ハバナ市内のオープン・カフェ

米ドルとほぼ等価で固定）を併用している。

その結果、以前よりも市場に物があふれ、観光客も増えたが、貧富の格差も拡大し、ぜいたくな生活を享受できるのはCUCを持った外国人や一部の裕福なキューバ人に限られている。自国産の高級コーヒーを楽しめるキューバ人もわずかだ。それでも、教育や医療を無料で受けられるなど市民の最低限の生活を保障する社会制度を維持し、発展させようと努力を重ねているところはさすがに「革命の国」。いまも多くのキューバ人は革命を達成した自国の歴史に誇りを持っており、英雄カストロやゲバラを敬愛し続けている。

カフェを出て歩き始めた私たちの眼前に、ブラジル・リオデジャネイロ市のコルコバードの丘を思わせる巨大なキリスト像が現れた。「キューバにはキリスト教徒も多いけど、おれはずっと共産主義者だ」。そう語るA氏の表情は、凛としてすがすがしかった。

第4章　コスタリカ

——品質で勝負する中米の老舗コーヒー生産国

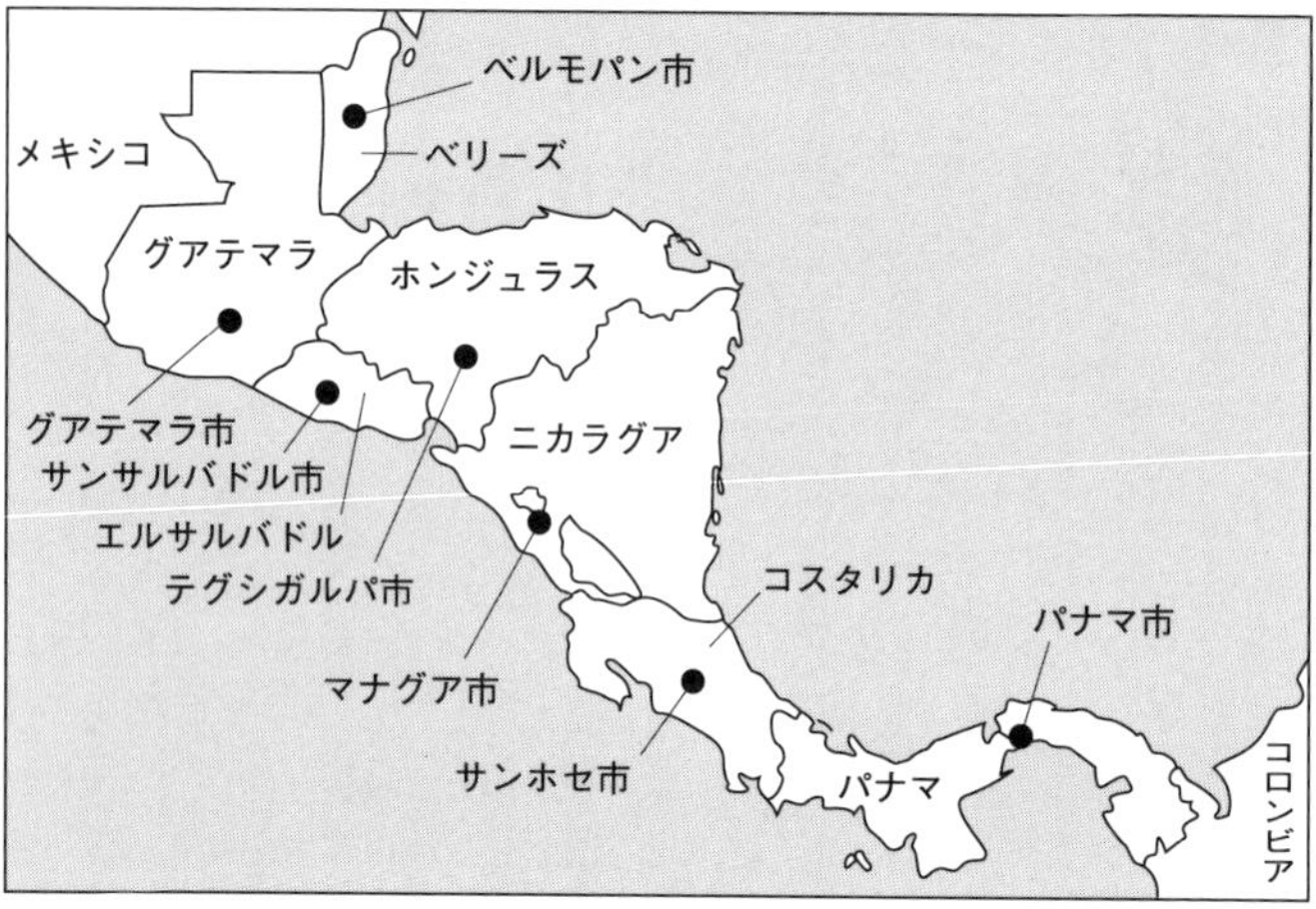

図 4-1　中米地峡

図 4-2　コスタリカ

コスタリカの基礎データ

正式国名	コスタリカ共和国
面　　積	約5万1100km²(九州と四国を合わせた面積に匹敵)
人　　口	約430万人
民　　族	ヨーロッパ系およびその混血＝95%，アフリカ系＝3%，先住民ほか＝2%
主要言語	スペイン語
主要宗教	カトリック
首　　都	サンホセ
主要産業	農業（コーヒー，バナナ，パイナップル，観葉植物），製造業（集積回路，医療品，加工食品），観光業
一人あたり国内総生産	5709米ドル
経済成長率	6.8%
物価上昇率	10.8%
失　業　率	4.6%
最近のトピック	かつて現役大統領として1987年にノーベル平和賞を受賞したオスカル・アリアスが，2006年から二度目の大統領を務めている。ただし，アメリカを中心とする自由貿易協定の結成に積極的な姿勢にかんしては，国民のあいだでも賛否両論がある。日本のメディアではラテンアメリカ随一の平和・民主主義国家として紹介されることが多く，小国ならではの思い切った政治社会政策が注目を浴びている反面，歴代大統領が汚職であいついで逮捕され，貧困率や犯罪率が高まるなど新たな国内問題も現出している。

（日本外務省公表データより作成，2008年8月時点）

1　コスタリカの歴史とコーヒー

小農がコーヒーに託した未来——先見的なコーヒー栽培

コロンブスがコスタリカのカリブ海岸にたどりついたとき、そこには彼らが求めていた目もくらむような財宝も、感嘆するような都市文明も、広大で肥沃な土地も見あたらなかった。海岸沿いには、ただジャングルや湿地が限りなく広がっているだけだった。しかし、のちにこの地を訪れたスペイン人征服者たちは、自分たちの冒険が最終的には輝かしい結果をもたらすと心から期待したのだろう。スペイン語で「豊かな海岸」を意味するコスタリカという地名は、まさに彼らの希望の表れであった。

一六世紀なかごろにはスペイン人たちが永住の基盤を固めたが、その征服事業にともなってこの地に暮らしていた約四〇万人の先住民は激減し、一七世紀初頭にその数はわずか一万人ほどになった。スペイン植民地時代、コスタリカをふくむ中米地域は、メキシコを中心とするヌエバ・エスパーニャ副王領内のグアテマラ総督領という行政区画のなかに組みこまれた。コスタリカは、政治経済の中心であった現在のグアテマラをはじめ、メキシコ南端部（チアパス州南部）、エルサルバドル、ニカラグア、ホンジュラス、パナマ西端部とともに一つの植民地を形成していたのである。そのなかでもコスタリカはもっとも辺境に位置する小さい州に過ぎなかった。

植民地時代末期の一九世紀初頭までに、キューバをはじめとするカリブ海域からグアテマラ、エルサルバドル、コスタリカなどの中米諸国にアラビカ・コーヒーが伝わり、最初の実験的な栽培が行われた。当初は他地域とおなじように、コーヒーは貴族がたしなむ「エキゾチックな飲み物」としてか、あるいは薬や観葉植物として扱われていた。植民地時代からインディゴ（藍）やコチニール（洋紅）などの自然染料で利益を上げていたグアテマラやエルサルバドルでは、当時この新しい商業用作物に対する関心は高くなかった。だが、タバコなど従来の産業に行きづまりを感じていたコスタリカだけは違っていた。近隣諸国に対抗できるような経済基盤のないコスタリカは、周辺に競争相手が存在しなかったコーヒーに自国経済の未来を託すことになるのである。

一八二一年、隣接するメキシコやグランコロンビア（現在のベネズエラ、コロンビア、エクアドル、パナマからなる大国）の独立の影響を受けてグアテマラ総督領内の中米諸国も独立することになるが、これを機に「辺境の辺境」であったコスタリカは、経済的自立のためのコーヒー生産に力を注いだ。独立の年、はやくもサンホセ市は住人に一定の土地とコーヒー苗を分配する開発政策を打ち出し、その一〇年後には「未開地を開拓して五年間コーヒーを栽培した者にその土地の所有権を与える」という制度も施行した（こうした政策の成功も手伝って、一八二三年にサンホセ市はコスタリカの首都となる）。これは財源の乏しいサンホセ市が、住民みずからの手で土地を開拓するように仕向ける現実的な政策であった。

このように、一九世紀前半というきわめて早い時期に小土地所有農民が出現したところに、コスタリカにおけるコーヒー生産業の特色がある。これは同時期のブラジルと対照的である。コスタリカはブラジルの約一七〇分の一の国土面積しかない小国であるにもかかわらず、土地を持たない圧倒的多数の奴隷がコーヒー農業の中心であったブラジルとは反対に、零細規模であるとはいえ土地の所有権を有する多くの農民がコーヒー生産を支えたのである。このことは、国土の狭小さとあいまって、コスタリカにおいてブラジルのような大コーヒー・プランテーションが展開しづらい環境を作りあげた。

高品質コーヒーとベネフィシオ——ブラジルとは異なるコーヒー生産戦略

一八二三～三九年、コスタリカは旧グアテマラ総督領の兄弟国とともに中央アメリカ連邦共和国を結成したが、この間もコーヒーを基軸とする経済的自立は進んでいった。コーヒー生産業はサンホセ市をふくむ中央盆地（標高八〇〇～一五〇〇メートル）全体へと拡大していき、一八三二年、コスタリカは近隣諸国にさきがけてコーヒーを南米のチリに輸出し、すぐにイギリスへも輸出するようになった。中央アメリカ連邦共和国が解体された一八四〇年には、八〇〇トンのコーヒーが輸出されるなどコスタリカのコーヒー産業は完全に軌道に乗り始め、一八四八年にはホセ＝マリア・カストロ大統領のもとで共和国として独立国家の道を歩み始めた。同年のコーヒー輸出量は一万トンに激増している。これにともない、輸出港として太平洋海岸沿いのプンタレナス港もにぎわった。ブラジルからは少々遅れたものの、コスタリカはコーヒーを自国の経済基盤とするラテンアメリカ諸国の先駆者となった。

コスタリカは「コーヒー王国」のブラジルとおなじアメリカのコーヒー市場で対立することを避け、品質を重視するヨーロッパ市場を輸出先にさだめた。コーヒーを低コストで大量生産するブラジルにかなわないことを知っていたコスタリカは、たとえ生産量は少なくとも高い値段で取引される高品質コーヒーの生産に特化していったのである。コスタリカのコーヒー産業界が、ほかの中米諸国では隅々まで行きわたらなかった水洗式の精製を早い段階から採用したのはこのためである。こうしてコスタリカ産コーヒーは、当時のアメリカと比較すると質の高いコーヒーを求める傾向にあったヨーロッパのクオリティ・マーケット（品質の高さを重視する市場）で好評を博すようになった。

しかしながら、中央盆地がコーヒー産業によって賑わい、開発されていくにつれ、この地域に暮らしていた貧しい農民や先住民が奥地へと追われていったことも忘れてはならない。スペイン人を始め、少しずつこの地を占拠していったヨーロッパ系白人や混血民は、イギリス資本家などから資金の提供を受けながら、中央盆地の都市をますますヨーロッパ趣向に染めていった。こうして中央盆地は、さながら「白人の国」と化していったのである。実際には先住民や黒人、あるいは混血層が存在するにもかかわらず、一九世紀末以降に「コスタリカは白人の国である」というある種の神話が社会に蔓延するのには、こうした歴史的背景があった。

また、土地を持つ小農や零細農の存在が、コスタリカのコーヒー産業における権力構造を十分に健全化しなかったことも心に留めておくべきであろう。たしかにコスタリカでは、近隣諸国に比べて大土地所有者が少ない。しかしその最大の理由は、コスタリカでは高品質のコーヒーを生産するのに適した気候や風土がほぼ中央盆地に限定されるため、農地の拡大が必ずしも利益につながらないからである。その代わりにコスタリカでは、利にさとい大商人たちが、コスタリカ・コーヒーの品質にかかわる最重要過程である精製業を牛耳るようになり、コーヒー産業界における事実上のエリート層を形成することになった。一八三八年にスペイン・カタルーニャ地方からの移民が最初の本格的なコーヒー精製所を建設して以来、「ベネフィシオ」と呼ばれる精製所がコスタリカに次々と建設され、コーヒー産業全体に大きな権限を行使するようになる。

一八四九年にイギリスとコーヒーの定期的な取引にかんする協定を結んだコスタリカは、ますますコーヒー産業の拡大に力をつくした。コーヒー用の農地はきわめて限定されているため、その有効利用についてさまざまな工夫や技術革新がなされていくのもこのころからである。一八六〇年にはコーヒー・エリートが、コスタリカのみならず中央アメリカで最初の銀行を設立して金融業も支配し、ほかの農業生産にも影響をおよぼし始めた。こうしてコスタリカは「コーヒーの国」となっていったのである。

コーヒー・エリート層と反発する民衆

一八七〇年代から一九四〇年代まで、コスタリカはいわゆる「自由主義」時代を経験した。「コスタリカ近代化の父」とされるトマス・グアルディア大統領によって創始されたこの時代に、政治権力者たちは「自由主義者」を名乗りながらもしばしば独裁的な強権を発動した。彼らは欧米先進国をモデルにした近代化や世俗化を推進しながら、「上から（国家の主導のもとで）」ヨーロッパ諸国をモデルとした国民国家を作りあげることに専心していた。その国家経済の基盤こそがコーヒーであり、イギリスなどから外国資本を積極的に導入した国家がこの産業の発展を後押ししたのである。こうして一九世紀末のコスタリカでは、コーヒーが全輸出額の九〇％を占めるようになっていた。

「自由主義」時代には、植民地時代を通して維持されてきた教会所領・農民共有地・先住民共同体が解体されてその私有化が進み、同時に未開地も急速に開拓され、中央盆地の東西周辺部にもコーヒー生産地帯が拡大していった（図4-3）。このときも政府は、「住まわせることは、統治することである」というスローガンのもとで、未開地を格安で市民や外国人へ提供し、住民みずからその地を開墾・整備するよう導いていった。二〇世紀前半には、こうして誕生した新たな小土地所有者と領土拡大を狙う大土地所有者のあいだで土地をめぐる争いも起こったが、政府はこの争いに積極的に介入し、おもに大土地所有者を中央盆地の外部へと誘導することによって問題の解決に取り組んだ。すなわちコスタリカの中央盆地内では、コーヒー産業の最盛期においても政府が小土地所有者を大幅に減少させないように配慮したため、中米地域では特異ともいえる小農や零細農を基軸としたコーヒー生産システムが確立されたのである。

もちろん、コーヒーがもたらす利益が国内の権力者や先進国の資本家に吸収されていく構図は、程度の差こそあれコスタリカのコーヒー産業にも存在する。近隣諸国ほど深刻な問題に発展しなかったものの、コーヒー・エリート層と生産者のあいだの衝突も見られたし、生活に苦しむ貧農もたしかに存在する。しかしな

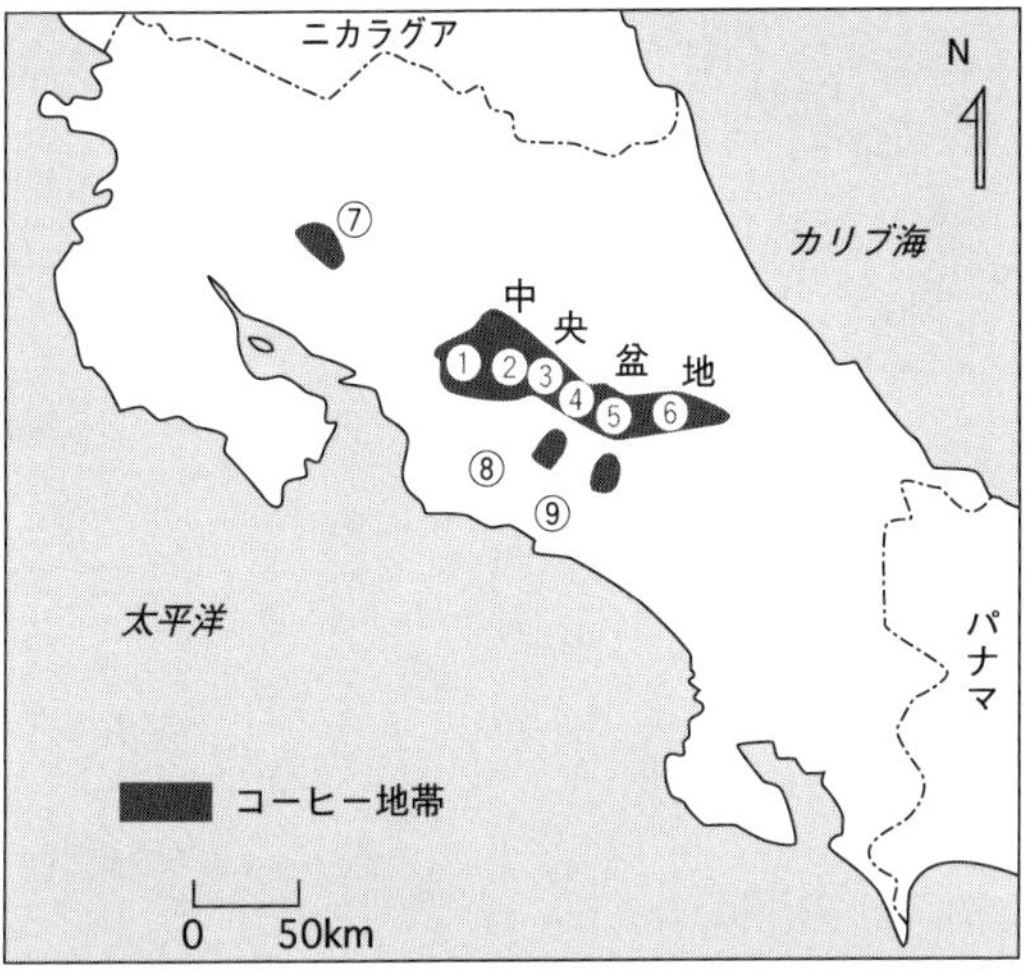

1= サンラモン　4= サンホセ　7= ティララン
2= アラフエラ　5= カルタゴ　8= サンイグナシオ
3= エレディア　6= トゥリアルバ　9= ロスサントス

図 4-3　コスタリカの主要なコーヒー栽培地域（1920-30年代）

出所：W. Roseberry et al., *Coffee, Society, and Power in Latin America*, p. 155より作成。

がらコスタリカの場合、コーヒー・エリート出身の横暴な政治家が、これに反発する民衆運動によって失脚させられた経験を持つ点で近隣諸国とは異なっている。しかもその事件が、コスタリカ史においてコーヒー産業がもっとも繁栄し、政治権力と露骨なかたちで結託していた一九世紀末に起こった点は興味ぶかい。事件のあらましは次の通りである。

一八八五年に就任したベルナルド・ソト大統領は、まさにコーヒー・エリート層を後ろ盾にして政治権力を掌握していたが、やがてその政治腐敗は都市中間層を中心とする市民から激しい反発を受けるようになった。一八八九年、サンホセ市で約七〇〇〇人の市民が大統領官邸を取り囲んで抗議した結果、ついにソトは退陣を余儀なくされたのである（ほかの主要都市でも数千人の市民が蜂起した）。これによってコーヒー・エリート層の政治権力が完全に弱体化したわけではないが、少なくとも彼らは市民運動をおそれるようになり、たとえ形式的であったとしても民主制を尊重するようになったことは注目に値する。同年に制定された成年男子間接選挙法も、不正選挙を一掃するにはいたらなかったものの、これを機に当時の中米では際だった政治参加意識を人びとの心のなかに育んだ。ただし、政治的な抑圧は目立たないものの、文化政策・教育・法などを通じて民族的少数派などに対する社会的抑圧はむしろ強化される傾向にあった。

コーヒーが招いた「バナナ共和国」――ユナイテッド・フルーツ社の進出

一九世紀末には、コーヒー生産地帯を中心に道路や鉄道などの交通網が整備され、とりわけ鉄道はコスタリカの国民統合と発展のシンボルとしてマスメディアをにぎわせた。鉄道の敷設工事はグアルディア大統領の時代に始まったが、資金不足、政治家や官僚による資金の横領、技術不足などが重なって遅々として進まなかった。この間、肉体労働者としてジャマイカ人などのカリブ系黒人や中国人、あるいはイタリア人（北部イタリア出身者中心）などが次々と入国し、コスタリカに新しい文化を吹き込んでいくことになる。とはいえ、鉄道工事終了後もコスタリカにそのまま残ったカリブ系黒人や中国人とその子孫たちは、しばしばコスタリカの多数派である白人系住民からの差別や偏見に耐えながらしたたかに生き抜いていかねばならなかった。

途中で暗礁に乗り上げたこの鉄道敷設事業に救いの手を差し伸べたのが、当代を代表するアメリカ人資本家の「鉄道王」マイナー・キースであった。キースは一八七七年に富裕な鉄道敷設業者の叔父から事業を引きつぎ、鉄のレールでグアテマラからパナマ運河までを一つにつなぐという壮大な夢にとりつかれていた。彼は資金を調達してコスタリカにおける鉄道工事の継続を可能にし、それと引き替えに鉄道完成後から九九年間の鉄道運営権と鉄道沿いの三二〇〇平方キロメートルの免税地の所有権をコスタリカ政府から与えられた。そして一八九〇年、ついにコスタリカで最初の鉄道が開通し、サンホセ市と大西洋（カリブ海）岸のリモン港が結ばれた。この鉄道の完成を祝する記事や祭典が、コスタリカ人の熱狂的なナショナリズムに彩られたことは言うまでもない。

キースは一九世紀のコスタリカを代表する政治家ホセ＝マリア・カストロ元大統領の愛嬢と結婚するなど政界にも通じ、その鉄道網をやがて南米コロンビアにまで張りめぐらせていく。キースが「王冠なき中米の王」と呼ばれたゆえんである。さらに一八九九年、キースがアメリカの大手果物輸入業者ボストン・フルーツ社とともに設立したユナイテッド・フルーツ社（現チキータ・ブランズ・インターナショナル社）が、バナナの生産・流通業の独占を通じて中米・カリブ地域の政治経済を牛耳ったことはよく知られている（図4-4）。

ユナイテッド・フルーツ社は、しばしば現地の独裁者や寡頭政治家とむすび、対外膨張策を進めるアメリカ合衆国政府の支援を受けながら、無数の土地なし農民が暮らす中米・カリブ地域に排他的な「飛び地」としての広大なバナナ・プランテーションを構えた。こうしてヒトとモノの交通・流通路を手中にし、農民から利益を吸いあげたこの巨大多国籍企業は、アメリカのラテンアメリカへの帝国主義的進出の象徴と見られるようになり、「バナナ共和国」とも揶揄された。結局コスタリカでは、コーヒー産業の発展と拡大のために整備された鉄道がアメリカ資本のこの国への進出ルートとなり、バナナを基盤としたモノカルチャー・システムを生みだしたのである。

図4-4　バナナの草本と果実

「自由主義」政府は、アメリカの政府や企業との友好関係を維持しながら、小農や零細農に立脚したコーヒー産業を巧妙に管理してきたと言えるだろう。一九一〇年代後半に一時的にティノコ将軍による独裁期もあったが、二〇世紀前半までのコスタリカ寡頭政治体制は周辺諸国より穏健であったと言える。急速な経済成長を遂げていたアメリカとの関係が深まるにつれ、当初はヨーロッパ市場に照準をしぼっていたコスタリカのコーヒー産業界も、アメリカへのコーヒー輸出を拡大するようになった。一般消費者の購買力の高まりや、ヨーロッパ移民の大量流入などが重なって、アメリカでも品質の高いコーヒーを求める動きが高まったからである。一九〇〇年には、約二万トンのコーヒーがアメリカに輸出されている。ただし同時に、グアテマラやエルサルバドルの急激なコーヒー増産に脅威を感じていたコスタリカは農作物の多様化計画を進めており、コスタリカの全輸出に占めるコーヒーの割合はすでに六〇％へと減少していた。

権力者にあらがう知識人とコーヒー農民組合

二〇世紀初頭には、コーヒー産業界の権力に公然と反旗をひるがえす新しい知識階級の台頭も見られた。彼らはヨーロッパ社会主義の影響を受け、対立的な階級意識に立脚してさまざまな社会問題を指摘し、適切な教育を与えて労働者を救済するべきだと主張した。彼らは、第一次世界大戦後のコスタリカが世界の経済大国となったアメリカを中心とする先進国にますます依存するようになったことを危惧してもいた。こうした知識人の影響のもとで、共和主義、反ファシズム、平和主義を基盤とし、北米への対抗的アメリカニズムを掲げる中米で初めての本格的な学術雑誌『レペルトリオ・アメリカーノ』が刊行された。この雑誌は国境を超えて、中米の知識人たちがみずからの知性を磨きあう重要な学術的空間を提供することになる。

ただし、この雑誌に投稿したコスタリカ知識人たちは、自国が他の中米諸国と異なる「白人共和国」であるというイメージを強調したため、コスタリカに暮らす先住民、黒人、中国人などの有色人が人種・民族差別にさらされることにもなった。コスタリカ国民はみな白人だとする誤った国民イメージが、国内外に定着したのである。また、この新世代の知識人たちは、彼らからすると許しがたい

図4-5　サンホセ市内（1920年代）

「粗野」で「野蛮」なコスタリカ大衆文化——度を超えた飲酒習慣や麻薬の使用など——の一掃を重視した啓蒙主義者でもあった。その一環として、彼らは統合的な「国民教育」を重視したのである。

　一八八六年以来、コスタリカでは無料の初等義務教育制度が施行されており、周辺諸国と比較して識字率が高かったが、さらにこれら「新知識人」の働きかけもあって一九二〇年代におけるコスタリカの識字率は都市部で八七％、農村部で五八％（ともに九歳以上の人口における割合）まで跳ねあがった。これはラテンアメリカのなかでも際だって高い数値として特筆すべきであり、地下資源に乏しい小国のコスタリカにとって、周辺の大国とわたりあう強力な「武器」ともなった（図4-5）。

　外国資本と提携したコーヒー産業を批判する知識人が社会的影響力を強くするなか、一九二〇年代になるとコスタリカのコーヒー産業はまったく別の問題にも悩まされるようになった。一九世紀末の「コーヒー・ブーム」時に大量に植樹されたコーヒー樹の老木化や、農地養分の枯渇が目立つようになり、しかもこの問題を克服するためのさまざまな技術的進歩も停滞していたのである。こうした問題を抱えたままで、コスタリカのコーヒー産業は、世界恐慌（一九二九年）の衝撃波によって打ちすえられることになる。一九三〇年、アメリカへ約二万五〇〇〇トンのコーヒーを輸出したあと、コスタリカのコーヒー産業は厳しい不況にあえぐことになるのだ。

　ほかのラテンアメリカ諸国と同様、一九三〇年代初頭のコスタリカは、世界恐慌に端を発する経済不況と社会不安によって混乱することになる。失業者は激増し、これを救済するための国家政策も実を結ばなかった。苦しい生活を強いられた都市民や農民が「自由主義」政府に対する不満を募らせるなか、一九三一年には多くの労働者の支持をえたコスタリカ共産党や、反共的な改革派カトリック教徒を中心とする国民共和党といった新政党が創設され、既存のコスタリカ政治を大きく揺るがすことになる。特に共産主義者に鼓舞された都市労働者やバナナ労働者は各地でデモやストライキをくり返し、彼らと比較すると穏健であったコーヒー農業労働者をも刺激した。とは言え、みずからの土地を持つ小・零細農の割合が圧倒的に多いコスタリカでは、例えばコロンビアに見られたようなコーヒー農民による激しい運動はあまり見られなかった。

図4-6　コスタリカの小コーヒー農園（20世紀前半）

このころになると、コスタリカのコーヒー産業も一九世紀中ごろとは様変わりしていた。すでにコスタリカ・コーヒーにとって最大の輸出先はアメリカとなり、コスタリカのコーヒー・エリート層を形成していた精製業者の多くも外国人にとって代わられていた。一八五〇年には全精製業者に占める外国人の割合はわずか五％に過ぎなかったが、その数字は一九〇〇年には二〇％に、一九三五年には全体の約三分の一にあたる三三％にまで上昇していた。こうした業者は、小農の生産したコーヒーをできるかぎり低価格で買おうと画策した。また、コーヒー生産自体も一九三〇年代前半までにその約一五％がドイツ人など外国人の経営する農園でなされるなどコスタリカ・コーヒーによる利益は国外へ流出し始め、コスタリカ人精製業者もみずからの利益を保護しようと小生産者のコーヒーをより安く買い叩くようになっていた（図4-6）。

コスタリカの小・零細農はこうした流れに歯止めをかけ、コーヒー生産者としてのみずからの権利と生活を守るため、一九三二年にコスタリカ・コーヒー生産者連合（ＦＮＣＣＲ）という組合を結成した。この動きを見たコスタリカ政府は、この生産者組合と精製業者や金融業者などのコーヒー・エリートが正面衝突して問題がこじれることを恐れ、その翌年の三三年に公的な仲介組織としてコスタリカ・コーヒー協会（ＩＣＡＦＥ）を設立した。このときの政府は、失業者救済のための公共建設事業に以前の三倍の資金を投入したり、一九三五年に農業労働者のための最低賃金を設定したりするなど、不況による社会不安や混乱の収拾を急いでいたのである。

政府がつくったＩＣＡＦＥは、必ずしもつねに組合側の主張を政治に反映したわけではないが、少なくとも小生産者の組合が公的に承認されたことは特筆に値する。同時期の周辺諸国では、農民組合はもとより、市民としての基本的な権利や政治経済的改革を求めた組織やその運動は、右派の軍事政権によってことごとく粉砕されていたからである。コスタリカのコーヒー産業は、生産者である小・零細農、エリート層である精製・金融業者、そして国家権力のあいだに、一定の緊張関係を生みだした点に特色がある。近隣諸国のように国家が組合を非合法化し、エリート層と組んであからさまな暴力的手段でコーヒー農民たちの運動を封じ込めることはなかった点で、この時期のコスタリカは数あるラテンアメリカのコーヒー生産国のなかでも異色だった。

ふき荒れる内戦、廃止された軍隊——新しい共和政の幕あけ

一九三〇年代、世界のコーヒー売買はすでにアメリカ市場が主流となっていたが、コーヒーをふくむコスタリカの全輸出品の半分はいまだにヨーロッパ市場へと送られていた。だが、そのコスタリカ輸出業さえも、第二次世界大戦が勃発してヨーロッパ市場が閉鎖されてしまうと不調に陥り、結果的にアメリカ市場に依存せざるをえなくなる。こうしたなか、一九四〇年に八〇％という高得票率で大統領に選出された国民共和党のラファエル・カルデロン（父）は、共産党が提案していたいくつかの改革案を受け入れ、社会福祉・社会保障制度の充実や労働法の制定に尽力した。

カルデロンの改革路線は、すぐに特権的な立場にあった商業エリートから猛烈な反発を受けることになったため、彼は一九四三年に共産党と協定を結んで政権の安定をはかった。社会改革派として知られたサナブリア大司教の仲介によって、カトリック教徒を支持基盤とする国民共和党と共産党の歴史的な政治同盟が結成されたのである。しかしながら、「カルデロコムニスモ（カルデロン共産主義）」と呼ばれたこの時期の政治に対して、政治改革を標榜しながらも共産党との連合に反対する勢力が党の内外で激しく反発した。そのなかでもっとも有力な組織が、政治家ホセ・フィゲーレスを中心に一九四五年に結成された社会民主党であった。

一九四八年の大統領選挙は、二期目を狙うカルデロンと社会民主党が推薦するジャーナリストのオティリオ・ウラテの一騎打ちとなり、不正行為がうずまくなかでウラテが勝利した。ところが、国会議員選挙では多数派を占めたカルデロン支持派が不正行為を理由に大統領選挙の無効を宣言したため、いっきに政治的緊張が高まった。このとき、かねてから武力闘争を準備していたフィゲーレスがカル

デロン政府に対して武装蜂起し、約五週間にわたる内戦のなかで四〇〇〇人以上が戦死する事態となった。コスタリカ史上最大の政治暴力となったこの内戦は、周辺諸国の仲介により、カルデロンや共産党の支持者の財産や生命の尊重と社会改革の継続を条件に政府側が降伏して決着した。

しかしながら、内戦に勝利したフィゲーレスはこの公約を履行せず、共産党を非合法化し、カルデロン派を公職から排斥するなど、数千人もの人びとを国外へ追放した。そしてウラテからも権力を取り上げたフィゲーレスは実質的な大統領として暫定政権を運営し、一九四九年に新憲法を公布した。こうして現在にいたる「第二共和政」が始まり、一九五一年に国民解放党（旧社会民主党員が中核）を結成したフィゲーレスは、一九九〇年に死去するまで政界に多大な影響力を持ち続けた。彼が一九五〇年代と七〇年代にも二度にわたって選挙で大統領に選出され、国民解放党が内戦以降のコスタリカ史において圧倒的に多く政権を担っていることからも、そのことはうかがえる。

四九年の現行憲法は、カルデロン時代に制度化された大統領の強大な行政権を制限し、地方自治を促進するものであった。また、銀行の国有化や外国企業への税金引き上げを実施して国家財政を安定させるとともに、女性やアフリカ系住人の選挙権を認め、腐敗選挙を取り締まる選挙最高裁判所を設置するなど進歩的な内容をふくんでいる。さらに、アメリカとの反共軍事同盟の存在を背景に常備軍としての国軍を廃止することにより、フィゲーレスは自政権に対する新たなクーデタを封じるとともに、内戦にともなう自身の血なまぐさいイメージを払拭しようとした。いずれにしても、国軍の廃止が結果的にのちのコスタリカにおける軍事政権の台頭を防止する役割を果たしたとは言えるだろう（図4-7）。

いびつな「黄金時代」と悩める農民

政治と社会の安定性を基盤に、一九五〇～七〇年にかけてコスタリカの中間層は「黄金時代」を迎えた。この時期の経済成長は年平均六・六％にのぼり、経済の多様化が進み、中間層は周辺諸国に比して高い生活水準と充実した公共サービスを享受することができた。一九六三年、コスタリカはその二年前に周辺諸国が開始した中米共同市場構想に加わったことにより、域内向けの繊維産業を中心に工業化が進展した。五〇年代まで輸出総額の八〇～九〇％を占めていたコーヒーとバナナの割合は六〇年代に減少し、これにともなってコスタリカの産業別構成比も大きく変化して、一次産業は一九五〇年時の約六〇％から一九六〇年には二五・二％へと減少した。さらにこの数字はその後も徐々に下がり続け、二〇〇〇年には一一・六％となった。反対に二次産業の割合は一九五〇年の一一％から六〇・七〇年代を通じて漸次的に上昇し、一九九〇年代前半以降には五〇％を超えることになる。

図4-7　ホセ・フィゲーレスの栄光をたたえる本の表紙

一九五〇～七〇年には、農園の狭小さを克服するための生産技術の向上やコーヒーの品種改良が進み、耕地面積に対するコーヒーの生産性が三倍に上昇した。コスタリカ経済のコーヒー生産業への依存度自体は低下したものの、コーヒー産業界が品質の高さを維持しながら増産するという目標を掲げて努力した結果であった。現在でもコスタリカ産コーヒーが依然としてアメリカ、ドイツ、イタリア、日本といったコーヒー消費国で比較的高値で売買されているのは、この時期の産業界の努力のたまものである。

しかし、この中間層の「黄金時代」には、貧農や賃金労働者の生活はあまり向上しなかった。一九六三年、農村において土地の所有権を持たない不法定住者がおよそ一万四〇〇〇家族に達していたともこのことを如実に示している。しかも、工業化や都市化が進むにつれて深刻な環境問題も見られるようになり、人びとの健康に対する悪影響も危惧され始めていた。このため一九六〇年代には、現状に不満を募らせた学生の一部が政府や多国籍企業（ユナイテッド・フルーツ社など）に対する反対運動を展開するようになり、その影響を受けて一九六一年には中小規模のコーヒー農民も精製業者のコーヒー・エリートに対して待遇の改善を求める運動を強化していった。組合運動の経験の豊富なコーヒー農民の運動は、バナナ労働者の抵抗運動のように過激化することがなかった点に特色がある。

一九七六〜七七年には、ブラジルでの深刻な霜害の影響でコーヒーの国際価格が急騰し、コスタリカのコーヒー産業もしばらくのあいだ活況を呈した。順調な経済に後押しされるようにコスタリカの社会的指標も上昇し、社会保障制度の充実を背景に平均寿命は七〇歳、乳児死亡率は一〇〇〇人あたり二〇人（二％）、一〇歳以上の識字率は九〇％、失業率は五％といった具合にラテンアメリカのなかでも突出して優れた数値を示した。

だが、こうした好況も長くは続くかなかった。一九七九年、第二次オイルショックによってコーヒー価格が急落したうえに、ニカラグア革命（左派の武装ゲリラ組織であるサンディニスタ民族解放戦線が、民衆の支持を得ながら四〇年以上も独裁をしいたソモサ一族を追放した革命）やグアテマラ・エルサルバドルの内戦（右派と左派が政権をめぐって武力衝突をくり返した）にアメリカ、ソ連、キューバなどが介入し、中米は東西冷戦の最前線と化して政情不安に陥ったのである。さらに翌年の一九八〇年にはコスタリカ経済崩壊のきざしも明らかになっていった。

中米紛争、中立宣言、そして冷戦後

一九八〇年代のコスタリカ北端部は、革命によって成立したニカラグアのサンディニスタ政権を攻撃するためのアメリカ主導による反革命軍事勢力（コントラ）の根拠地の一つとなった。ただし、本格的な戦闘に巻きこまれることを恐れたコスタリカのルイス・モンヘ大統領は、一九八三年に永世中立を宣言することによってコスタリカ政府はコントラ軍に対して公式的な協力をしていないと世界にアピールする一方で、コスタリカに正式な軍事基地を置こうと画策するレーガン米政権の思惑を巧妙にそらした。このときモンヘ政権は、おなじ国民解放党の重鎮であったフィゲーレス元大統領らと組み、実際には政治戦略としての意味あいの強い中立政策を「コスタリカ社会特有の平和主義」の結晶であるというイメージへと昇華させ、じつに見事に国際社会へと定着させている。このときに普及したコスタリカの誇張されたユートピア・イメージは、とりわけ世界の平和問題に敏感な日本のマスメディアにほとんど批判されることなくそのまま受けいれられた。

永世中立が宣言された一九八三年は、コスタリカ経済史のうえでも大きな事件が起こった年である。ユナイテッド・フルーツ社が太平洋沿岸部での操業を停止したのだ。一九世紀末に設立されて以来ず

図4-8　紙幣に描かれたコーヒー労働者

っと、コスタリカはもとより、中米諸国の政治経済に多大な影響を与え続け、みずからの利益と対立する政権をくつがえす軍事クーデタにさえ関与した巨大多国籍企業が、いまや経営難に苦しんでいた。これは八五年にユナイテッド・フルーツ社が、チキータ・ブランズ・インターナショナル社へと改組される予兆であった。もっとも、すでに八二年の時点で、コスタリカの一人あたり国内総生産は七九年と比べて一〇%も落ち込んでおり、インフレ率は年間で九〇%と悪化していた。また失業率は九%に上昇し、貧困ラインを下まわる家庭も一九七七年時点の二五%から四八%へと増えていたから、不況に苦しんでいたのは大企業だけではなかったのだが。

この経済危機を克服するためにコスタリカは新たな産業にも着手し、コスタリカ史上初めてコーヒーやバナナなどの「伝統的」な輸出品の総額を、「非伝統的」な輸出品が上まわるようになった。そのなかには、マキラドーラと呼ばれる外国人が所有する移転しやすい工場で生産される布地や、パイナップル、観葉植物、海産物などがふくまれる。ヨーロッパにおいてベルリンの壁が開放され、米ソ冷戦が終わりを告げ、さらにソ連が崩壊した一九八九~九一年、世界のコーヒー価格はふたたび急落していた。このことは非伝統産業の拡大をさらに推し進める結果となり、一九九〇年代なかごろにおけるインテル社などのハイテク企業の進出によってこの傾向は決定的となった。二〇〇〇年、インテル社のコスタリカにおける事業は九億ドルの営業黒字をあげたが、その利益のほとんどは国外に流出したため、利益のうち国内に残ったのは二億ドルに過ぎなかった。とは言え、この小さな「分け前」でさえも、同年のコーヒー輸出額の七四%に相当する。

二〇〇〇〜〇二年、コスタリカの全輸出額のうち工業製品の割合が七七・一%、農産品が二一・一%、畜産・水産品が一・八%となっており、工業製品の急激な伸びとともにコスタリカの産業構造は大きく変化している。国内の産業別構成比を見ても、農業を中心とした一次産業が約一〇%、工業を中心とした二次産業が約六〇%、観光業などの三次産業が約三〇%といった具合に、コスタリカの経済基盤は完全に農業から工業やサービス業へとシフトしている。

全輸出額に占めるコーヒーの割合は三・二%に過ぎず、農産品のなかでもっとも大きなシェアをほこるバナナ（九・一%）にも大きく水をあけられている。コスタリカの年間におけるコーヒー輸出量も世界で一三位前後にとどまっているが、あいかわらずコーヒーの品質には定評があり、欧米のスペシャルティ・コーヒー会社と専属契約する農園も少なくない。さらなる品質向上、品種改良（一九九〇年にはコスタリカ・コーヒーの四〇%が直射日光に強いアラビカ種となり、より収穫率も高くなった）、宣伝戦略の結果によっては、ふたたびコスタリカのコーヒー生産高が増すことも十分考えられる（図4-8）。

2　コスタリカのコーヒー生産の特色と社会——一九三〇年代までを中心に

組織化された小農、調整する国家——環境・土地・権力

もともと国土の小さいコスタリカであるが、さらにコーヒー生産地帯は国の中心部に位置する中央盆地にほぼ限定されている。中央盆地は三〇〇〇メートル級の火山や山脈にかこまれた海抜八〇〇〜一五〇〇メートルの高原盆地であり、火山灰をふくむ浸透性の高い肥沃な土壌は農作物の栽培に適している。特に四大都市（サンホセ、エレディア、アラフエラ、カルタゴ）からすこし離れた風通しの良い山の斜面はコーヒー栽培に最適であり、丘陵にひろがるコーヒー畑とその周囲の牧草地や質素な家々からなる牧歌的な風景は見る者を魅了する。ブラジル南東部とおなじように雨季と乾季がはっきりと分かれており、乾期には適度な貿易風（北東からの風）も吹きこんでくる。ときに強い日差しが照りつけるため、多くのコーヒー農家はシェードツリーを利用してきた（例えばアーモンド、マンゴー、バナナなどをシェードツリーに用い、そこから収穫された産品を地方市場で売りさばいて副収入を得る農家もある。ただし、現在では品種改良などによって直射日光に強いアラビカ種が大部分を占めるようになっている）。他方で、ブラジルの農家を悩ませている降霜がコスタリカで発生する心配はまずない。

中央盆地におけるコーヒー生産地帯は、その歴史的展開や性質の違いから、①サンホセ市やエレディア市を核とする中心部、②アラフエラ市やサンラモン市を中心とする西部地域、③レベンタソン渓谷やトゥリアルバ渓谷をふくむ東部地域、の三地域に分類することができる。①は一八二〇〜三〇年

代にコスタリカで最初にコーヒー農園が開かれた地域で、他地域にコーヒー栽培が拡大したあともコーヒー生産の中心地であり続けている。自然条件がもっともコーヒー栽培に適した地域であり、小・零細農民が多く存在する。②はコーヒー輸出業が本格化した一八四〇年以降に開拓された地域で、新たな土地を求めてサンホセやエレディアから移住してきた小作人がこの地域のコーヒー産業を担った。この地域には大農園もいくつか見られ、農園内でコーヒーだけでなくサトウキビを栽培したり、牧畜業を兼業したりする者も少なくない。③は大西洋鉄道が完成した一九世紀末以降に開拓が進んだ地域で、他地域のような小農園ではなく、大農園におけるコーヒー栽培が重要性を持っている。この地域では、コーヒーとともにサトウキビやバナナも栽培されている。

中央盆地の東部と西部にいくつかの大農園が見られるものの、二〇世紀前半までコスタリカ全体では八ヘクタール以下の小農園が圧倒的な多数派を占めていた。「農園」という言葉さえも不適切に感じられるような、自宅裏の狭い農地でコーヒーを栽培している者も多かった。こうした小規模農園では、土地の狭さを補うために化学肥料などが積極的に使用され、効率よくコーヒー・チェリーが収穫された。ただし、一九三〇年代以降の農業の多角化や一九八〇年代以降に加速化した工業化によって多くの小農が漸次的にコーヒー生産業を放棄したり、農地の吸収や合併がなされたりした結果、二〇〇〇年までにコーヒー生産農家の六五％は三〇〜八〇ヘクタールを所有する中規模農家が占めるようになった。

また、コスタリカではコーヒーのための耕地が限定されているため、焼き畑などでつぎつぎと農園を拡大していくような略奪式農業は向いていない。そのためブラジルのようにコーヒー産業にかかわる広範な環境破壊は見られなかったものの、代わりにバナナ産業・牧畜業・工業の拡大による森林伐採が深刻化していった。その傾向がもっとも顕著であった一九八五〜八八年には、森林破壊の大きさは年平均で一〇万ヘクタールであり、同時代のアマゾン地帯の森林破壊に匹敵する割合だったとも言われる。ただしこれについては、一九九〇年代から国家規模で環境保護のための法整備を進めた結果、二〇〇一年までには国土の半分が森林で占められ、二〇〇三年には国土の四分の一が国定公園に指定されるほど自然環境が改善した。その背景には、コスタリカが国家プロジェクトとして観光業の発展（二〇〇四年には観光業が国内総生産の約七％を占めた）に力をいれており、とりわけ欧米諸国のエコツーリストの受け入れを狙っていたという事情がある。

いずれにせよ、広大な領土にもかかわらず奴隷制度の影響などで農民の土地所有がなかなか認められなかったブラジルとは異なり、財源の乏しかったコスタリカでは公的な政策として農民自身の手による農地開拓が推進され、一九世紀前半という早い段階で農民たちに土地所有権が認められたことは重要である。この合法的な小土地所有者の存在が、コスタリカにおいてブラジルのような大コーヒー農園が増大しなかった理由の一つとなっていた。もっともコスタリカにはコーヒーに適した土地がどこにでも豊富にあるわけではないから、ブラジルのように土地の集積がそのまま所有者の利益につながりもしない。そのためコスタリカのコーヒー・エリートは、大土地所有者となることに血道をあげるのではなく、品質の高さを求められるコスタリカ・コーヒーにとって最重要過程である精製業を独占（なかには金融業や流通業にも触手を伸ばすエリートもいた）することになった。このエリートたちは、有力政治家とのつながりを持ち、コーヒー産業界に多大な影響力をおよぼしたうえに、小農が生産す

表4-1　コスタリカとブラジルのコーヒー生産業比較（20世紀前半）

	ブラジル	コスタリカ
生産基盤	巨大農園	小・零細農園
木の本数	10万本以上の場合も少なくない	大農園でも6万本程度
収穫方法	おもに手摘み非選別式（落果や機械摘みもあり）	ほとんど手摘み選別式
精製方法	おもに日干し乾燥式	ほとんど水洗式（早期導入）
奴隷労働	1888年まで奴隷制存続	植民地時代から奴隷制は効率的に機能せず
賃金労働	奴隷制廃止後，移民労働者に適用	大中農園では初期から 小・零細農園では家族労働
コーヒー移民	ヨーロッパや日本などから多数	ほとんどなし
おもな市場	当初からアメリカ	20世紀前半までヨーロッパ

注：この表は，両国の典型的なコーヒー生産パターンを比較するための参考表である。例外的な農園が存在する場合もある。

るコーヒーを低価格で買いたたくこともあった。

しかしながらコスタリカの場合、世界恐慌後の不況のなかで農民がいちはやく組合組織（コスタリカ・コーヒー生産者連合〈FNCCR〉）を結成し、精製業者と対峙したため、国家が生産者と精製業者のあいだの関係を調整するための仲介組織（ICAFE）を結成せざるをえなかった点に特色がある。つまり「ミルクコーヒーの政治」によって一九五〇年代まで農民運動を封じられたブラジルよりもはやく、コスタリカのコーヒー農民は少なくともみずからの権利を自己主張しうるシステムを作りあげた。一九世紀末にコーヒー・エリートと結託した政府が市民運動によって打倒された歴史的記憶も、権力者の脳裏をかすめたことだろう。このようにコスタリカの国家権力は、たしかにコーヒー産業界に介入することはあるものの、ブラジルほど露骨なかたちでコーヒー・エリートを支援することはできなかった。

以上のように、コスタリカのコーヒーは自営農民によって生産され、コーヒー産業の拡大が他国ほど深刻な環境汚染を引き起こすこともなく、その最大の受益者である精製業者が国家権力を思うままに操ることもなかったといえる（表4-1）。

美味なコーヒーは生産量にまさる？――労働力・生産方法・市場

コスタリカのコーヒー産業でもっとも利益を上げているのはエリート精製業者であるが、ブラジルの場合のようにみずからの農園内で十分な量のコーヒーを生産できるわけではなく、中小農民が収穫するコーヒー豆を買いとらなければビジネスが成立しない。また生産者側もときに精製業者と激しく衝突するものの、高品質のコーヒーに仕上げるには優れた技術と高価な設備をほこる精製業者にチェリーを買ってもらわなければならない。その意味でコスタリカのコーヒー産業においては、生産者と精製業者は共依存の関係にある。この点でコスタリカのケースは、すべての利益がコーヒー・エリートである大農園主のもとに集中するようになっているブラジルとは大きく異なる。

しかもスペイン植民地時代のコスタリカでは、一八二四年に奴隷の使用が禁止される以前においてさえ、あまり奴隷制は機能していなかった。グアテマラ総督領の「辺境」であったコスタリカには多数の奴隷を有する貴族はあまり存在せず、約三〇〇年にわたる植民地時代を通じて公文書に登録されている中央盆地の奴隷の人数がわずか二〇〇人程度に過ぎないと主張する専門家もいるほどだ。もちろん非公式の奴隷も多く存在したと思われるが、それにしてもこの数字はラテンアメリカのなかでも突出して少ない。先住民共同体も、一九世紀末の後半までに中央盆地の外へと追い立てられてしまった。そのためコスタリカの中央盆地では、市民が奴隷労働や強制労働のうえにあぐらをかいて生活することができず、みずから働かなければならなかった。このようにコスタリカの中央盆地は奴隷制に頼ることができなかった地域であり、その地がコーヒー生産業発展の中心地となったのである。

中央盆地の小・零細コーヒー農家のほとんどは兼業農家であり、ふだんは職人などとして働き、人手の必要な収穫期には家族労働に頼って収穫を行った（図4-9）。また小土地所有者が多いため、生活の不安定な季節労働者はほかの中米諸国ほどコスタリカに存在しない。さらに中央盆地以外の場所では、コーヒー以外の農作物を栽培して地方市場に卸す選択肢もあった。このため労働力不足に苦しんでいた中央盆地の中・大農家は、より良い条件で地方出身者を常勤の賃金労働者として雇いいれなくてはならず、一九世紀末まで奴隷に立脚してコーヒー生産を増大させてきたブラジルとははっきりとした対照をなしている。コーヒー農園内では食料生産もなされている場合が一般的であり、さまざまな果実（シェードツリーから収穫されることもある）、ユカ芋（キャッサバの一種）、アジョーテ（カボチャの一種）が収穫され、農園労働者の食料とされた。この意味でコスタリカのコーヒー生産業はブラジルの大農園に見られた典型的なモノカルチャーとはおもむきが異なる。

図4-9　コーヒーを摘むコスタリカ女性（20世紀前半）

加えてコスタリカでは、ブラジルのように多数のコーヒー移民が外国から移り住むこともなかった。コスタリカ政府もヨーロッパ系の白人移民を招へいしようとしたが、そのほとんどは移民のための補助金が充実し、将来の展望がより明るく見えたブラジルやアルゼンチンを移民先に選んだからである。また、一九世紀末のコスタリカ社会に蔓延したヨーロッパをモデルとした白人至上主義的な国民意識は、非白人系移民の拒絶につながった。コスタリカにおける近代化と国民統合の象徴だった鉄道の敷設工事に大きく貢献した中国人は、「ギャンブラー」、「泥棒」、「アヘン吸引者」などと決めつけられ差別的に扱われた。おなじく鉄道事業の労働者としてかり出されたコスタリカ西部地域の先住民たちも、中央盆地への自由な出入りを許可されず、カリブ系黒人は「外国人」とみなされて市民権を認められなかった（これら非白人の市民権は一九四九年憲法の制定後に徐々に認められていく）。これらの有色人労働者たちが血と汗を流しながら完成させていった鉄道が、彼らの排斥につながるコスタリカ・ナショナリズムの象徴となったのはじつに皮肉である。こうした事情も、コスタリカにおいてコーヒー移民が見られなかった原因の一つである。

少ない生産量であっても高品質のコーヒーを生産し、質の高いコーヒーを要望するヨーロッパ——ただし一九二〇年以降はアメリカへの輸出も増え、第二次世界大戦後はアメリカが主要な市場となる——の消費市場に向けて輸出するのがコスタリカの戦略である。これによってコスタリカはコーヒー市場において「王者」ブラジルと正面衝突することを回避し、首尾よくすみ分けをしてきた。このためコスタリカ産コーヒーにとって品質の高さは市場で生き残るための絶対条件ということになるが、手農園主と意思の疎通がとりやすい家族労働者や近隣諸国に比べて待遇の良い賃金労働者の多くが、手摘み選別式でコーヒーを収穫する熟練労働者としてその品質を支えてきた。コスタリカにおける手摘み選別式の徹底ぶりは、しばしば海外からコーヒー農園を視察しにやってきた者を驚かせた。コーヒー産業に携わるコロンビア人さえも、コスタリカの熟練労働者が七度以上もコーヒー樹をくり返し見まわって完熟チェリーだけをていねいに摘みとっている光景には驚嘆したという。中米で突出した教育制度の安定も、こうした高い労働の質に影響しているのかもしれない。

そして、摘みとられたチェリーを購入した精製業者は、周辺諸国に先駆けて一九世紀前半から導入し始めたベネフィシオ（コーヒー精製所）でこれを加工し、世界へ向けて出荷するようになった。コスタリカは、ラテンアメリカのなかでもっともはやく水洗式精製を導入したコーヒー生産国の一つなのである。一九世紀末にはすでに二〇〇以上の精製施設が存在（のちに合併などでその総数は減少する）しており、中米におけるほかのコーヒー生産国とは比較にならないほどコスタリカでは水洗式の普及率が高かった。これは資本家による投資が精製業に集中した結果であり、コスタリカ・コーヒーの品質を向上させる一方で、コーヒー産業における小農の自立性が失われることにもつながった。精製業をエリート層に独占されたコスタリカの小農は、コロンビアの小農のように手動式の家庭用精製機を手に入れることもなく、このシステムに依存することになってしまうのである。

以上のように、熟練労働者による収穫と伝統的な水洗式による精製を通じて、少量ではあるが単価の高いマイルド・コーヒーをつくりあげ、その品質を理解してくれるクオリティ・マーケットに売りさばくのがコスタリカ・コーヒー産業の特色だと言えよう。ただし、コスタリカのコーヒー・エリートである精製業者は、一九世紀中ごろにはほとんどがコスタリカ人であったが、一九世紀末ごろからしだいにアメリカを始めとする外国人の割合が増加していき、一九三五年には全体の約三割が外国人精製業者に代わっていったことは、心に留めておく必要がある。どん欲な外国人投資家が、品質の高いコスタリカ・コーヒーを黙って見過ごしはしなかったということであろう。

3　コーヒーに呑みこまれた小国――エルサルバドルとコスタリカの比較から

青いエルサルバドルがコハク色に染まる――インディゴからコーヒーへ

中米地峡で最初にコーヒー産業を軌道に乗せたのはコスタリカであるが、一九世紀末にはこれに刺激されたすべての中米諸国がコーヒー生産にとりかかることになった。一八七〇年代にはグアテマラ、一八八〇年代にはエルサルバドルが急速なコーヒー増産に着手し、ニカラグアやホンジュラスもまもなくこれに続いた。二一世紀に入った現在では、グアテマラやホンジュラスが生産量ではコスタリカをはるかに凌いでおり、年間コーヒー生産量の国別ランキングでも一〇位以内に名を連ねている（コスタリカは一〇位に届かない）。このように、ラテンアメリカのなかでもとりわけ小国のひしめく中米地峡が、意外にも世界市場へのコーヒー供給に大きく寄与しているのである。それでは、ほかの中米諸国のコーヒー生産システムとその社会的意味は、いかなるものなのだろうか。コーヒー生産システムにかんして共通点の多いエルサルバドルとコスタリカを比較しながら、この問題について考察することにしよう。

エルサルバドルは約二万一〇四〇平方キロメートルの領土しかもたない中米随一の小国である。この面積は小国コスタリカのさらに半分以下（約四一％）にあたり、九州の約半分くらいの広さである（図4-10）。スペイン植民地時代のエルサルバドルはコスタリカとおなじくグアテマラ総督領のなかにあり、独立後はコスタリカとともに中米連邦共和国を形成したこともある。歴史的な観点からすると両国は、いわば「同胞」だといえる。しかしながら、エルサルバドルは植民地時代からサンサルバドル（現在の首都）を中心にインディゴ生産などで経済的に発展し、中米のなかでも突出して高い人口密度（二〇〇四年の時点でも人口は六七六万人で、コスタリカの約一・六倍）をほこっており、中米のなかでもグアテマラに続いて政治的発言権を持っていた点でコスタリカとは相違する（図4-11）。植民地時代に「辺境地」であったコスタリカとは反対に、エルサルバドルは中米における中心地の一つであったのだ。

図4-10　エルサルバドル

　エルサルバドルのコーヒー生産が本格化するのはコスタリカから五〇年ほど遅れた一八八〇年代であるが、じつはその理由の一つは植民地時代の繁栄に由来する。エルサルバドルが植民地時代に確立されたインディゴ産業を独立後も継続したのに対し、既存の農作物生産ではエルサルバドルやグアテマラに対抗できないと考えたコスタリカは、近隣に競争相手のいないコーヒーの生産拡大に命運をかけた。エルサルバドルがコーヒー生産に国をあげて取りくむようになったのは、産業革命期のイギリスが開発した人口染料の普及によって、インディゴ染料

図4-11　インディゴの花

の売れ行きが悪化したあとのことである。その一八八〇年代、すでに世界はコーヒー・ブームに沸いていたため、エルサルバドルのコーヒー農園主は、強権的な国家に支援されながらコーヒー・プランテーションを急激に拡大していった。この点でエルサルバドルは、ブーム以前から比較的ゆるやかにコーヒー生産業を拡大していったコスタリカとは異なっている。こうして一九世紀末には、両国ともに全輸出に占める割合が九〇%を超える（コスタリカは一九世紀末、エルサルバドルは一九二〇年代）ほど、コーヒーが最重要の経済基盤となったのである。

エルサルバドルもコスタリカ同様に品質の高いマイルド・コーヒーの生産を目指し、手摘み選別式による収穫と水洗式の精製に取り組み、一部のエルサルバドル産コーヒーがヨーロッパのクオリティ・マーケットで好評を博していた。水洗式が行われる地域では大農園主が精製業を独占しており、新しい技術や機械を導入しながら現在にいたるまで品質の向上をはかっていた（彼らは周辺の中小農民からもコーヒーを買いとって精製している）。しかしながら、エルサルバドルのコーヒー生産地帯の一部では水源が不足しているため水洗式の精製が困難であり、一九三〇～四〇年代にはエルサルバドル・コーヒーの四〇～五〇%はいまだ乾燥式で精製されていた。この点では、ほとんどのコーヒーが水洗式で処理されていたコスタリカとは異なっている。

国家が教会所領、農民、先住民の土地を没収し、コーヒー栽培者に無償で土地を与えるなどしてその所有権を承認した点でも、エルサルバドルはコスタリカのケースとよく似ている。しかしながら、コーヒーに適した環境がほぼ中央盆地に限られていたコスタリカに対し、エルサルバドルではより広範な地域においてコーヒー生産が可能であったため、富裕なコーヒー生産者はより熱心に農園の拡大を進めていった。この過程に比例してエルサルバドルの土地なし農民も急激に増大していくことになり、これら人びとのなかには人手の不足する収穫期のあいだだけコーヒー・プランテーションで日雇いとしての仕事を得る季節労働者となる者も少なくなかった。

エルサルバドルの領土が狭小であるうえに人口密度が高いことを考慮すれば、土地の集積が社会にいかなる影響を与えたか容易に想像できるだろう。またこの国には、コスタリカのようにコーヒー生産に利用できる未開地もほとんど残されていなかった。結局のところエルサルバドルにおいては、国家権力と結びながらコーヒー生産にかかわるすべての利益を独占するブラジル型のエリート大土地所有者と、生活苦に苦しみつつ大農園主に従属する小・零細土地所有者に両極化することになった。

コーヒー産業の発展にともなってますます強大な権力を掌中にした一握りのコーヒー・エリートたちは、俗に「一四家族」（実体を持った具体的なエリート家族を指すのではなく、ごく少数の富裕なコーヒー貴族がエルサルバドルに権力者として君臨していることの象徴）と呼ばれるようになった。中米はもとより世界でも屈指の小国であるエルサルバドルにおいて、人びとの土地を奪いとった大農園主が世界の食卓のためにコーヒーをつくってさらに経済的に豊かになり、政治までも思いのままに動かすようになったというわけである。こうした性格を持つ大農園が同時に精製業者を兼ね、エルサルバドルにおけるコーヒー産業の中核として、コスタリカ以上に近代的な生産システムを導入しつつコーヒー・

モノカルチャー体制を確立したのである。これはコスタリカのコーヒー・エリートが土地の集積よりも精製業の支配に尽力し、農民組合や国家と向き合う構図になっているのと対照的である。

国家をうるおす赤い果実と血まみれの貧農

こうして成立したコーヒー農園のおもな働き手が、白人や混血であった点にかんしても両国はよく似ている。エルサルバドルやコスタリカには、グアテマラのように国家が計画した先住民に対する強制労働制度はなかった。ただしエルサルバドルの先住民農民のなかには、前貸し制度による債務で事実上の半奴隷的生活を送る者も存在した。これは一九世紀末の中米諸国の民族構成比を反映しており、当時のエルサルバドルでは先住民人口は全体の二五～三〇％、コスタリカでは五～一〇％ほどであり、先住民の割合が七〇～七五％とされるグアテマラとは前提条件が異なる（ちなみに、現在のエルサルバドルでは混血が人口の八五％を占めており、ヨーロッパ系白人一〇％、先住民五％となっており、中米のなかでももっとも民族の混血化が進んでいると言われる）。

ラテンアメリカでは、先住民人口が多い分だけ先住民労働力への依存度が高まる傾向にある。事実上コーヒー生産地帯から先住民が追放されたコスタリカに対して、エルサルバドル西部のコーヒー生産地帯では先住民労働力が重要な役割を果たしているが、そうした先住民のなかには必ずしも明確な民族意識のない労働者もふくまれている（ただし一九三二年には、エルサルバドル西部で先住民農民の大反乱が起こるなど、先住民問題が混血化の過程でなくなったわけではない）。

エルサルバドルの小・零細農園では、コスタリカにおいてそうであるように兼業農家が多く、必要な労働力は基本的に家族によってまかなわれる。海外からコーヒー移民がやってこなかった点でも、これら二国は共通している。ただし大コーヒー・プランテーションにおけるエルサルバドル農業労働者の待遇は、比較的厚遇されたコスタリカの場合とは異なり、収入においても条件においても厳しいものであった。エルサルバドルでは、労働者の要求はしばしば強権をほこる農園主のまえに打ち砕かれる。一九二〇年代以降のエルサルバドル都市部では、職人や労働者による中米でもっとも激しく組織的な労働運動が展開された。これに刺激を受けたコーヒー農民たちもときに反政府運動を行ったが、一九三〇年代以降に恒常化することになった軍事政権による抑圧を経験するなかで、やがてそのなかから過激な武装集団も現れることになる。

じつは一九三一年以前のエルサルバドルでは、コスタリカとおなじように寡頭政治体制下で民主主義実現の努力がなされていた。エルサルバドルではコスタリカよりも三年早い一八八六年に立憲主義、議会制、市民権の保障、成年男子選挙制などを定めた憲法が採択され、十分に実効性のある制度とは言えないものの一九三九年までいちおうの法的有効性を保っていた（とは言え、実際には一九二〇〜三〇年代の大統領職は一つの有力一族に独占されていた）。また労働運動がきわまった一九三一年には、改革派の知識層や都市の労働者を支持基盤とする労働党が選挙によって政権を獲得した。すなわちエルサルバドル社会は、コスタリカ以上に民主化を遂げる可能性があったのである。ところが、一九三一年に労働党政権の副大統領を務めていたマキシミリアーノ・エルナンデス将軍が政権を掌握し、翌年に共産主義者、農民、先住民など数万人を虐殺して軍事独裁政権を打ち立てて以降、エルサルバドルの歴史はしばしばおびただしい鮮血にまみれるようになった（図4-12）。

図 4-12　捕まった先住民農民指導者フェリシアーノ・アマ

一九八〇年以前には、富裕なエリート層の息子たちが農村部に自家用車でドライブに出かけ、まるでスポーツ・ハンティングを楽しむかのように貧農を銃で撃ち殺す「ゲーム」に興じたとする証言は少なくない。生命を軽んじられたエルサルバドル農民たちは、日々の生活のために自然と対峙しながら、同時に残酷な人間の手によってもたらされる理不尽な死の恐怖とも戦わなければならなかったのである。

コスタリカでも一九三〇年代に農民運動が高まったが、コーヒー農民の組合が公認されたため、交渉という非暴力的な手段がエルサルバドルよりも有効性を持つことになった。そのうえコスタリカには一九世紀末から長期にわたる軍事独裁政権は存在せず、一九四八年に約四〇〇〇人の死者をだす内戦が勃発したのを最後に、現在にいたるまでいっさい軍事政権が出現していない。こうした政治的安定がコーヒー農民のありようにもたらす影響は大きい。例えば一九七九年以降のいわゆる「中米紛争」の際にも、エルサルバドルでは一一年間（一九七九～九〇年）に国軍と反政府軍のあいだで繰り広げられた内戦によって約七万五〇〇〇人の犠牲者が出たが、コスタリカでは政治経済的混乱はあったもののエルサルバドルのような血なまぐさい暴力事件は起こらなかった。こうした社会状況の違いがコーヒー生産業に与える影響は計りしれない。

以上のように、一九世紀末~二〇世紀前半のエルサルバドルとコスタリカにおけるコーヒー産業は、さまざまな点で共通の政治的・経済的要素を共有していながらも、その社会的な意味あいが対照的なものとなったことは興味ぶかい。その違いは、コーヒー産業をめぐるさまざまな要素の相違によって織りなされている。おなじ中米地峡の小国として共通の歴史的経験を持ち、高品質コーヒーの生産を国家経済の基盤としてきた両国は、植民地文化の影響、コーヒー産業拡大の時期、土地の所有権をめぐる問題、コーヒー・エリートのありようとその国家や農民との関係性、民主化運動の成否と軍事政権の有無などにかんして相反していた。その結果として、コスタリカにおけるコーヒー産業の発達は、少なくともその初期において小土地所有者を増大させ、農民組合の結成をいざなうといった肯定的な社会的意義を持った。反対にエルサルバドルの場合は、強大な権力と富を手に入れた大土地所有者と貧しい土地なし農民を同時に生みだし、著しい不平等に抵抗する農民が国家暴力に蹂躙されることになったのである。

Column

職人技の沖縄産コーヒー

日本でも自然条件のもとでコーヒーはつくれるのか？　答えはイエスである。小笠原諸島や沖縄にはいくつかのコーヒー農園が存在し、生産量はごくわずかながらも日本人業者によっておいしいコーヒーをつくるための努力が続けられている。その中でも沖縄県国頭郡のヒロ・コーヒーファームは良質のコーヒーで知られており、日本のコーヒー業界から一目置かれる存在である。スターバックス社やドトールコーヒー社などの社員が見学や研修に来ることもあるそうだ。

オーナーの足立宏志さんは、大阪の電気関連業者の息子として生まれ、自動車レーサーとして活躍した異色の経歴を持っている。二四歳のときに仕事を投げ捨てて自分探しの旅に出かけ、サイパン、パラオ、グアム、カリフォルニアなどを転々とした。そしてたどり着いたハワイで、足立さんはコナ・コーヒーと運命的な出会いをすることになる。

もともとジャズ喫茶で飲むコーヒーが好きだった足立さんは、帰国後に「日本産のおいしいコーヒーを作りたい」という夢にとりつかれて沖縄をさまよい、土質と気候がコーヒー栽培に適した現在の農地へと落ちついた。その周辺には、すでにブラジルから持ちこんだコーヒーノキを栽培する地元の先駆者がいた。そこで大切に育てられていたアラビカ・ブルボン種のコーヒー苗木を譲り受けた足立さんは、かつてハワイ・コナ地区で働いた経験を活かしてコーヒー農園の経営を始めたのである。

とは言え、夢を実現するため、足立さんは努力と忍耐を重ねなければならなかった。品質の高さと無農薬にこだわる足立さんは、研究と実験をくり返して最良の栽培方法を模索し、コーヒーのパルプ（外皮、果肉、パーチメントなどの総称）を除去するための器械であるパルパーを試行錯誤のすえに自分自身で製作した。

▲手作り感いっぱいの喫茶室

また、沖縄を直撃する台風によってコーヒー木がなぎ倒されないように添え木をしたり、鉄枠で囲って防護ネットを張ったりと、必要なものはすべて自分の手でこしらえなければならなかったのである。

「ふつうの人はこうした手間が面倒でコーヒー栽培をやめてしまう」と足立さんは笑う。その笑顔に隠された苦労が報われ、現在では約一〇〇〇本のコーヒー木から毎年一トンほどのコーヒーが収穫できるようになったそうだ。コーヒー生産農家としてはじつに小規模だと言えるが、足立さんは「家族経営で良質のコーヒーをつくるにはこの規模が限界。一人の人間はせいぜい五〇〇本しかコーヒー木を世話することができない。自分がつくったコーヒーで家族が生活できればそれで十分。多くの人にうちのコーヒーを飲んでもらうために業務用の卸販売はしない」と語る。その謙虚ながら確信に満ちた表情が印象的だった。

農園内の喫茶室で実際にコーヒーを注文してみると、心地良い酸味とほのかな甘みがあり、後味もすっきりと爽やかだった。中煎りで焙煎されているそうだが、しばらく置いておくとコーヒーの温度が下がって甘みがどんどん増してくる。ヒロ・コーヒーファームのコーヒー木の中にはイエロー・ブルボン種（成熟したチェリーが通常のような赤色ではなく黄色になる珍種。通常のものより甘みが強いと言われている）が含まれているから、その甘みの影響もあるのかもしれない。

窓の外を眺めると、台風の影響により小雨が降り、強風も吹き始めていた。添え木と防護ネットを施されたコーヒー木が、風の中で踊るように大きく体を揺すっていた。天気が回復したら、またコーヒー・チェリーの収穫が待っている。

▲大切に育てられるコーヒー木

第5章　コロンビア

――世界に名高い最大のマイルド・コーヒー生産国

カリブ海
サンタマルタ
カルタヘナ
マラカイボ
パナマ
ベネズエラ
北サンタンデル
ククタ
アンティオキア
メデジン
サンタンデル
ボヤカ
太平洋
カルダス
クンディナマルカ
バジェ・デル・カウカ
トリマ
ボゴタ
カウカ
コロンビア
カリ
エクアドル
ブラジル
ペルー

図5-1　コロンビア

コロンビアの基礎データ

正式国名	コロンビア共和国
面　積	約113万9000km²（日本の約3倍）
人　口	約4560万人
民　族	混血＝75%，ヨーロッパ系＝20%，アフリカ系＝4%，先住民＝1%
主要言語	スペイン語
主要宗教	カトリック
首　都	ボゴタ
主要産業	農業（コーヒー，バナナ，砂糖，ジャガイモ，コメ，熱帯果実），鉱業（石油，石炭，金，エメラルドほか）
一人あたり国民総所得	2740米ドル
経済成長率	6.0%
物価上昇率	4.4%
失業率	13%
最近のトピック	2002年に就任のアルバロ・ウリベ大統領はアメリカを中心とする自由貿易協定の推進派であり，これをめぐって賛否両論がある。ウリベは国内の反政府ゲリラ組織との強固な対決姿勢を打ち出しており，2008年には国内最大のゲリラ組織FARCから多くの人質を救出した軍部主導の無血作戦で世界の注目を集めた。このとき，反麻薬，反政治腐敗を掲げる大統領候補として人びとの人気を集めながら，2002年に拉致されて安否が心配されていたイングリッド・ベタンクールの無事も確認された。

（日本外務省公表データより作成，2008年2月時点）

1　コロンビアの歴史とコーヒー

グランコロンビアの成立と崩壊——植民地からの独立と共和政

一五世紀末から一六世紀初頭にかけて、現在のコロンビア共和国の地に最初のスペイン人冒険者たちがやってきた。この野心家たちは、カリブ海に面したサンタマルタやカルタヘナに征服のための拠点を確保したあと、当時ほとんど唯一の交通路であったマグダレナ川に沿って周辺地域を平定して植民地支配の基礎を固めていく。コロンビアにはおもに中米やカリブ海域から渡ってきたアラワク語族、チブチャ語族、カリブ語族の多様な先住民が居住していたが、この先人たちは抵抗もむなしく圧倒的な武力をほこるスペイン人に征服された。

一五三八年、政治や経済の中心地としてサンタフェ・デ・ボゴタ（現在のボゴタ市）が建設され、一六世紀半ばに周辺地域とともにヌエバ・カスティーリャ副王領のなかのヌエバ・グラナダ総督領（現在のコロンビア、ベネズエラ、エクアドル、パナマにまたがる行政区画。一八世紀には独立した副王領へ昇格）へと組みこまれた。「ヌエバ・グラナダ」とはスペイン語で「新しいグラナダ」を意味する。本国スペインにおいてイスラーム勢力を一掃するレコンキスタ（国土回復運動）が完遂された記念すべき都市グラナダにちなんでつけられた、まさしくスペイン人キリスト教徒たちの征服事業にかける荒い息づかいが感じられる名称である。

コロンビアは地理的にきわめて複雑であり、特に後世に世界的なコーヒー生産地帯として知られることになる内陸部では、各地方が河川や山脈によって分断され孤立しているうえに海港へのアクセスも悪かった。そのため、一九世紀にいたるまでコロンビアにはヨーロッパの資本・労働力・技術などが十分に流入することはなく、ラテンアメリカのスペイン植民地のなかでももっとも貧しい農業社会の一つであった。

ただしコーヒー生産の歴史は古く、早くも一八〇八年にコロンビア北東部のサンタンデル地域（現在の北サンタンデル県とサンタンデル県）から、約六〇キログラム入りのコーヒー一〇〇袋がベネズエラに隣接する都市ククタから出荷されたとの記録が残されている。隣国ベネズエラにて、フランシスコ・ミランダやシモン・ボリーバルがスペインに対する本格的な独立戦争を開始した二年後のことである。ただしこの段階では、まだコロンビア・コーヒーの生産量は著しく少なく、世界市場との結びつきもなかった。

やがてボリーバルの影響を受けたコロンビアでも、ボゴタ市を核としたクンディナマルカ共和国やトゥンハ市を中心としたヌエバ・グラナダ連合州など複数の国家が独立を宣言し、スペイン軍と抗戦するようになった。そして一八一九年、コロンビアはボリーバルを大統領とするグランコロンビア共和国（グランコロンビアとは「大コロンビア」の意味。ほぼかつてのヌエバ・グラナダ副王領を領土とする）に編入された。その独立を認めないスペインと、その市場の独占を狙うイギリスやアメリカを警戒しつつ、ボリーバルは独立したすべての中南米諸国からなる「大ラテンアメリカ共和国」の成立をもくろんだ。しかし、この構想はグランコロンビアの内外で反発を受けることになり、一八二九年にグランコロンビアはベネズエラ、エクアドル、コロンビア（パナマをふくむ）に分裂した。一八三二年、コロンビアはフランシスコ・サンタンデルを初代大統領とする独立国家となり、当初はヌエバ・グラナダ共和国と称した（その後、一八五七年にはグラナダ連合、一八六三年にはコロンビア合衆国と国名を変えていく）。

この時期のコロンビアでは、織物業のほか、タバコ、インディゴ、キニーネ（キナ樹皮から摘出されるアルカロイド成分。苦味剤や抗マラリア薬に利用）などの生産業が重視され、こうした商品を通じて、一九世紀中ごろまでに自由主義経済を標榜する商業ブルジョワジーが政治権力を握った。彼らは、一九世紀末まで保護貿易主義者、独立運動を率いた旧指導者層、カトリック教会、保守主義者などを抑えこんだのである。自由主義政府は、一方で奴隷制、長子相続制、不動産税などを廃止して商業の自由を大幅に認め、他方で教会による十分の一税や宗教裁判所の廃止、イエズス会の追放、教会財産の没収などカトリック教会の政治経済的権力を弱体化させてコロンビア社会の世俗化をはかった。

この過程で、のちのコロンビア政治を大きく規定することになる二大政党が形づくられていく。一八四九年、商人、職人（大都市の製靴業者、ガラス職人、鍛冶屋など）、新興ブルジョワ、小農などの体制肯定派が自由党を、これに反発する教会、地主層、旧貴族が保守党を結成し、両党は議会内外で衝突をくり返した。ただし、双方ともに農産物の輸出を経済基盤として重視し、自由貿易を推進するという点において大差はない。一八五七年に教会特権の復活や中央集権政治を標榜する保守派政権（このとき国名を「グラナダ連合」に改称）が成立したときも、こうした経済政策に実質的な相違はほとんど見られなかった。

コーヒー生産の開始と繁栄するボゴタ市

一九世紀半ば、すでにブラジルやコスタリカではコーヒー産業が軌道に乗っていたが、コロンビアは隣国ベネズエラやカリブ海のフランス領アンティール諸島におけるコーヒー生産量にもまったく届かなかった。これら近隣のコーヒー生産国に刺激されるかたちで、一八五〇年代にはコロンビア最初のコーヒー生産地帯である北東部のサンタンデル地域にある主要都市から合計五万袋（一袋＝六〇キログラム）のコーヒーが出荷されるようになったが、それでもコロンビアのコーヒー生産はいまだ限定的なものに過ぎなかった。その原因はサンタンデル地域でのコーヒー生産をめぐる環境や生育方法などにある。

当時のサンタンデル地域ではシェアクロッピング（分益小作。小作人は収穫物の二分の一〜三分の一ほどを小作料として土地所有者にわたす）が主流であり、シェアクロッパー（分益小作人）のほとんどは伝統的な生産方法を維持する小農であった（ただし、一九世紀後半には若干の大農園〈アシエンダ〉も見られるようになる）。しかもこの地域ではいまだ政府が推進する貨幣制度が定着しておらず、肥沃な土壌や豊富な水源に欠けるうえに、地理的にも輸送コストのかかる位置にある。そのためこの地域には極端な貧困もない反面、資本が潤沢に注がれにくかった。投資家はこの地域のコーヒー生産業より、タバコ産業や鉱業に投資するほうが利潤につながると考えていたのである。さらに一九世紀末、サンタンデル地域は内戦によって深刻なダメージを受けたため、その後コロンビアの主要なコーヒー生産地帯の地位から後退することになる。

一八六〇年代にはいると、クンディナマルカ県でもコーヒー生産が始まったが、まだサンタンデル

図5-2　ボゴタ市（1868年）

地域がコロンビア最大のコーヒー生産地帯であり、一八六〇年にはククタ市から一〇万袋（一袋＝六〇キログラム）のコーヒーが輸出されている。比較的貧しい家庭の出身者でも成功の可能性があるコーヒー生産業への関心は高まってはいたが、大商人たちが買い占めた都市部周辺の旧教会所領はコーヒー栽培には向かなかった。そのため中米のコスタリカやエルサルバドルのように、教会所領の私有化がそのままコーヒー農園の拡大につながることはなかった。ちょうどそのころ、コロンビアはトマス・モスケラ大統領のもとで自由主義的なリオネグロ憲法を採択し、市民選挙による知事の選出、各州に対する独自外交権の承認、大統領権限の大幅な縮小など、地方分権色の強い連邦制へと移行した。

これによって、もともと地域的な分断が著しいコロンビアにおいて、各地方はいっそう国家権力を介さずに独自の商業ネットワークを模索するようになった。特にクンディナマルカ県の商業網を握ったボゴタ商人の台頭は著しく、自由党と結びながら銀行や保険会社も傘下におさめて投資業や金融業をコントロールした（図5-2）。この経済発展にともなってボゴタには自由な気風が広がり、科学、文芸、思想などの優れた成果も生まれたため、この都市は「南米のアテナイ（アテネ）」と呼ばれたほどである。このころ、ボゴタ商人は周辺の国有丘陵地をおもにキニーネ生産のために購入しており、同時に先住民共同体（ただし、この地域では先住民と混血を簡単に分類することが難しいほど人種的、文化的混交が進んでいた）の占拠や買収などの問題も起こった。しかし、気候が寒冷過ぎたクンディナマルカ県の先住民共同体や農民共有地はコーヒー栽培には不適格であったため、先住民地区を露骨なかたちで搾取することでコーヒー農園が拡大されることもなかった。

このように一八六〇年代には、自由主義政府の制度改革によってボゴタ商人を中心とした商業が活発化し、続いて台頭してくるメデジン（現在のアンティオキア県都）商人とともにその後の時代における商業エリート層を形成するようになる。しかしながら一八七〇年代以前には、クンディナマルカ県におけるコーヒー生産はまだ本格化しておらず、またのちにコロンビア最大のコーヒー生産地帯となるアンティオキア県でも、厳格なカトリック教徒を中心とする保守派の大商人が自由主義政府およびボゴタやメデジンの商業エリートに反発しており、コーヒー生産業はいまだに軌道に乗ってはいなかった。

コーヒー・ブームの到来――高品質コーヒーを大量に

一八七〇年代、世界のコーヒー需要が高まり、これに呼応してコロンビアのコーヒー生産量が急増した。経済の発展を背景に欧米諸国の一般消費者の購買力が高まり、技術革新によって輸送コストが飛躍的に低下するなか、歴史的なコーヒー・ブームの波がコロンビアを直撃したのである。このため、北東部のサンタンデル地域に加え、中部のクンディナマルカ県や西部のアンティオキア県周辺に存在した他作物の農地もコーヒー農園へと転換された。先に述べたように、ほかの多くのコーヒー生産国とは異なり、コロンビアでは教会所領や先住民居住区がそのままコーヒー農園へと変貌していったわけではない。また、国家による住民への未開地の譲渡や売却によってコーヒー輸出部門の発展を誘導するという方法も、アンティオキア県以外のコーヒー生産地帯ではほとんど見られなかった。

つまりブラジルやコスタリカとは異なり、コロンビアにおけるコーヒー生産の拡大は国家権力の強力な後押しを受けておらず、基本的に民間の商業エリート層の指導によってなされた点に特色がある。彼らがそのままコーヒー農園の経営者になる場合も少なくなかった。当初、コロンビア国家の基本方針としてコーヒー産業に対して輸出税などの税金を課さなかった（ただし一九世紀末に一時的に課税され、一九四〇年以降は正式にコーヒー税が課せられる）ことは、この国のコーヒー産業を刺激する一因となったが、これも他国のようにコーヒー生産業のみを優遇するための措置ではなかった。

すでに圧倒的なコーヒー生産量をほこっていたブラジルと、少ない生産量でありながら巧妙に市場を生き抜いていたコスタリカを見据えながら、ボゴタ市を中心とする商業エリート層はコスタリカより品質の高いコーヒーをブラジルのように大量に生産することを目指した。特に品質に強いこだわりがあったことは、当時のコーヒー生産業者のスローガンが「手入れの悪いプランテーションを持つよりも、わずかな数でもよく手入れされたコーヒー樹を持つほうがいい」であったことからもうかがえる。こうしてコロンビアは、周辺のコーヒー生産国から遅れてコーヒーの大増産体制にはいり、一八七〇〜八五年に約一二万五〇〇〇袋（一袋＝六〇キログラム）のグリーン・コーヒーを生産した。そのうち約一〇万袋が欧米諸国へ輸出され、その七〇％がマラカイボ（ベネズエラ北部のマラカイボ湖とベネズエラ湾を結ぶ地点に位置する都市）で荷積みされた。

一八七〇〜一九一〇年は、コロンビアにおけるコーヒー産業の拡大期となった。海抜一〇〇〇〜一八〇〇メートルの高地にコーヒー農園が展開し、それ以前にこれらの地域の主要産品であったサトウキビなどの伝統的な穀物畑と併存することになった。当初は焼き畑による農園拡大が多く、アラビカ種ティピカを中心とするコーヒー農園と、労働者の食用のための穀物（トウモロコシ、ユカ芋、インゲン豆、プラタノ、サトウキビなど）畑や家畜（ラバやウシなど。輸送手段にも利用される）のための放牧地が併存していることが多かった。コーヒー以外の副産物の余剰分は、都市や地方の市場でも売買されたため、しばしばコーヒー農園の財政を支える収入源の一つとなり、コーヒーの国際価格が下落したときの保険ともなった。コーヒー農園内で別作物が栽培され、農園の財政を支えているという点でコロンビアとコスタリカのケースはよく似ており、ブラジルの大農園とは違って正確に言えば「コーヒー・モノカルチャー」ではなかった。

クンディナマルカ県やアンティオキア県の周辺にはブラジルに匹敵する大農園も見られたが、全体としてはコロンビアのコーヒー栽培者の多数派は小土地農民（借地農、分益小作人、住みこみ農民などをふくむ）であった。クンディナマルカ県の小農の多くは、スペイン植民地時代に細々とタバコ生産業に従事した先住民の血をひく者たちであり、そのおなじ農地でコーヒー生産に着手した。もちろん彼らは、土地なし農民や日雇い労働者よりも賃金が高く、わずかではあるが貯蓄する可能性も残されていた（ただし、借地農の場合、コスタリカと同じように収穫期における家族労働者の役割は重大であった）。

地理的、社会的に分断されたコロンビアにおいて、資本家と農園主と労働者を結びつけ、収穫されたコーヒーを安く大量に出荷するシステムを発展させるためには、交通・輸送路などインフラストラクチャーの整備がまずもって必要であった。一八七〇年代以降の鉄道敷設ラッシュはこうした状況下で起こり、鉄のレールがいまだに封建主義的だったコロンビア各地と世界をつなぐ橋渡しをすることになる。これに比例して、クンディナマルカ県の大農園を中心にボゴタ市やメデジン市の大商人によるコーヒー産業への投資は増大していった。その一方で大土地所有者から土地を買った小農たちも、みずからの土地を抵当に入れて国内および国外の投資家から融資を受け、つぎつぎとコーヒー生産業に参入していった。その背景には、それまでのコロンビア経済にとって重要だったタバコ産業が、国際市場における競争に敗れて窮地に立たされていたという事情もあった。

コロンビアを支える三つのコーヒー生産地帯

コーヒーは一八七〇年代にコロンビアにおける全輸出額の一七%を占めるようになり、二〇世紀初頭にその割合は四〇%を超え、一九二〇年代前半には七四%に達した（その後いったん数字は下がり、一九五〇年代にふたたび七九%まで上昇することになる）。一八七〇年代にはまだサンタンデル地域がコロンビア・コーヒーの八七・六%を産出しており、クンディナマルカ県やボヤカ県はあわせて七・五%を生産するに過ぎなかった。しかし、このクンディナマルカ県やボヤカ県、またアンティオキア県といった新興のコーヒー生産地こそが、のちのコロンビアにおける「コーヒー黄金時代」を支えることになる。コロンビアのコーヒー業者は、ブラジルを追尾するようにアメリカ市場も射程に入れていたが、一八七二年にアメリカが輸入税を廃止したため、一八九〇年代までには対米輸出を狙ったコーヒー生産業者がさらに増加した。こうしてコロンビアの経済基盤は、金、ラバ、タバコの生産から、コーヒー生産、およびそれにともなって発達した鉄道業や銀行業へと完全に移行したのだった。

一九世紀末のコロンビアには、独自色の強い三つのコーヒー生産地帯が並び立つことになった。その一つは、既述のサンタンデル地域（北サンタンデル県とサンタンデル県）を中心とする北東部である。二〇世紀初頭までコロンビア最大のコーヒー生産地帯であったが、その後その生産量は縮小していくことになる（一九四三年にはコロンビア全体のわずか八・九％にまで減少する）。この地域のコーヒー農民はほとんどが白人および白人系混血民であり、中小土地所有者を中心とする兼業農家（職人や商人も兼ねる）が多く、技術レベルのあまり高くない牧歌的な農園が多かった。ほかの二地域に見られるような本格的な大コーヒー・プランテーションはこの地域には見られない。また、水洗式精製のための水源が十分ではない。

二つめに、クンディナマルカ県、トリマ県、ボヤカ県を中心とする中部があげられる。この地域にはスペイン植民地時代の政治・経済・社会構造が根強く残っており、一九二〇年以降、急速にコーヒー生産が拡大していったが、一九三〇年代に経済危機のあおりを受けてその最大のコーヒー生産地としての地位を西部地域にゆずることになる（その自給自足的な閉鎖社会や後進的な不在地主の存在がその原因とされる）。先住民を始めとする債務を負った半奴隷農民も多く、彼らを雇用する大農園主の権力と発言権は強大である。しばしば農園主に対する農民の闘争も見られる。大農園の生産力は高いが、数のうえでは小農園がはるかに多い。コーヒー農園内では家畜の飼育やサトウキビ栽培などが平行して行われていることが多く、ほとんどのチェリーは水洗式で精製される。

そして最後に、歴史的にもっとも新しいコーヒー生産地帯である、アンティオキア県やカルダス県

図5-3　アンティオキアのコーヒー農園（20世紀前半）

を中心とする西部があげられる。この地域は一八九〇年代から急成長し、一九一〇年代になってようやくコーヒー生産が本格化し、一九三〇年代にはコロンビア最大のコーヒー生産地帯となった（図5-3）。インフラストラクチャーの整備によって急激に発展した地域であり、その土質や環境はコーヒー栽培に最適だとされる。この地域の大農園主は企業家的な性格を強く持っており、働き手も正式な雇用関係にもとづく農業労働者であることが多い。一九五〇年代以降、この企業的大農園は品質の高いコーヒーを大量に生産するために合理性を追求していった。大農園の周辺に数のうえでは圧倒的多数をほこる小農家が存在しており、この点では中部に似ている。ほぼすべてのチェリーが水洗式で精製される。

この三つのコーヒー生産地帯と、大商人や投資家の集まるボゴタ市やメデジン市、そしてサンタマルタやカルタヘナなどの海港都市は、マグダレナ川を航行する汽船（この川では一八八〇年代後半までに二〇の蒸気船が航行していた）や、一九一五年までに合計一三線（全長一一二〇キロメートル）となった鉄道によって結びつけられた（ただし、西部のコーヒー生産業は、二〇世紀初頭にはまだ太平洋の交易システムには参入していなかった）。

こうしたコーヒー輸出経済の発展を背景に、一八八六年、保守党が選挙に勝利して国名を現在の「コロンビア共和国」へと変えた。自由主義と地方分権主義を特徴としたリオネグロ憲法は廃止され、保守主義者がカトリック教会との同盟を基盤として中央集権主義的な新憲法を採択した。輸出経済システムの発展と拡大にともない、支配層は国内の秩序をより効率よく管理・維持するための中央集権国家の建設を急いだのである。これによって大統領の権限は強化されることになる。コーヒーは新生の共和国を支える経済基盤としてますます増産され、一八九七年にはコロンビアの全輸出額の四〇％に達した。

ところが、その矢先の一八九九年、政権を支えていた保守主義者とこれに反発する自由主義者が激しく衝突して三年にもおよぶ内戦を引き起こす事態となった。両党間のかねてからの政治対立がついに爆発したのである。この事件はコーヒーをふくむさまざまな生産業に大打撃を与え、一〇万人以上の死者を出すことになった。ブラジルにおいて大自然がしばしばコーヒー産業に大打撃を与えるように、コロンビアでは政治不安や内戦がコーヒー産業にとっての厳しい試練となることが少なくない。こうした苦境を乗り越えつつ、コロンビアのコーヒー産業はさらに拡大の道を歩んでいくのである。

国家権力を脅かす強大なコーヒー生産者連合

二〇世紀初頭、いまだコロンビアのコーヒー輸出量は、世界全体で出回っているコーヒーの一・五％に過ぎなかったが、すでにその品質の高さは国際的に認知されており、コーヒーの輸出額で見るならば全体の一〇％を占めていた。このころからコロンビアは、「マイルド・コーヒー」最大の生産国としての片鱗を見せていたのである（一九三〇年までにはコロンビア・コーヒーの九〇％以上が水洗式で精製されるようになっていた）。またこの時期には、コロンビア経済がますますコーヒー産業に依存することになる新たな問題が起こっていた。パナマの独立問題である。

コロンビア領パナマは地政学的に重要な位置を占めており、かねてからヨーロッパ列強が両大洋をつなぐ運河の建設を狙って衝突する係争地であった。一九世紀末、エジプトのスエズ運河建設で名をはせたレセップス率いるフランス人土木建設チームがコロンビアの承認を得て運河の建設を進めていたが途中で挫折し、のちにその建設権を買いとったアメリカが運河の完成を目指すことになる。ところが、運河の賃貸料や管理権をめぐってコロンビアと対立したアメリカは、パナマ領内の独立派を扇動してパナマをコロンビアから独立させたうえで運河の利権を独占しようと考えた。結局、パナマは一九〇三年にアメリカの庇護のもとでコロンビアから独立し、運河の運営・管理権は一九九九年末までアメリカに握られることになった。パナマ運河の利権を失ったコロンビアの打撃は大きく、コーヒーは残された経済基盤としてますます重要な役割を担うことになったのである。

一九一〇年代にはいると、コロンビア最大のコーヒー生産地帯となったカルダス県を中心とする西部が増産体制にはいり、コロンビアはブラジルにつぐ世界第二位のコーヒー生産国として、また世界最大の「マイルド・コーヒー」生産国として、世界のコーヒー流通を左右する影響力を持つにいたった。あるコロンビア人は当時を、「国中をコーヒーの木で埋めつくそうというすさまじい熱狂ぶり」と記録している。このころになると、コーヒーにかかわる栽培・商業・輸送を支配する独占企業が、コーヒー以外の製造業（タバコ、菓子、飲料、繊維、セメントなど）を刺激しながら台頭することになる。これと比例するように、鉄道・港湾・製造業における労働組合運動も活発化した。さらに一九二〇年代には、石油採掘業やユナイテッド・フルーツ社によるバナナ生産業の拡大を受け、これらの新興産業で働く労働者も組織化されていく。

第一次世界大戦の影響でヨーロッパ市場へのコーヒー輸出を断念したコロンビアは、アメリカ市場の開拓にいっそう尽力するようになった。一九一五〜七年、コロンビアから年平均八〇万袋（一袋＝六〇キログラム）のコーヒーがおもにアメリカへと輸出され、コーヒー輸出量の年平均成長率は四・二％にのぼった。同時期における世界全体のコーヒー消費量の年平均成長率が二・二％であったことを考慮すると、いかにコロンビアが大量のコーヒーを世界に送り出していたかがわかる。第一次世界大戦の終了とともにコーヒー価格が一時的に急騰したが、その反動ですぐに急落して農民の暮らしを圧迫したため、労働組合や社会主義団体に参加して抗議運動を展開する者も増え始めた。

こうした社会不安を背景に、自由党内に改革派グループが生まれた。そのリーダーであるホルヘ・ガイタンは穏健な社会主義者であり、議会活動を通じて下層民の権利を擁護しようと努力した。ガイタンは外国資本によって支配された独占的な資本主義の形態や、農村における寄生地主（みずからは働かずに農地を小作人に貸しだし、その小作料として農作物を取り立てて富を得る地主）を中心とする封建的な社会構造を批判し、これらを是正することによってコロンビアに蔓延しつつあった暴力の嵐を沈静化させようとした。このガイタンの活動は、やがて自由党を分裂へと導いていくことになる。

ちょうどこのころ、コロンビア経済は一時的に回復したかに見えた。一九二二年にコロンビアはパナマ問題で対立していたアメリカと和解し、約二五〇〇万ドルの賠償金（その多くは鉄道・道路・港湾などのインフラストラクチャー整備に充当された）と多額の借款を受けることになったからである。これを機にアメリカ資本がせきを切ったように流れこみ、一九二三〜六年には石油やバナナ産業を中心に二億ドルのアメリカ資本がコロンビアに投下された。この「借金にもとづく成長」は、結局のところコロンビアの全輸出品の四分の三がアメリカに向けられるという対アメリカ依存体質を決定的なものとした。

その陰で、生活苦にあえぐ農民や労働者たちの救済はなされないままであった。一九二八年には、ユナイテッド・フルーツ社のバナナ・プランテーションで働く約三〇〇〇人の労働者による抗議運動がサンタマルタ市で発生し、労働者側に約一〇〇〇名の死者が出るなど、労働問題はいっこうに収拾されなかった。その翌年に起こった世界恐慌がこの窮状にさらに追い打ちをかけることになり、コロンビアにおける既存の政治経済秩序は大きく揺らいでいく。

こうした危機に先んじて、コーヒー産業界は一九二七年にコロンビア・コーヒー生産者連合会（FNC）を結成していた。これはコロンビアのコーヒー・エリート層（コロンビア人も外国人もふくまれる）を形成する大農園主や大商人が中心となり、コーヒー産業の促進や保護を目的として創設されたものである。自国の豆を「世界最高のマイルド・コーヒー」とする世界的な宣伝戦略も、この組織によって世界各地で進められた。FNCは、ほとんどのコーヒー生産者（加盟者はFNCの運営と農民間の相互扶助のために収穫による収益の約三分の一を預けなければならなかった）を組織に取りこみ、その後の経済危機を乗り切るために尽力した。その過程で、この組織は国家権力でさえも容易に介入できない強大な組織へと成長していった。一九三〇年、コーヒーはコロンビアにおける輸出全体の六〇％を占めており、その莫大な資金をもとにFNCはあたかもそれ自体が一つの「小国家」のような存在感を示した。一九四〇年の国際コーヒー協定を機に、国家はコーヒー税の徴収と引き替えにFNCのコーヒー生産地帯における強大な権力を承認したほどである。

例えば一九八五年、コロンビアでもっとも高いネバドデルルイス火山（標高五三八九メートル）が噴火し、そのときに発生した火山泥流がふもとの町アルメロを直撃したことがあった（図5-4）。二万三〇〇〇人以上の死者を出したこの災害に際して、もっとも迅速に救済活動に駆けつけたのはFNCの雇った救助隊だったと言われる。普段からFNCは国家による援助がおよばない地域に学校や病院を建設したり、生産者の福祉や生活向上に与したりするなど、加盟者の暮らしそのものも大きく左右する存在だった。かつてコロンビアにおいて、「FNCの総裁は大統領についで権力を持つ」と言われたのも根拠のない話ではない。ただしこの組織でさえも、一九七〇年代以降、国境や県境をやすやすと超えて押し寄せる新自由主義の波にさらされて、しだいにその独自性や権力は弱まっていくことになる。

図5-4　世界に伝えられた火山爆発
出所：『TIME』1985年11月25日発行

混乱する内政とアメリカの圧力

恐慌の嵐が吹きあれ、生活の改善を求める民衆運動が高まりをみせていた一九三〇年、自由党のエンリケ・オラヤが保守党の一部を取りこんで大統領に選出され、いわゆる「自由主義改革」にとり組み始めた。この改革路線を継承した同党のアルフォンソ・ロペス大統領は、「前進する改革」を旗印に憲法改正を断行し、いくつかの重要産業の国有化・貧困者救済のための累進課税制の導入・生産者への土地の再配分を実現しようとしたが、実質的な効果はあまり上がらなかった。ただしコーヒーの輸出は、過剰生産に苦悩するブラジルを横目に、深刻な打撃を受けることはなかった。

こうした動きに反発した前出のホルヘ・ガイタンは、一九三三年、労働者・農民・学生・小商人・知識人などを主体とする革命左翼人民同盟を結成し、より急進的な改革を目指して運動を展開した。一九四二年に第二次ロペス政権が発足するにあたり、自由党右派はいっそう保守派との結びつきを強めたため、四六年の大統領選挙においては自由党左派がガイタンを擁立して分裂選挙を挑んだが敗れ、保守党のマリアノ・オスピナが大統領に選出された。だが、第二次世界大戦のあおりを受けて不況に拍車がかかっていたコロンビアにおいて、もはや下層の人びとの我慢も限界に達していた。

一九四七年、オスピナ政権が主要都市における労働者の大規模なゼネストを弾圧すると、これを非難した自由党との対立が再燃し、保守党の命を受けた警察隊と自由党支持者の武力衝突が続発した。この激しい暴力はコロンビア全土に波及し、首都ボゴタでは自由党派の民衆が大統領府・主要省庁・教会などを襲撃し、これを鎮圧するために派遣された軍と衝突して数千人の犠牲者をだす事態となった。これがいわゆる「ボゴタソ（ボゴタ暴動）」であり、この過程でガイタンをはじめとする有力政治家も暗殺された。こうした自由党と保守党の武力対決は、一九五七年に両党の合意がなされるまで散発的に続き、一〇年のあいだに三〇万人が犠牲になったとも言われている。コロンビアにおける積年の政治的混乱とそれに対する民衆の怒りを象徴するような事件であった。

ちょうどそのころ、コロンビアのコーヒー産業界はアメリカ合衆国の消費者と対峙していた。アメリカの消費者は、市場における急激なコーヒー不足と価格上昇の原因をラテンアメリカ諸国による「相場の操作」に求めて非難の声を強めていた。これに対し、FNCの代表であり、パンアメリカ・コーヒー局の議長も務めていたアンドレス・ウリベは、自然災害などの不測の事態に備えていなかったアメリカ消費市場において、ブラジルの干ばつをきっかけにコーヒーの買い占めが起こったことがコーヒー値上がりの原因だと反論した。またウリベは、一九四九年にアメリカの消費者がコーヒーに対して支払った約二〇億ドルのうち、ラテンアメリカのコーヒー生産国が受けとっているのは三八％に過ぎないと指摘した。そのうえでウリベは、中南米諸国が低い識字率、病気や健康被害、栄養失調などの諸問題を克服するためには「コーヒーの公正な価格」が必要だと主張している。そして、もしそれが認められなければ、アメリカ人はラテンアメリカの「何百万という人びとを貧困と欠乏の危険な海に追いやる」とし、いまこそ「南北アメリカ人」の助け合いが必要だと訴えた。この説得は功を奏し、アメリカ側の態度はやや軟化することになる。

その一方でFNCは、水面下で長年のライバルであるブラジルと生産量や価格にかかわるコーヒー協定を模索しつづけ、二国間の合意にいたった。この合意はのちにほかの中南米諸国も巻きこんだ一種のラテンアメリカ・コーヒー・カルテルの形成（一九五七年）へとつながっていく。これによってラテンアメリカのコーヒー生産国のあいだのライバル関係がすべて解消されたわけではないが、ラテンアメリカのコーヒー生産国が協力しながら、世界のコーヒー経済に圧倒的な権力を行使し続けているアメリカに対抗し始めた点は注目に値する。特にコロンビアは、マイルド・コーヒー市場の「王者」として、ブラジルとはひと味違った交渉力を発揮しえたのである。

向上しない農民の生活、上昇するコーヒーの売上——巧妙な広告戦略とその結果

一九五〇年、オスピナの後継となった保守党のラウレアーノ・ゴメス大統領は、くすぶる政治・社会不安を一掃するために警察や軍部を強化し、自由党や共産党を弾圧してファシズム政権を確立した。第二次世界大戦後の復興期にあたるこのゴメス政権下で、ふたたびコーヒー輸出経済システムが拡大していく。またゴメスは工業に融資する公社を設立して外国借款の受け入れ機関とし、これを基軸としてオスピナ時代の工業化計画をさらに推進したため、一九五〇年のコロンビア工業の成長率は一一・五％にのぼっている。

これとは反対に、五三年にゴメス政権をクーデタで転覆させて大統領となったグスタボ・ロハス〈ゴメス時代の陸軍総司令官〉は、強力な軍事独裁政治（反政府的ではない組合運動や国民行動党〈MAN〉など一部の政党活動は擁護した）をしき、財政再建のための企業への課税、コーヒー輸出税の取りたてなどを実施した。そのため企業家や輸出業者がロハスに反発し、やがて自由党や保守党の主流派もこの動きを支持したため、ロハスは辞任せざるを得なくなった。これを機に、政治的混乱を収拾するために自由党と保守党は急速に接近したのだった。

ロハスが失脚した一九五七年、保守党と自由党は歴史的な合意に達し、①大統領は四年ごとに交代制とする、②国会や地方議会などのあらゆる立法機関の議席を両党で折半する、③内閣の主要職や地方行政官の任命においても両党の均衡をたもつ、④他政党は選挙に参加できない、⑤法令の制定は国

会における三分の二以上の賛成を必要とする、などが決定された。この両党の協力関係による政治は「国民戦線」と呼ばれ、一九七八年まで維持された。この政治体制は両党間の血なまぐさい戦いを回避させ、コロンビア政治の安定に貢献することになるが、他方で国民はしだいに「予定調和」の政治に関心を失っていく。

一九五八年、「国民戦線」協定にしたがって大統領に就任した自由党のアルベルト・イェラスは、国内の混乱を収拾させつつ、農地改革・教育改革・生活環境の向上に一四億ドルをつぎ込んだ。だが、その成果は十分なものとはいえず、とりわけ農地改革による大土地所有の解体はいっこうに進まなかった。一九六一年に設置された農地改革局もその大役をはたすことができず、土地の再分配を求める農民暴動は収まる気配を見せなかった。こうした状況下で、ついに急進的な農民ゲリラ集団がいくつかの地域で「自衛地区」を宣言して武力支配を開始し、国家と真っ向から対立するにいたった。

皮肉なことに、国内情勢が不安定なこのころのコロンビア・コーヒーは市場でさらに好評を博しつつあった。一九六〇年、FNCはコロンビア産コーヒーを売りこむために、アメリカのメディアでフアン・バルデスという架空のキャラクターによる広告・販売戦略を展開する。口ひげをたくわえた人なつこい農夫のフアンは、みずから育て収穫したコーヒー豆をラバの背中に積み、コロンビアの山奥からはるばるやってくる。主要都市部の新聞広告では、コロンビア独特の自然環境と、妥協しない職人気質のフアンのような生産者が、きわめて良質のコロンビア・コーヒーを生みだすのだと宣伝された。やがて俳優ホセ・デュヴァルが演じるフアンはテレビ・コマーシャルにも登場するようになる。画面に現れた誇り高くも謙虚なフアンは、コロンビア農民が手抜きをせず頑固に高品質のコーヒーを

図5-5　ファン・バルデスをイメージ化したコロンビア・コーヒーのロゴ

作り続けているというイメージをアメリカの消費者に植えつけることに成功した。

　ファン・バルデスは、じっさいにコロンビアで働くコーヒー農夫を誇張し、イメージ化したキャラクターだと考えられる。このキャラクターは、その後もべつの俳優に演じられてコロンビア・コーヒーの売り上げに大きく貢献することになるが、二〇〇六年にはついにアンティオキア県で働く本物のコーヒー農夫が三代目ファン・バルデスに選ばれることになった。このようにファン・バルデスは、本物以上に本物らしいコロンビア農民イメージをアメリカ社会に強烈に印象づけてきた。ファンとその相棒であるラバが、のちにコロンビア産コーヒーを象徴するロゴとしてFNCによって採用されたのも当然のことだろう（図5-5）。一九六二年以降、カナダとヨーロッパでもファン・バルデスを中心とするコーヒー宣伝キャンペーンが展開され、コーヒー価格の値下げ合戦を特徴とするこの時代に、コロンビアだけは自国の豆を高値で売ることができた。

　しかもコロンビアの政治家たちは、アメリカの政治家にとってコーヒーは単なる飲物ではなく、「ラテンアメリカを共産主義の脅威から保護して資本主義世界にとどめ置くため」に必要不可欠な重要作物であることをよく理解していた。キューバの社会主義化とソ連を巻こんでまさに「第三次世界大戦」の直前までいったミサイル危機の余韻のなかで、コロンビアのある有力議員は、多くのアメリカ人の共産主義への恐怖感を巧妙に利用しながらアメリカに呼びかけた。「私たちのコーヒーに高い価格をつけてください。そうでなければ……神よ、私たちみんなをお助けください……大衆が強力なマルクス主義革命軍となり、私たちすべてを海へと掃き捨てるでしょう」。この訴えを聞いた「正義感あふれるアメリカ国民」は、きっと高い志でスーパーマーケットにあるコロンビア・コーヒーの袋を手かごに放り込んだことだろう。

こうした宣伝戦略は同年の国際コーヒー協定によるコーヒーの安定供給策の成功とあいまって、コロンビア・コーヒーの売り上げを順調に伸ばした。とは言え、こうした高いコーヒー販売価格は、小農に十分な利益をもたらしはしなかった。儲けたのは外資系の大土地所有者や中農であり、貧しい零細農や土地なし農民のなかには過激な反政府活動に身を投じる以外にないほど追いつめられ、憤怒した者も多かった。

ゲリラや麻薬カルテルとの仁義なき戦い

一九六〇年代後半、自由党のカルロス・イェラス大統領は、免税措置などを講じながら、バナナ・砂糖・綿花・木材・皮革など、伝統的な経済基盤であるコーヒーや石油以外の貿易を振興させ、経済の多角化をはかった。また彼は、加盟国間の貿易自由化・対外共通関税・相互的な工業開発などを骨子とするアンデス共同体（コロンビア、ペルー、ボリビア、エクアドル、ベネズエラ、チリが参加）の発足に多大なる貢献をした。とは言え、一九七〇年代にブラジルの霜害の影響でふたたびコーヒー景気が到来したので、コーヒー産業の重要性は変わらなかった。一九七四年に一ポンドが〇・七ドルだったコロンビア・コーヒーは、七七年には三倍以上の二・四ドルで取引されている。

しかしながら、「国民戦線」が揺らぎ始めたこのころ、世界から注目されていたのはコーヒーなどの合法的な輸出品よりもむしろ、密輸による非合法の輸出品であった。とりわけカリブ海沿岸のシエラネバダ地域は世界最大のマリファナ栽培地となり、コーヒーや砂糖の密輸とあわせて三二億ドルがこの時期のコロンビアに流入したと言われている。マリファナやコカイン（原料のコカノキはコロンビアや周辺諸国の農村で栽培された）などの麻薬密輸業は、人種暴動やベトナム戦争で混沌とするアメリカ合衆国に市場を拡大し、悪名高い麻薬マフィアの暗躍を促してコロンビアの政治と社会をむしばんだ。従来からの農作物生産では生活できない貧農や失業者の増大も、こうした非合法組織の発達を促した。

同時に、貧民の怒りを背景に反政府ゲリラ活動が激化し、一九八〇年には左翼ゲリラ組織「五月一九日運動（M-19）」が、ボゴタのドミニカ共和国大使館を占拠して立てこもる事件も勃発した。同組織は、一九八五年にはボゴタの最高裁判所を占拠し、治安部隊による強行突入の結果として、ゲリラ三五名のほか、人質となっていた裁判官や市民など一一五名もの死者を出す大惨事も引き起こしている。「国民戦線」解体後に成立した自由党政権は、インフレ対策だけでなく、こうしたゲリラや麻薬密輸業者とも対峙しなければならず、いっこうに進行しない農地改革に人びとの諦めムードも漂い始めた。

一九八二年、一二年ぶりの保守党政権を率いたベリサリオ・ベタンクール大統領は、ゲリラ勢力との和解をはかるべく「国内和平プロセス」をねばり強く推進し、コロンビア革命軍（FARC）、M-19、人民解放軍（EPL）とのあいだに一時停戦協定を結んだ。このとき、FARCは「愛国同盟」、

M-19は「民主同盟M-19」という合法政党を結成して政治に参加することも決定された。これにより少なくともM-19は、ゲリラ組織としての活動を完全に停止した（ただしFARCとEPLはこの政治的合意に従わず、政敵への攻撃や仲間割れなど多くの殺傷事件を引き起こしたあげく、ふたたび過激なゲリラ活動に戻った）。

またベタンクールは、非同盟自主外交路線を打ち出しつつメキシコ、ベネズエラ、パナマとともに「コンタドーラ・グループ」を結成し、混乱をきわめた中米紛争――東西冷戦を背景にグアテマラ、エルサルバドル、ニカラグアなどにおいて内戦やテロがくり返された――から米ソやキューバの介入を排除し、中米諸国自身が主体的に問題の解決を模索するよう提言した。同様に一九八四年、カルタヘナにおけるラテンアメリカ債務国会議を通じて、ラテンアメリカ諸国にとって共通の深刻な問題と化していた債務問題の解決も模索された。

他方で、コロンビアのみならず世界の麻薬流通を牛耳ったメデジン・カルテルは、その莫大な資金と残忍さでコロンビアの政治や経済の中枢部にまでネットワークを広げていた。貧困地区の出身で、自動車泥棒からこのカルテルの絶対的指導者となったパブロ・エスコバルは、有力な政治家、裁判官、官僚などを買収し、国家権力でさえも触れられないまさに闇の帝国を築きあげようとしていた（エスコバル自身、一九八二年に自由党員として国会議員に選出されたこともあった）。

このカルテルは、最盛期には世界のコカイン市場の八割（その利益は最大時には年間一〇〇億ドルを大きく超えていたと言われている）を支配し、エスコバルも一九八九年の『フォーブス』誌上での世界長者番付で第七位と紹介されるほどであった（その個人資産は四〇億ドルと報じられた）。実際のエスコ

図5-6　エスコバルを題材にしたベストセラー本『パブロを殺せ』の表紙

バルは人命を尊重しない冷酷な「麻薬王」であったが、その豊富な資金の一部をメデジン貧民街へ寄付したため、貧民たちからは弱者に手を差し伸べる「英雄」として尊敬されることもあった（図5-6）。このためエスコバルに憧れる貧しい少年たちが、命知らずの「戦士」としてカルテルを支えるという悪循環も起こった。

麻薬カルテルの存在は合法組織であるFNCと直接的にはかかわりないが、コーヒーや麻薬といった特定の輸出品を取り扱う団体が豊富な資金を背景に国家権力も容易に介入できない組織を形成したという点では類似する側面もある。一九八八年、コロンビア産コーヒーの輸出による収入は一七億ドルであったのに対し、コカイン密輸による利益が一五億ドル（これは少なく見積もった数値であり、コーヒーを上まわっていた可能性も大きい）だと言われることからすると、ほぼ拮抗していたことになる。また、一九八〇年代末のコーヒー価格下落によって五億ドルの減収がでたとき、その影響を受けたコーヒー農民の一部が、カルテルと契約してより利益の高いコカノキの栽培へ流れている。当時、三〇〇万人のコーヒー農業労働者が生活苦にあえいでおり、麻薬産業がさらに拡大する環境が整っていたのである。

漂うのは死臭か、それともコーヒーの芳香か――麻薬戦争とその後のコロンビア

コロンビア産の麻薬は、その最大の消費市場であったアメリカにとっても放置できない社会問題となっていた。麻薬乱用者が爆発的に増大し、深刻な健康被害や治安の悪化を引き起こしていたからである。一九八〇年代末、アメリカのジョージ・ブッシュ（父）大統領は麻薬の撲滅を誓い、コロンビアのビルハリオ・バルコ自由党政権に対して麻薬カルテルへの厳正な対処を求めた。アメリカ軍とコロンビア軍の圧力に対して、メデジン・カルテルは三名の大統領候補をふくむ政府要人の暗殺や爆弾テロなどでこれに応戦し、さらに麻薬取引で軍資金を獲得しようとするFARCなどの反政府極左ゲリラ組織と手を結んでその武力をも利用した。また同時にメデジン・カルテルは、麻薬売買におけるライバル組織のカリ・カルテルとも抗争をくり広げた。諸勢力の思惑がからみあい、ぶつかりあって、一九八九年のコロンビアは数千人の死者をだす「麻薬戦争」に突入するのである。

一九九三年、警察との銃撃戦によるエスコバルの死をきっかけにメデジン・カルテルが衰退すると、それに代わってカリ・カルテル（一九九八年、自由党のエルネスト・サンペル大統領はこの組織からのヤミ献金疑惑で国民の信頼を失った）などほかの麻薬カルテルが興亡することになる。また、麻薬産業に深く関与し、身代金を目的とする要人や外国人の誘拐をくり返しながら、武力による社会主義革命を掲げたFARCや民族解放軍（ELN）などの極左ゲリラ組織の活動はいっそう活発化した。これに対して、極左ゲリラを打倒し、民衆を保護するという名目で極右民兵組織のコロンビア自警団連合（AUC）が組織されたが、この組織も敵と同じように麻薬や誘拐を資金源として活動した。このようにメデジン・カルテルの衰退後も、コロンビアにおける麻薬と暴力の問題は解決していないのが実

情である。

こうした問題が全人口の約六〇％が貧困ラインを超えるという所得格差や、一六％にのぼるとされた失業率とあいまって社会不安につながり、現在にいたるまで殺人事件や誘拐事件などの多さにより、コロンビアは世界でも悪名高い治安の悪さで知られるようになってしまった。二〇〇二年に大統領となったアルバロ・ウリベ大統領は、アメリカを中心とする新自由主義システムに同調しつつ、軍部を積極的に動員することによってこうした治安問題の解決にとり組んでいるが、その方針や手法にかんしては賛否両論ある。ガルシア＝マルケスの小説『百年の孤独』に描かれるコロンビアの架空都市マコンドのように、現実のコロンビアもまるで魔術をかけられたかのような悪運から逃れることができず、歴史は永遠に繰り返されるのだろうか。

現在、コロンビアのコーヒー産業界は積極的に品種改良に取り組んでいる。アラビカ種のぜい弱さを克服するため、一九八〇年代以来、FNCの主導で品種改良が熱心に試みられてきた。例えば、新種「コロンビア」は直射日光に対する強い耐性があり、従来のようにコーヒー樹をシェードツリーで保護してやる必要もなく、コーヒーノキを農園内にすき間なくびっしりと植えることができる。一九九〇年にはすでにコロンビアにおけるコーヒー栽培の約七〇％がこうした新品種の栽培に切り替えられており、現在では日光や病気などに強い新品種の割合はコーヒー樹全体の九〇％以上を占めている。

二一世紀にはいり、コロンビアは世界の国別コーヒー輸出量においてずっと守り続けてきたブラジルにつぐ第二位の座をベトナムに譲り渡すことになった。それにもかかわらず、コロンビア・コーヒーは今でも世界市場における高品質コーヒーの代名詞となっており、一般に他国産のコーヒーより高値で取引されている。たとえ現地で恐怖や暴力がはびこっても、その世界における「一流のコーヒー生産国」イメージだけは奇妙なほど変わらない。目を閉じ、何も考えず、カップからたちのぼるコロンビア・スプレモの上品な香りと酸味のある豊かな味わいに感覚を集中するとき、脳裏には実直で素朴なコロンビア農民が、明るく楽しくコーヒーを摘んでいる姿しか浮かんでこない。カップのなかのコーヒーは、みずからの故郷の現状については沈黙したままである。

2　コロンビアのコーヒー生産の特色と社会——一九三〇年代までを中心に

きわだった地域性と強固なコーヒー組織——環境・土地・権力

ブラジルとコスタリカがコーヒー生産スタイルにおいて対照的な特色を持っているのに対して、コロンビアはその中間に位置づけるべき要素を有している。まず地理的、社会的な条件自体がそうである。例えば、コロンビアの国土は日本の約三倍の大きさであり、大国ブラジルに比べるとその七・五分の一に過ぎないが、小国コスタリカと比較すると約二三倍の領土を持っていることになる。二〇〇八年時点におけるコロンビアの総人口はブラジルの四分の一ほどであるが、他方でコスタリカの総人口の約一〇倍にあたる。地理的にも、コロンビアはちょうどコスタリカとブラジルのあいだに位置している。パナマが二〇世紀初頭までコロンビアの領土だったことを考えると、コロンビアは長いあいだ北はコスタリカ、南はブラジルと国境を接してきたと言えよう。

コロンビアの国土はアンデス山脈からつながる三〇〇〇メートル級の三つの山系とそのあいだに存

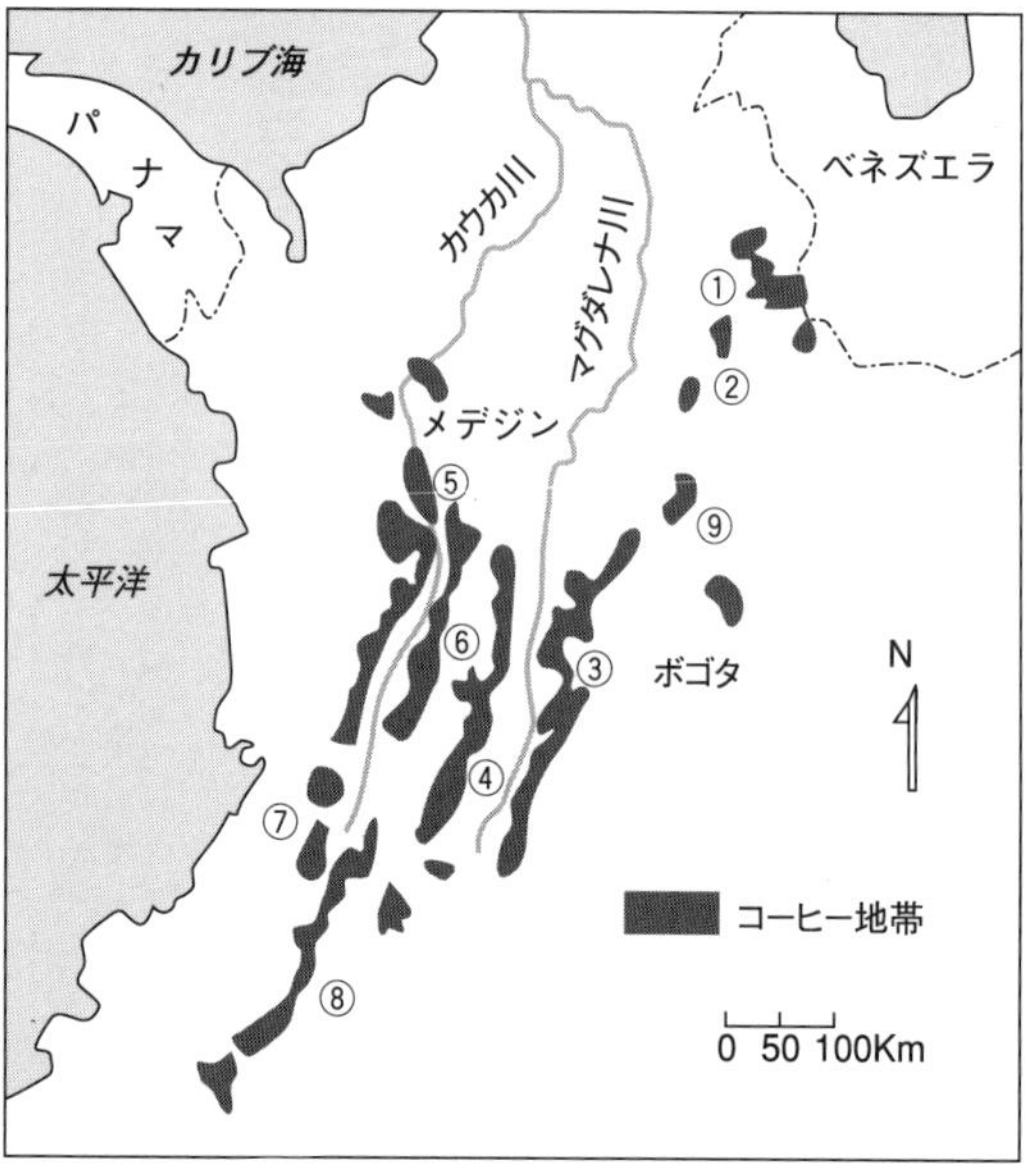

1= 北サンタンデル
2= 南サンタンデル
3= クンディナマルカ
4= トリマ
5= アンティオキア
6= カルダス
7= バジェ（・デル・カウカ）
8= カウカ
9= ボヤカ

図 5-7　コロンビアの主要なコーヒー栽培地域（1920-30年代）

出所：W. Roseberry et al., *Coffee, Society, and Power in Latin America*, p. 154より作成。

在する二つの河川（カウカ川とマグダレナ川）によって分断されており、その複雑な地形のなかで異なった性格を持つ三つのコーヒー生産地帯が誕生した（図5-7）。①ベネズエラと国境を接する「北東部」のサンタンデル地域（北サンタンデル県とサンタンデル県）、②「中部」のクンディナマルカ県・トリマ県・ボヤカ県の一部をふくむマグダレナ川周辺の丘陵地帯、③「西部」のアンティオキア県・カルダス県・バジェ（バジェ・デル・カウカ）県をふくむカウカ川周辺の丘陵地帯、の三地域である。北東部では中小農家が多く、中部では植民地時代を思わせる家父長主義的な大プランテーションと小農園が混在し、西部ではより企業的で合理主義の大プランテーションと小農園が混在するといった具合に、コロンビアにおける農園の規模と性格はじつに多様である。中部や西部の大農園のなかには、ブラジルの大農園に匹敵する規模のものもある。その一方で、二〇世紀前半以降、全体としては小農園が圧倒的多数を占めており、三ヘクタール以下の零細農家も少なくない。

これら三地域は、適度な湿気の海抜一〇〇〇〜一八〇〇メートルの山あいの斜面で、コロンビア・コーヒーの大部分を生産している。コスタリカ同様、ブラジルのような霜害に悩まされることのほとんどない温暖な地域である。このうち一九二〇年代以降のコロンビアにおける爆発的なコーヒー増産を担ったのは「中部」と「西部」であるが、この二つの生産地帯においては農園主と労働者（中部ではいわゆるパトロン・クライアント関係――ラテンアメリカで伝統的な家父長主義にもとづく親分・子分的関係――であり、西部ではより近代的な雇用者と被雇用者の関係であることが多い）のあいだの関係性には大差があるが、ブラジルをほうふつとさせるようないくつかの大プランテーションが見られるという点では共通している。ただし、これらの地域において農園数では圧倒的に小農が多数派をしめているという点では、同時にコスタリカ的特色も備えているとも言える。

コスタリカとおなじようにコロンビアのコーヒー生産地帯に照りつける日射量は強いので、温度や湿度を調整し、土壌やコーヒーノキを保護するために、たいていシェードツリーが必要とされた（サンタンデル地域とカウカ県の一部地域を除く。現在では品種改良が進み、八〇％以上がシェードツリーを必要としない）。マメ科のグアモやデイゴ（エリスリナ）、ノウゼンカズラ科のジャカランダ、バショウ科の草本であるプラタノ（バナナの一種）などがシェードツリーとして利用されることが多い。このためコロンビアのコーヒー農園においても、農民はこのシェードツリーからさまざまな副産物を収穫することが可能である。こうした副産物は、コスタリカ以上に貧しいコロンビアの小農にとって、つましい生活をつなぐために必要不可欠な副収入源となる。

ただし副収入という観点からすれば、コロンビアのコーヒー農園内で栽培するのにもっとも相性の良い作物はサトウキビだといえよう。特に中部においてはサトウキビが積極的に栽培されている。コーヒーとサトウキビはおなじ気候のもとで栽培が可能であり、収穫期がずれているので農民にとっても都合がいい。さらにサトウキビはコーヒーのように栽培に手間がかからないため、コーヒー栽培の片手間で世話をすることができ、農園内における労働者の食用や家畜の飼料としても利用できる。しかも加工が容易であるため、余剰分を地方市場で売りさばくのに便利である。コーヒー農園内における副生産物としてまさに最適だといえよう。もちろん、コスタリカのコーヒー農園と同じようにトウモロコシやユカ芋が農園内で生産されることも多い。

コロンビアにおけるコーヒー産業のもっとも際だった特色の一つは、それが基本的に国家の主導によらなかったことである。もともと国土が地理的に分断され、中央政治が混乱をきわめていたために地方分権的な性格が強く、ボゴタ市やメデジン市をはじめとする各地（ほかにククタ市、サンヒル市、ブカラマンガ市など）の民間商人を中心にコーヒー産業は拡大していき、国家を仲介せずにアメリカなどの外国資本家と独自のネットワークを築いていった。これはブラジルやコスタリカにおいて、国家が土地政策や労働制度もふくめてあらゆる面でコーヒー産業を支援したのとかなり異なっている。民間組織のＦＮＣは政府をしのぐ強大な権力をほこり、加盟者の生産活動だけでなく、その日常生活にも圧倒的な影響力をおよぼしている。特に辺境部のコーヒー農民にとっては、「あてにならない中央政府」より、この連合会こそが彼らの日常生活に直接かかわる真の「政府」であった。

共和政時代のブラジルでは大コーヒー農園主が中央政治をも動かし、コーヒー労働者に対して圧倒的な権力を行使した。つまりブラジルでは、国家自身がコーヒー産業を主導することができた。コスタリカの場合、国家権力はブラジルほど強権を振りかざすことはなかったものの、コーヒー生産者と精製業者の対立を緩和し、調整する役割をはたしている。しかしながらコロンビアにおいては、国家は長らくＦＮＣの管理するコーヒー産業に対して事実上の発言権を持たず、むしろＦＮＣの権力を公認しつつ税制などを変革し、その利益にあずかろうとしたのだった。ただし二〇世紀末以降、世界を覆う新自由主義とそれを積極的に受け入れるコロンビア政府の圧力により、「国家のなかの小国家」と称されたＦＮＣの権限もしだいに縮小していることは既述の通りである。

小農がつくる高級コーヒー――労働力・生産方法・市場

コロンビアのコーヒー産業界における有力者は、投資をコントロールし、みずから大農園主として生産業にかかわることもある商業エリート層である。中南部コーヒー生産地帯では伝統的にボゴタやメデジンなど国内資本家の影響力が強いが、コロンビア全体としては一九二〇年代ころからアメリカなどの外国資本家の進出が目立つようになり、一九三〇年代には西部地域を中心にアメリカ系のコーヒー輸出企業が新たなエリート層を形成した。このころのコロンビア・コーヒーはすでにその高品質が認知され、しかもその流通量もブラジルについで多かったため、おなじように品質の高さで知られたコスタリカなどをはるかにしのぐ勢いで外国人投資家が殺到した結果であった。こうした時代背景

図 5-8　協力しあいながらコーヒーを摘むコロンビアの農民（20世紀前半）

のなかで、FNCが形成されていくことになる。

コロンビアにはブラジル並みの大農園も見られるものの、コーヒー生産者の圧倒的多数を占めるのは小農である。特にアンティオキア県では自立した小農が多く見られ、海外からのコーヒー移民もほとんどないなど、コスタリカ中央盆地のケースとよく似ている。一九三〇年代の前半、コーヒー樹の本数が二万本以下の小農園はコロンビアでは全体の六八％（三二年）、コスタリカでは六〇％（三五年）を占めていた。その後、外資の流入によりそれ以前には全体の二五％に過ぎなかった大農園のコーヒー生産が拡大する一方で、コーヒー樹が五〇〇〇本以下の小農家が数の上では全体の九〇％占めるようになるなどコーヒー農園の規模が両極化した点でも両国は酷似している（ただしコスタリカの大農園は、コロンビアのそれとは比較にならないほど規模が小さい）。特にアンティオキア県の企業的プランテーションに見られる自由な契約賃金労働者の存在は、コスタリカの中央盆地に展開する大中農園の労働者と共通する点が多い。

またコロンビア中部には自分の土地を持たずに地主から土地を借りている借地農やコロノも多く見られるが、一般に彼らの生活は土地のない農民（その多くが債務農民や日雇い労働者として働かなければならなかった）よりも安定していた。土地を持った小農や借地農の多くは収穫期にコスタリカと同じように家族労働力を利用し、もし農園の規模が大きい場合には周辺の農民と助け合ってチェリーを収穫した。収穫を手伝ってもらった農家は、食事の準備や晩に開かれる宴会や娯楽を提供することでこの恩に報いるのがつねであった。この習慣は現地語でミンガと呼ばれており、順番にお互いの農園におけるコーヒーを地域の農民同士で協力しあいながら収穫していくのである（図5-8）。

コスタリカとは違いコロンビアでは、年二回（通常の収穫期とミタカと呼ばれる小収穫期）コーヒーの収穫がなされる場合があるから、近隣家族との関係性はいっそう重要だといえよう。ミンガは単なる協同作業にとどまらず、その地域の宗教観や道徳観とからんで日常生活もふくむより広い互助意識を創出し、コーヒー農民のあいだの地域主義的な共同体意識を強める役割を果たしている。近年、農村の貧困化や過疎化、農村における社会秩序の混乱、新自由主義の蔓延に反発する農民運動組織のなかには、聖書にもとづく宗教意識やミンガなどを通じた助けあいを重視するものもある。それによって農民は精神性を高めながら一致団結して農村社会を復興しようというのであるが、このことはミンガがコーヒー生産地帯に多大な影響をもたらす習慣であることを示唆している。

コロンビアのコーヒー農業労働者の多くはいわゆる白人と先住民のあいだの混血メスティソである。中部のクンディナマルカ県やトリマ県などの中部では一定数の先住民労働者（なかには人種的にはメスティソに分類されるが、その文化やアイデンティティにかんして先住民的特色を持つ者もふくむ）も見られる。こうした先住民系労働者と白人系農園主とのあいだで、スペイン植民地時代のアシエンダをそのまま再現したような家父長主義的なコーヒー農園が経営されているところに特色がある。これはブラジルやコスタリカにおいては先住民農民がコーヒー生産地帯から追放されたり、あるいはみずから逃亡したりする傾向にあり、重要な労働力ではなかったことと対照的である。先住民労働力がコーヒー生産において重要な役割をはたしたという意味で、コロンビア中部地域は中米グアテマラのコーヒー生産と比較すると興味ぶかい（詳しくは本章の3節を参照されたい）。

品質の高さがセールスポイントであるコロンビア・コーヒーにとって、収穫されたチェリーのほとんどが水洗式で精製されるのは当然のことと言えよう。北東部で若干のコーヒーが日干し乾燥されているのを除き、主要な生産地域である中部や西部では二〇世紀前半までに九〇%以上のコーヒーが水洗式で処理されるようになった。ただしコロンビア史におけるコーヒー精製のきわだった特色は、コロンビアの小農たちのあいだに手動式の簡易コーヒー精製機が普及したため、彼らはみずからチェリーを精製することができた点である。コロンビアの小農は、収穫したチェリーをそのまま近隣の精製業者に売却する場合もあれば、みずから水洗して果肉を除去し乾燥した豆を精製業者に売ることもあった（後者の場合、精製業者は仕上げのみを行うことになる）。

これはコスタリカにおいて、コーヒーの精製過程が圧倒的な資金と設備をほこるエリート業者によって独占されているのとは大きく異なる。コスタリカの小農は、精製業者を通さなければみずから収穫したコーヒーを売却することは難しかった。反対にみずからチェリーを精製することができるコロンビア小農は、FNCなどの許可する範囲内であるにせよ、自農園のコーヒーを直接商品として売りさばく選択肢を持っていたことになる。

こうして生産されたコロンビアの高品質コーヒーは、一方でコスタリカとおなじようにヨーロッパのクオリティ・マーケットに売りに出され、評判を獲得していく一方で、ブラジル・コーヒーが独占していたアメリカ市場にも積極的にコーヒーを輸出していった。これはコロンビアが「品質の高いコーヒーを大量に」生産するという野心的な目標を掲げていたこととかかわっている。ブラジルはすでに一八七〇年代にアメリカのコーヒー市場に狙いを定めていたが、おなじころようやく本格的なコーヒー生産に取りかかったばかりのコロンビアは、それから二〇年もたったころ（一八九〇年代）にはブラジルを追いかけるようにアメリカ市場にコーヒーを輸出していった。とりわけブラジルが定期的な自然災害にみまわれるたびに、コロンビアはコーヒーの輸出を増加していったのである。これはコスタリカが一九二〇年代にアメリカのコーヒー市場を開拓するのに先んじている。

さらに一九六〇年代以降のアメリカ消費市場における巧妙な広告宣伝を通じて高級コーヒーのイメージを定着させたコロンビアは、世界のコーヒーの約三分の一を消費し、事実上世界中で生産されるコーヒーの等級分けを行っているアメリカでコーヒー生産国としての確固たる地位を築いた。「コロンビア・マイルド」が最高級とされる歴史的な背景には、優れたコーヒーを追い求めたコロンビア農家の努力に加えて、外資と結びついたコロンビア・コーヒー産業界の卓越したイメージ戦略があったのである。

3　コーヒーと先住民労働者——コロンビアとグアテマラの比較から

土地を奪われた先住民と抵抗運動

すでに述べたように、コロンビア中部のクンディナマルカ県やトリマ県ではスペイン植民地時代のスペイン白人と先住民の関係をほうふつさせる家父長主義的なコーヒー・アシエンダが経営されていた。征服期のスペイン人たちは先住民を「不完全で劣った人間」とし、「完全で優れた人間」である自分たち白人がキリスト教的価値観にしたがって「父」のように先住民を教え導くことが必要だと考えていた。『インディアスの破壊に関する簡潔な報告』で知られる「インディオの救世主」ラスカサス神父の活躍などにより、一六世紀なかばにはキリスト教に改宗した先住民を抑圧してはならないという法も制定されたが、これにより状況が劇的に改善されることはなかった。

この人種・民族的偏見は、ずっとスペイン系農園主が先住民を事実上の奴隷あるいは半奴隷として厳しい農業労働に従事させる「正当な論理」となってきた。スペインからの独立後に奴隷制は廃止されたが、先住民人口が多く居住する中部においては白人農園主と先住民農民のあいだの旧い人間関係は伝統として残ったままであり、こうした農園が一九世紀末〜二〇世紀初頭におけるコロンビアのコーヒー産業発展期を支えた。多くの先住民にとって自給自足のために不可欠な土地は奪われ、私有化され、コーヒーノキで埋めつくされていったのである。

ところで、コロンビアが本格的にコーヒー生産に取り組み始めた一八七〇年代、おなじようにスペイン植民地時代の人種・民族関係が引き継がれた農園で、先住民労働者によって大量のコーヒーが生産されたのが中米のグアテマラ共和国である。それまでグアテマラの主要産業であったインディゴ（藍）やコチニール（洋紅）などの自然染料が、産業革命期のイギリスによって発明された安価な人工染料のおかげで伸び悩んだため、新たな経済基盤としてコーヒー生産業に白羽の矢がたったのである。

グアテマラは現在もラテンアメリカ諸国のなかでもっとも先住民人口が多い国（先住民系三八・四%。そのほかは白人系とメスティソを中心とする混血層〈二〇〇六年のデータ〉）の一つであるが、コーヒー生産業が本格化した一八七〇年代には先住民人口が全体の七〇%を超えていたと言われている（図5-9）。反対にスペイン系白人はわずか五%、メスティソは二五%に過ぎず、人口のうえでは少数派のクリオーリョが政治経済的エリート層を形成し、多数派である先住民を統治するといういびつな構造のなかで、コーヒー産業の拡大はコロンビアをはるかにしのぐ激しさで先住民の暮らしに変化を強いることになる（図5-10）。

図5-9　グアテマラ

コロンビア中部ではたしかに土地を持たない先住民系の農民が多く見られるが、これはコーヒー農園の拡大を後押しする国家権力者によって先住民共同体（コーヒー栽培に不向きな土地も多かった）や農民保有地が奪われたからではない。コーヒー・エリートである大商人やその投資を受けた民間の農園主が、アシエンダを形成するために周辺の土地を買いとった結果である。これに対して土地を失った先住民系農民たちは、一九一八年ごろから大農園主に対する抗議運動を展開し始め、一九三〇年代に彼らは債務支払いを放棄し、自分たちの土地を取りもどすためにアシエンダの不法占拠を断行した（ただしコ

図 5-10　グアテマラ高地のマヤ系先住民村長を描いた絵（1891年）

ロンビア西部では農民の土地をめぐる紛争はほとんど起こっていない）。

例えばクンディナマルカ県では、農民たちは地主から一定の譲歩を引きだすことに成功し、土地の再分配が行われることさえあった。三〇年代に農民運動が過激化したのは、中部のコーヒー・アシエンダ経営が行きづまったことに加え、公共部門における雇用の縮小が著しかった都市部から農村へ労働者が逆流してきたためである。そのなかには、かつて都市部で労働運動に参加した経験を持つ者もふくまれていた。いずれにしてもコロンビア中部の先住民農民は、土地をめぐっての民族的闘争というよりも、むしろ農民としての階級闘争を展開してきたと言えるだろう。

これとは対照的にグアテマラでは、先住民の土地は国家プロジェクトとしてコーヒー産業を推進する公権力によって急激に奪われた。一八七一～八五年、独裁的な権力を行使しつつ欧米諸国をモデルにした「自由主義国家」の建設を目指していたフスト・バリオス大統領は、荒廃地の売却や分配、教会所領の国有化、先住民共同体（大部分はコーヒー栽培に適する）や農民保有地の没収をふくむ法改定を行い、欧米諸国の投資を受けながらそれらの土地をコーヒー農園へと変えていった。これによって先住民農民は土地を失うが、白人コーヒー農園主の背後には強力に武装した国軍がひかえていたため、コロンビア中部のように恒常的な激しい抵抗運動を展開することは至難の業だった。

彼らの抵抗で一般的なのは、国家やコーヒー農園主の追っ手を逃れてコーヒー栽培に適さない土地のやせた高地へと避難し、そこで伝統的な生活を続けることであった。もちろんグアテマラにおいても、例えば一九二〇年代のウエウエテナンゴ県（グアテマラ西部）で先住民農民が労働条件の改善などを求めて組織的に農園主に抵抗した例もあるが、こうした階級闘争は限定的なものである。概してその闘争は先住民による民族的抵抗であったと言えよう。

逃げまどう先住民、追いかける国家

コロンビア中部における先住民系労働者の重要性は言うまでもないが、それにもかかわらず先住民にターゲットを絞ったあからさまな強制労働は存在しなかった。農園主は既存の家父長主義的生産システムを利用し、コーヒー生産業に適応したに過ぎない（図5-11）。この地域の先住民農民が複雑にほかの人種や民族と混交していたこともそれを示している。土地を持つ農民は人手の必要となる収穫期には家族や友人などの非正規雇用の労働者に助けられ、土地をも持たない農民は債務に由来する半強制労働を課せられていないかぎりは、わずかな賃金のためにコロノや日雇いの季節労働者として大中農園でコーヒーの摘みとりに精をだした。土地の問題にかんしてもそうであったように、基本的に国家がコーヒー産業のみを有利にするために新たな労働法を制定することもなかった。

だがグアテマラでは、国家は先住民をコーヒー農園で働かせるための法整備を徹底した。もっとも悪名高い法はマンダミエント（一八七六～一九二〇年）と呼ばれるものである。これは国家の命令に

図5-11　コロンビアの先住民系と思われるコーヒー農民（年代不明）

よって、最大一〇〇人までの労働者を先住民共同体からコーヒー農園に分配することを可能にしたものである。つまり事実上の強制労働制度であって、コーヒー農園主は必要であれば国家を介して先住民労働者を自由に使役することができた。しかもほぼ同時期に、日雇い労働者の労働条件や賃金を農園主に一任する法や、労働に従事しない者を取りしまる浮浪禁止法も制定されたため、先住民はみずからの意志とは関係なく劣悪な条件と環境でコーヒー生産業に従事しなくてはならなくなった。つまりグアテマラでは、国家が主導して先住民の土地を奪い、食糧自給の機会を奪ったうえで、嫌でもコーヒー農園で働かざるをえない状況に追いこんでいったのである。

　コロンビア中部でもグアテマラでも、コーヒー産業のために海外から大量の移民が押し寄せるようなことはなかった。コロンビアでは地理的な条件により地域間の移動が困難であり、国内住民の自由な移動さえ容易ではなかったため、外国人移民など期待できるはずもなかった。一九二〇年代以降、外国人資本家によるコロンビア・コーヒー農園の支配も進んでいくが、その傾向が著しいのはアンティオキア県に代表される西部コーヒー地帯の企業的コーヒー・プランテーションにおいてであって、中部ではコロンビア人エリート層の影響力はその後も残ることになる。

　他方でグアテマラの場合、けっして数は多くなかったものの、一定の資本力と技術力を持ったドイツ系移民がコーヒー生産業に多大な影響をもたらした点で異なっている。その多くはドイツ帝国における宰相ビスマルクの軍国主義から逃れてきた人びとであった。一九〇〇年までに国内のドイツ系コーヒー農園の数は一五九にのぼり、その総面積は全国土の二～三％に匹敵する約二一六〇平方キロメートルにおよんだ。第一次世界大戦前までには、グアテマラのコーヒー農園の一〇％をドイツ人が所有し、その収穫高は全体の四〇％に達しており、グアテマラ産コーヒーのじつに八〇％がドイツ系移民によって管理されていた。このドイツ系コーヒー・アシエンダの多くは、ドイツの第一次世界大戦での敗北を機に、これらの農園を「敵国人資産」と見なすアメリカ人によって経営された。つまりグアテマラの先住民農民は、国家の承認のもとで国内の農園主からだけでなく、外国人農園主からも搾取されたことになる。その後、多くのドイツ人農園主はコーヒー農園を買い戻したが、第二次世界大戦後にふたたびその多くがグアテマラ国家に没収された。

先住民の香り高い「黒い汗」

世界的に知られるコロンビア中部とグアテマラの品質の高い水洗式マイルド・コーヒーは、先住民農民の流した汗や涙を吸った大地で生産されてきたといっても過言ではない。彼らの苦痛と苦悩は、世界のコーヒー流通や販売が先進国資本の多国籍企業の手に握られるようになるに従ってますます深まっていくことになる。

こうした状況を打破するために、コロンビアではコーヒー農民の抵抗はますます激しさを増していき、そのなかにはコーヒー以外の農民、都市労働者、あるいは左翼知識人と組んで過激な武装ゲリラ闘争へ身を投じる者もいた。その多くはもはや中央政治を信頼しておらず、みずからの手で苦境を乗り越え、生き残るために武装したのだった。こうした集団の政治社会的影響力は絶大であり、現在にいたるまでコロンビア内のいくつかの地域は「自衛地区」や「解放地区」という名でその監視下に置かれている。しかしながら、こうした集団が資金稼ぎのために身代金目的の誘拐をくり返したり、生活に行きづまった貧農を巻きこんで麻薬の生産・販売ルートを拡大したりすることで、彼らが掲げる本来の「正義」とはかけ離れた新たな政治・社会問題の元凶ともなっている。

グアテマラの場合、国家は一九二〇年代に見られ始めた先住民農民運動と都市民を中心とする社会主義運動を徹底的に抑えにかかった。特に一九三一～四四年に軍事独裁政権を率いたホルヘ・ウビコ将軍は、スペインのフランコ将軍をモデルにしつつ、民衆を抑圧する装置としての軍部や警察を再編成・強化して、のちに頻出する軍事政権の基盤をつくりあげた。ウビコの失脚後、グアテマラ社会は何度か根本的な政治・社会改革にとり組むチャンスを手にした。一九四四年からの一〇年間、社会主義思想の影響を受けたフアン・アレバロ大統領と続くハコボ・アルベンス大統領は、先住民をふくむ貧者たちの救済に積極的に取り組んだ。アレバロは社会福祉制度の充実、国家組織としての先住民協会の設立、労働法の改正を行い、アルベンスは九〇ヘクタール以上の大土地所有を解体し再編する農業改革に取りかかったのである。

しかし、この改革案は、むしろコーヒー産業以外のところから激しい抵抗を受けることになった。当時のグアテマラで最大の大土地所有者であったアメリカ系バナナ生産業者のユナイテッド・フルーツ社こそが、この改革の妨害をはかる最大の敵となったのである。しかも、一九五三年時点でこの企業がグアテマラ西部に所有していた広大な領地の八五%は、バナナが疫病に冒された場合の予備地として、あるいはライバル企業を進出させないための対策として保有されているもので、実質的には使用されていない土地であった。この企業はそれ以前のグアテマラにおける独裁政権のもとで享受してきた特権を手放そうとはせず、アルベンスを「共産主義者」として排除するように反共的なアメリカ政府に働きかけた。結局、CIAは追放された右派のグアテマラ軍人を利用して武装蜂起させ、社会不安をあおってアルベンスを大統領の座から引きずりおろした（図5-12）。

二一世紀にはいっても、コロンビアでは人口の約六〇%が日常生活に支障のある貧困状態におかれ、失業者は一六%にのぼっている。こうした状況が続けば治安はますます悪化し、麻薬問題の解決もなされないだろう。コロンビアでは毎年三万件を超える殺人事件と三〇〇〇件を上まわる誘拐事件が起こっており、誘拐にかんしては世界全体の数の六割に相当するとも言われている。

他方で一九五四年以降のグアテマラではしばしば軍部が政治の実権を握り、左翼運動家や自治を求める先住民の暗殺を恒常化していった。一九九〇年までの三六年のあいだに、一〇万五〇〇〇人以上の死亡者や行方不明者がでている。グアテマラにおいても、コロンビアに見られる

図5-12　『TIME』（1954年6月28日発行）の表紙を飾ったアルベンス

ような過激な左翼ゲリラとこれに対抗する極右ゲリラは存在するが、概してコロンビアに見られるほど広範な社会的支持を得てはいない。その暴力の激しさはコロンビアと五十歩百歩であるが、国家暴力によって先住民が被ってきた犠牲の甚大さはグアテマラにおいてはるかに凄まじいと結論してもよいだろう。

ラテンアメリカの宗教研究で知られるフィリップ・ベリマンは、一九七七年当時のグアテマラ貧農について次のように記述している。「コーヒーの収穫期になると、男も女も、子供たちも、手配師のおんぼろトラックに詰め込まれて大農園へと向かう。そこで彼らは、屋根だけで壁もない小屋をあてがわれる。病気になる者も少なくないが、医療も受けられない。彼らには、毎日の手当の他に、トルティーヤ（トウモロコシ粉でできた丸い薄焼き）と場合によっては豆が支給されるだけで、コーヒーも出ない」。そして彼らの苦痛は、今も続いているのである。

国名そのままに「コロンビア」や「グアテマラ（ガテマラ）」として親しまれている両国のマイルド・コーヒーは、日本でも世界でもファンが多い高級品である。皮肉なことに、コーヒー・ファンを大いに喜ばせているこれらのコーヒーの多くは、みずからの土地を奪われ、コーヒー農園で働くことを余儀なくされた先住民によってつくり出されてきた。それは生活のために借金にまみれ、厳しい労働条件のもとで雇い主にしばしば虐待されながら生みだされる彼らの「黒い汗」であり、ときには「黒い血」でさえあるのだ。

Column

「最高の一杯」を求めて――スペシャルティ・コーヒー業者のたたかい

二〇〇九年一〇月一四～一六日、東京ビックサイトにおいて日本スペシャルティコーヒー協会（SCAJ）が主催する日本最大のコーヒー見本市が華々しく開催された。オープニング・セレモニーでは上島達司会長や主要なコーヒー生産国の特命全権大使らによってテープカットがなされ、会場には国内外のコーヒー関連企業による一四一のブースがところせましと軒を連ねておおいに賑わった。ブースの傍らには二つのイベント・ステージが設置されており、コーヒー関連のさまざまなプレゼンテーションやバリスタの日本チャンピオン選考会などが行われて来場者の関心をひきつけた。三つの別会場でも、同時並行してコーヒーにちなんだ専門的なセミナーが開講されており、まさに上り調子にあるスペシャルティ・コーヒー業界の勢いを感じさせるエネルギッシュな展示会であった。

そのなかでも特に私が注目したのは、本書で紹介したブラジル、コロンビア、コスタリカのコーヒー業者が日本に自国産コーヒーを売りこむためのセミナーである。まだ日本のコーヒー消費全体に占めるスペシャルティ・コーヒーの割合は五％に満たないが、これらの国の高品質コーヒー業者にとって日本はきわめて重要かつ有望な市場だと見なされている。プレゼンターたちは九〇分の持ち時間を厳守しながら、パワーポイントを駆使して自国産コーヒーの歴史や種類、味の特色などについて解説し、実際にサンプル・コーヒーを受講者にふるまって熱心に自国産コーヒーを宣伝した。

ブラジル・スペシャルティコーヒー協会は、現在のブラジルでナチュラル（乾燥式コーヒー）が全体の約九七％を占めていることを認めつつも、同協会の指導下でウォッシュト（水洗式コーヒー）やパルプド・ナチュラル（水洗式などで外皮を除去したあと、果肉をつけたまま乾燥した半水洗式コーヒー。人件費などコ

▲コスタリカ・コーヒー協会のブース

ストは高いが、果肉の糖分の影響で甘さが増す）などの高品質コーヒーの生産に尽力していることを強調した。この三つの精製法のコーヒーがそれぞれ受講者にふるまわれ、会場での挙手によるアンケートの結果、パルプド・ナチュラルがもっとも好評であった。

コロンビア・コーヒー生産者連合会（ＦＮＣ）は、近年のコロンビア・コーヒー減産の原因をラ・ニーニャ現象（赤道付近の海面温度が低くなる現象）による多雨、石油価格の上昇に伴う肥料価格の上昇、将来を見据えてのコーヒー樹の大規模な植えかえプログラムの実施に求め、今後これらの問題は解消されてふたたびコロンビア・コーヒーが増産されるという楽観的な見通しを示した。また、従来からの高級コーヒーのイメージに甘んじることなく、いまもＦＮＣはコーヒー生産者のもとに技術アシスタントを派遣してコーヒー品質のさらなる向上を目指していると力説した。

▲ジャパン・バリスタ・チャンピオンシップ2009準決勝の一場面

もっとも盛り上がったのは、コスタリカ・コーヒー協会（ＩＣＡＦＥ）のセミナーである。陽気でユーモアあふれるカップ・テイスター（コーヒーの品質を鑑定する味覚検査人）がプレゼンターを務め、自国産コーヒーを「平和な国のオリジナリティあふれるコーヒー」だと宣伝し、ときに壇上から降りて聴衆とともにサンプルを試飲しながら明快な表現でコスタリカ産コーヒーの特色について解説した。とりわけ興味ぶかかったのは、良質の水洗式コーヒーで知られるコスタリカで、ティピカ種やブルボン種の原種栽培を復活させたり、従来のコスタリカ・コーヒーのイメージをくつがえす「高品質ナチュラル・コーヒー」の生産を行うなど新たな挑戦を試みているという話であった。

「カップオブエクセレンス」（厳しい基準をクリアして初めて認定される世界最上級のコーヒー）を目指して、彼らはいまこの瞬間も努力を続けているのだ。

第Ⅲ部　コーヒー消費国の諸相

第6章　アメリカ

——世界のコーヒー流通を仕切る最大のコーヒー消費国

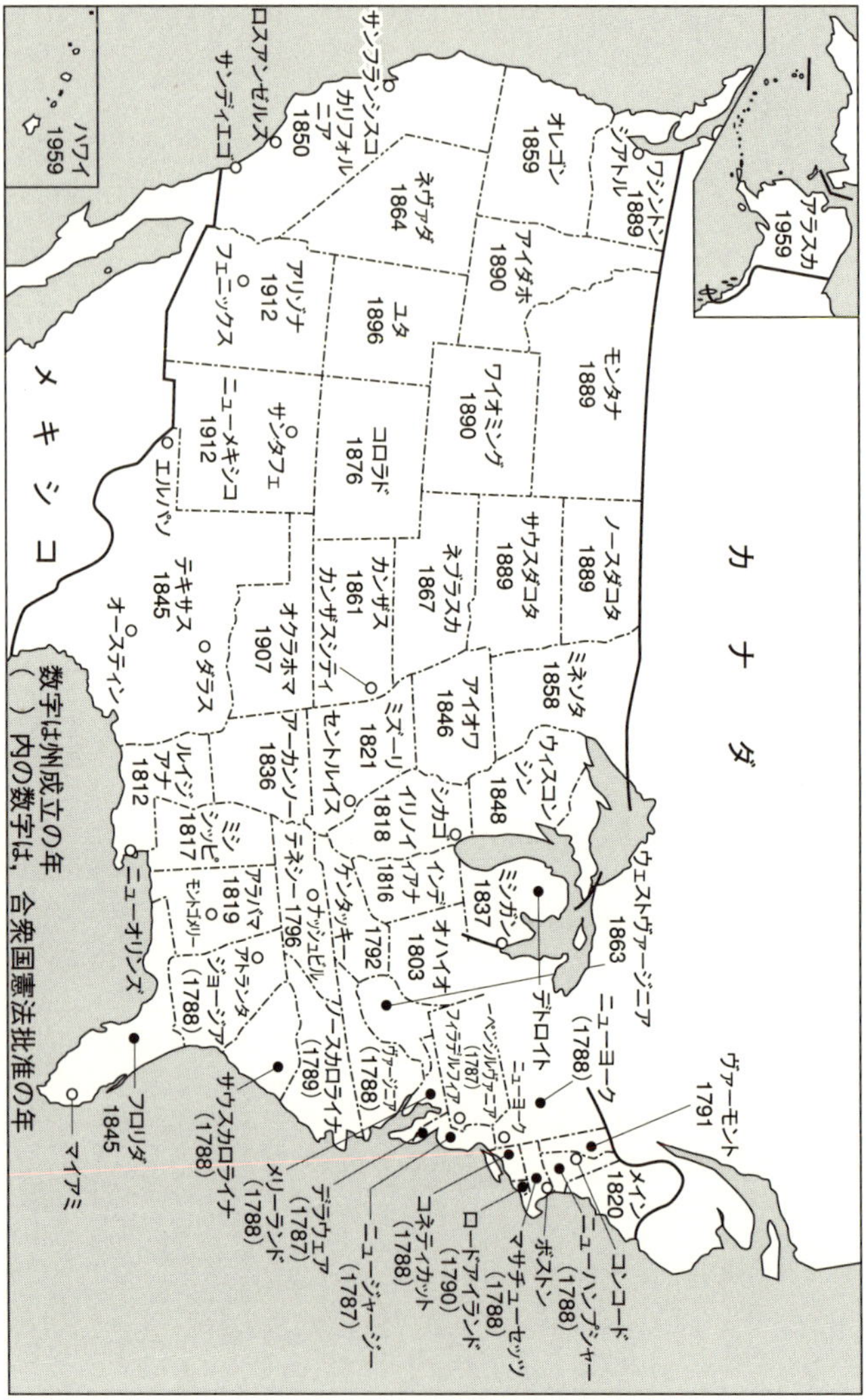

図 6-1　アメリカ合衆国と主要都市

アメリカの基礎データ

正式国名	アメリカ合衆国
面積	962万2000km²（日本の約25倍）
人口	約3億人（2006年）
人種	白人系＝約75%（多い順にドイツ系，アイルランド系，イギリス系ほか），アフリカ系＝12%，アジア系＝約4%，先住アメリカ人＝約1%，その他＝8%。「ヒスパニック」と呼ばれるラテンアメリカ系人口（人種ではなく民族的な分類）は，全人口の約15%を占める。
主要言語	英語（ただし法律上の規定なし）
主要宗教	キリスト教（ただし信教の自由は法のもとで保障）
首都	ワシントン市（正式には「ワシントン・コロンビア特別区〈DC〉」）
主要産業	工業（全般），農業（小麦，トウモロコシ，大豆，木材など），金融保険不動産業，サービス業。
一人あたり国内総生産	4万5845ドル（2007年）
経済成長率	0.5%（2008年）
物価上昇率	1.0%
失業率	6.7%
最近のトピック	2001年のアメリカ同時多発テロ事件の報復としてアフガン戦争やイラク戦争を指揮し，2期にわたって大統領を務めた共和党のジョージ・W・ブッシュに代わり，2009年1月，民主党のバラク・オバマが大統領に就任した。アメリカ史上初めてのアフリカ系大統領である。たび重なる軍事侵攻で悪化した中東情勢を改善し，アメリカの政治経済的圧力に反発するラテンアメリカの「隣人」たちとの友好関係をいかに構築するかなど，世界中がオバマの政治的手腕に注目している。

（2008年の日本外務省公表データを中心に作成）

1　アメリカの歴史とコーヒー

アメリカ大陸の「新しいイギリス」――北米イギリス植民地の成立

一六二〇年、メイフラワー号に乗ってやってきたピューリタン（清教徒。清潔さと厳格さを特徴とするプロテスタント系キリスト教の一派）をふくむイギリス人が、アメリカ東海岸沿いのプリマス（現マサチューセッツ州）に植民地をつくった。ピルグリム・ファーザーズ（巡礼始祖）と呼ばれたこの最初の開拓者たちが現地で目のあたりにした光景は、これより一世紀ほど前にスペイン人征服者たちがラテンアメリカで直面したものとほとんど変わらなかった。むしろイギリス人植民者のほうが、現状に対する絶望を強く感じていたかもしれない。

ある者は、自分たちは聖書のなかの使徒パウロよりも厳しい環境に置かれているとし、入植を後悔するようにこう記録した。「野獣と野蛮人がいっぱいいる恐ろしい、広漠とした荒野のほかに、いったい何を見ることができよう。しかも、野獣や未開人が、どれほど多くいるかもわからない（中略）うしろを振り返ると、自分たちが渡ってきた巨大な大洋があった。この海は、今では世界のすべての文明国から植民者を引き離すおもな障害であり、深淵であった」と。植民者は「野獣と野蛮人」に対する恐怖のなかで、大西洋岸北東部にニューイングランド（「新しいイギリス」の意）植民地を形成したのである。

もっとも、「野蛮人」とされた先住民「インディアン」からすれば、自分たちの生活を脅かし、残酷な仕打ちをくり返した白人植民者こそが「野蛮人」に思えたことだろう。イギリス人は北アメリカの「文明」化のために「野蛮」な数百万人の先住民を駆逐しながら、他方でアフリカから別の「野蛮人」の黒人を奴隷として輸入して酷使した。彼らの犠牲とひきかえに、一八世紀中ごろまでに東海岸には一三のイギリス植民地が形成され、世界の覇権を握っていたイギリス本国にとってインドについで重要な軍事的、経済的拠点となった。

彼ら植民地人は、ときに本国とは異なる政治制度と自治意識を育み、住民一人一人が政治に直接参加するタウンミーティングが行われる場合もあった。黒人奴隷を利用したタバコ、コメ、インディゴなどのプランテーション農業のほか、海上交易や本国の監視をかわしての茶などの密輸入を通じて、北米一三植民地はしだいに経済的に自立していった。

とは言え、植民地人の多くはいまだイギリスを母国と考えていた。一六八九年にボストンで北米大陸最初のカフェ「ロンドン・コーヒー・ハウス」（アルコール飲料や紅茶なども飲むことができた）が開かれたものの、上流階級の富裕者を中心にイギリスの紅茶文化が定着していた。貴婦人たちのあいだでは、キャラコ（インド産綿織物）のガウンなどで着飾り、東洋風の盆や中国産磁器のティーポット、カップ、シュガーポットなどをそろえ、優雅にティータイムを過ごすことが豊かさの証明とされた。

冷たい紅茶と熱い独立戦争——アメリカ建国前後の状況

世界各地でフランスとの植民地争奪戦をくり広げていたイギリスは、戦費の捻出のために北米一三植民地への増税に踏み切った。まず、砂糖、コーヒー、紅茶、ワイン、印刷物などが課税対象となっ

図6-2　ボストン茶会事件

たが、これは植民地側の強い反発でほぼ撤廃された。だが一七七三年、イギリスが新たな茶法を制定して紅茶貿易の独占をもくろむと、これに激怒した植民地人はボストン港に停泊中のイギリス商船を襲い、積荷の紅茶を冷たい海に投げこむという抗議行動にでた。このボストン・ティーパーティー（ボストン茶会）事件を機に、イギリスと北米一三植民地の対立は深まり、一七七五年、ついにアメリカ独立戦争が勃発したのである（図6-2）。

その翌年、植民地側は独立宣言を発布し、身分にかかわらずあらゆる人間が持つとされる生存権、自由権、幸福追求権の尊重される国家の建設をうたった。いまだヨーロッパに絶対的な政治権力を有する国王が君臨していた時代に、この宣言は国民を主権者とする新しい国家のありようを提示し、その後の世界における「近代国家」のモデルとなった点で、きわめて重要な歴史的意義がある（ただし、この「国民」のなかに先住民や黒人奴隷などはふくまれなかった）。フランス革命期の人権宣言よりも一三年はやい、まさに近代の幕開けを告げるできごとであった。

手強いイギリス軍に苦戦しながらも、植民地軍はフランスなどヨーロッパ諸国からの援軍に助けられて、一七八三年、ついに独立を達成した。イギリスからミシシッピ川以東の領土を獲得した北米植民地は、一七八七年に憲法を制定し、独自性の強い諸州を中央政府が統轄する連邦制、共和主義、三権分立、大統領制を特色とするアメリカ合衆国を建国した。初代大統領は独立戦争の英雄ジョージ・ワシントンが務め、首都はフィラデルフィア（一八〇〇年、ワシントン市へ遷都）に置かれることになった。こうして、のちのコーヒー消費大国アメリカが華々しく歴史の大海原へと出航したのである。

かつて紅茶をボストン港に投棄して、本国イギリスへの不満をあらわにしたアメリカ人であったが、独立後もティー・セレモニーを始めとするイギリス的習慣や文化をすべて捨て去ったわけではない。イギリス製品はアメリカの消費者を惹きつけ、それらを所有したり、消費したりすることは、あいかわらず人びとにとってのステータス・シンボル（社会的地位や成功の象徴）であった。この消費パターンに大きな変化が生じたのは、一八一二〜一四年の第二次独立戦争（米英戦争）のことである。ちょうど中南米諸国が、本国スペインに対する独立戦争を本格化させたころだった。

イギリスは、ナポレオン率いるフランスと対峙し、フランスの海上交易を妨害するために海軍による海上封鎖を行った。このとき中立を宣言していたアメリカは、フランスなどヨーロッパ諸国との貿易に打撃を受け、イギリス海軍による厳しい臨検に不満が高まった結果、ふたたびイギリスと戦火を交えることになった。この米英戦争中、イギリス製品の輸入が停止されたため、アメリカ人はそれらの代用品を模索するか、あるいはみずから製造しなければならなかった。これによりアメリカのイギリスからの経済的、文化的自立が促進されるのだが、このとき紅茶が不足したためにコーヒーへの関心も高まったのである。

これに呼応するかのように、一八二〇年代にはブラジルで生産されたコーヒーが少しずつアメリカに出まわり始める。それまでの中東やアジアなどの遠方で生産される少量で高価なコーヒーに代わって、近隣のため輸送コストが抑えられるうえに、大量生産方式で生産された安価なブラジル・コーヒーが流入し始めたことは、その後アメリカ人の消費行動に大きな影響をおよぼすことになる。コーヒーをいれるためのパーコレーター、ドリップ器具、磁器や金属のポットも一部の富裕層のあいだで使用されるようになった。

開拓者と兵士をいやすコーヒー――西部開拓と南北戦争

ラテンアメリカでつぎつぎと新しい独立国家が成立すると、これを認めない保守的なヨーロッパ諸国を尻目に、一八二三年、アメリカのジェームズ・モンロー大統領はラテンアメリカ諸国の主権を擁護する宣言を発した。そのなかでモンローは、南北アメリカをひとくくりにして「われわれ」と表現し、「ヨーロッパの政治組織をこの西半球に拡張しようとするヨーロッパ諸国側の企ては、それが西半球のいかなる部分であれ、われわれの平和と安全にとって危険なもの」だと主張した。さらにモンローは、「中南米の仲間たち」に対して「干渉が行われたとき、われわれが無関心に見過ごすこともありえない」として、ヨーロッパ諸国をけん制したのである。しかし、この友情あふれる言葉の裏には、将来的に広大なラテンアメリカ市場を独占しようというアメリカ側の野心も秘められていた。

一方、国内では西部開拓が進んでいた。アンドリュー・ジャクソン大統領が西部の小農たちの政治的権利を拡大する改革を行ったのもこのころである（この改革をめぐってジャクソン賛成派を中心に民主党〈一八三〇年〉が、これに反発する党派からのちの共和党〈一八五四年〉が結成される）。大草原の開拓者にとって、冷えた体を温め、疲れた心身をいやす熱く濃いコーヒーは、やがてかけがえのないものとなっていく。彼らはコーヒーの生豆をフライパンで煎り、すり鉢とすりこぎで挽いた。そして強烈な苦味がでるまでたき火で煮立て、ミルクや砂糖を入れて飲んだ。カップに浮かぶコーヒーかすを沈めるため、タマゴ、ウナギ、タラなどが混入される場合もあった。すでにドリップ式ポットなどでコーヒーを飲んでいたヨーロッパ人が口にしたら、目を白黒させたであろう代物である。

一八三〇年、アメリカは三八三六万三〇〇〇ポンド（約一万七四一七トン）のコーヒーを輸入した。アメリカにおける一人あたりの年間コーヒー消費量は三ポンド（約一・三六キログラム。一杯のコーヒーをいれるには一〇～一二グラムのコーヒーが必要だとすると、三日に一杯のコーヒーを飲んでいた計算）であった。ブラジル産コーヒーの流通とそれにともなうコーヒー価格の低下を受け、アメリカにおけるコーヒー消費量は増大したが、庶民にとって日常的な飲物とは言い難かった。いまだコーヒーは上流階級の人びとがたしなむエキゾチックな熱帯の嗜好品であった。高い輸送コスト、アメリカ国内における能率的なコーヒー流通システムの不在、レベルの低い製粉・焙煎技術などが重なって、小売段階でのコーヒー価格は庶民が期待するほどには下がらなかったのである。

一九世紀中ごろまでにアメリカは、先住民や他国との戦争、あるいは金銭による領土獲得により、中西部にまで国境線を拡大した。大国化したアメリカの内部で政治、経済、社会体制をめぐる対立が起こり、とりわけ南部諸州と北部諸州は反目しあうようになった。奴隷制に立脚して綿花やタバコなどのプランテーションを経営し、生産品を自由貿易で売りたいと考える南部諸州と、工業化に不可欠な自由労働者を確保するために奴隷制に反対し、国内工業の育成のために保護貿易を望んだ北部諸州がにらみ合ったのである。そして北部が支持する共和党のエイブラハム・リンカンが大統領に就任すると、これに反発した南部諸州は合衆国からの独立を宣言し、これを認めない北部と武力衝突した。こうして一八六一年、四年にわたるアメリカ南北戦争が勃発したのである。

六〇万人以上の戦死者を出したこのアメリカ史上最大の内戦は、西部の有力州をも自陣に引きいれた北部が勝利して終結した。南北戦争中に活躍した「英雄」たちや、南部の経済基盤を崩壊させるためにリンカンが行った黒人奴隷の解放にまつわるエピソードなどは、のちの時代に神話化され、アメリカ国民の統合の象徴として人びとに記憶されることになる（実際には、北部人と南部人のあいだには遺恨があり、法的な不備によって黒人や先住民の市民としての諸権利は二〇世紀半ばまで認められなかった）。

この時期、アメリカ全体のコーヒー消費は減少した。リンカンが輸入されるコーヒー豆に課税し、ニューオリンズなど南部の港を封鎖してコーヒーの自由な売買を妨害したからである。反対に北軍はコーヒーを大量に買いとり、戦地の兵士を活性化させる目的で配給したため、兵士の多くがコーヒー飲用を習慣化した。北軍の兵士一人あたりの割当量は一日〇・一ポンド（約四五グラム。コーヒー四杯分にあたる）であり、これはなんと年間で一人あたり三六・五ポンド（約一六・四キログラム）に相当する。各中隊の料理番は携帯用のコーヒー・ミルを持ち歩き、銃後では自動焙煎機の開発も進められたのだった。

この元従軍兵士たちこそが、黎明期のコーヒー業界にとって重要な顧客となるのである。

大衆化するコーヒー――画期となった一八七〇年代

南北戦争以降、アメリカ諸州間のさまざまな相違がすべて解消されたわけではなかったものの、各州をつなぐ政治的、経済的システムが発達し、アメリカは一つの統合的な国民国家へと変貌を遂げていった。東部と西部をむすぶ大陸横断鉄道の敷設に象徴されるように交通網も発達し、アメリカ国内をヒトやモノが活発に流動するようになった（図6-3）。急速な経済発展を背景にやがてアメリカは海外へ進出するようになり、アメリカ人の可処分所得（自由に使うことができる手取り収入）も総じて増大した。日常的にコーヒーを飲む習慣も、この時期にアメリカのさまざまな地域や社会階層に広がった。

図 6-3　大陸横断鉄道開通記念式典

当時のアメリカの豊かさを象徴したのが、フィラデルフィアで開催された万国博覧会であった。独立宣言から一〇〇年目の一八七六年、アメリカは「アメリカ国民の優秀性」を誇示するためにこの万博を主催し、四六〇〇万人の人口のうち八〇〇万人の「しゃれた身なりで、自信に満ち、栄養状態の良い」アメリカ国民がその会場を訪れた。彼らは大型蒸気エンジン、製氷機や冷蔵庫などの発明品を展示した自国に誇りを感じていた。アメリカの技術力は、世界でもっとも先進的だったイギリス人を驚嘆させ、発展期のドイツ人に自国の後進性を自省させた。こうして自信を深めたアメリカは、一九世紀末までにさらに工業力と軍事力を増強し、まずはラテンアメリカを足がかりにして植民地獲得のための世界進出に乗りだすのである。

一八七〇年代には、世界最大のコーヒー生産国ブラジルに加え、コロンビアやグアテマラなどもコーヒーの増産体制に入った。ラテンアメリカを起点として、世界中に大量のコーヒーが供給されるようになったのである。さらに輸送、焙煎、包装などにかかわる技術革新によってコストが削減されると、コーヒーの希少価値は失われ、その市場価格も下がった。こうしてコーヒーはアメリカ庶民にとって手の届く飲物になっていく。

一八七〇年、アメリカ全体のコーヒー輸入量は一八三〇年時の六倍にあたる二億三一一七万四〇〇〇ポンド（約一〇万四九五三トン）、一人あたりのコーヒー消費量も一八三〇年時の二倍にあたる六ポンド（約二・七二キログラム。三日おきに二杯のコーヒーを飲んでいた計算）であった。この数字は世紀末に向けて上昇し続け、一八八〇年代までにアメリカ人は平均的なヨーロッパ人のおよそ六倍のコーヒーを消費するようになる。一八七六年には、アメリカのコーヒー輸入量は世界全体のコーヒー輸出量のほぼ三分の一に相当し、そのうちの四分の三がブラジルから輸入された。このころには中西部にもコーヒー文化が広がり、下層の農民や都市の労働者のなかにもコーヒー愛好者が増えていった。

コーヒーが大衆的な飲物となっていくにつれ、アメリカ国内でのコーヒー流通システムもしだいに整備されていくことになる。安価なブラジル産コーヒーの流入によって、一八七〇年代以前にニューヨークやボストンを中心に高価なジャワ・コーヒーの輸入で利益を上げていた大手輸入業者の独占的な影響力が弱まり、その後のコーヒー産業界を牽引することになる大手の焙煎卸売業者がつぎつぎと台頭した。

庶民的コーヒーの「エイト・オクロック」ブランドで知られるグレート・アトランティック・アンド・パシフィック・ティー社（A&P）はイリノイ州シカゴ市、「アリオサ」ブランドで有名なアーバックル兄弟商会はペンシルヴァニア州ピッツバーグ市、「フォルジャーズ」ブランドでおなじみのフォルジャー商会がカリフォルニア州サンフランシスコ市、初の真空びん詰めコーヒー「ヒルズ・ブラザーズ」で有名なヒルズ兄弟コーヒー社もおなじくサンフランシスコ市、やや高級志向の「スタンダード・ジャワ」でファンの心をつかんだチェイス&サンボーン社はマサチューセッツ州ボストン市を基盤にして、それぞれ周辺地域やほかの大都市へとコーヒー・ビジネスを拡大していった（図6-4）。特にA&Pは、一〇〇以上のチェーン店で安価なコーヒーを販売するなど、コーヒーの大衆化に貢献した。

図6-4　サンフランシスコ市のポーツマス広場（1851年）

同族経営であったこれらの大手焙煎卸売業者は、ライバル会社やコーヒー輸入業者と衝突したり、あるいは連合を組んだりしながら、アメリカ社会に大量のコーヒーを流通させていく。中小規模の焙煎業者や輸入業者は、こうした大規模なコーヒー業者の重圧を受けながら商いをしなければならなかった。ラテンアメリカで増産されたコーヒーは、おもにこうした大手のコーヒー専門企業を通じてブランド化され、アメリカの消費者に販売されたのである。

それまで「食事のときに時々口にする飲物」であったコーヒーは、一八七〇年代を境にアメリカ人にとって日常的な飲物となっていくのである。

本格派の代用コーヒーと甘くない砂糖業者

一八七一～一九二〇年にかけて、ドイツ系、アイルランド系、イタリア系などを中心とする二六〇〇万人の外国人移民が、政治的自由やより良い生活を求めてアメリカへと押しよせた。こうして新たな頭脳と労働力で活力を得たアメリカは、一九世紀末までにヨーロッパ列強の経済力や軍事力に追いつきつつあった。一八九八年、スペインとの戦争に勝利し、ハワイ、キューバ、プエルトリコを支配するようになったアメリカは、いよいよ海外進出を本格化していく（これらの新領土においてもアメリカ向けのコーヒー生産業が活発化することになる）。特にラテンアメリカはアメリカの「裏庭」と見なされ、アメリカの国防と対外進出の拠点とされた。アメリカ人愛国者の多くは、自国のこうした海外膨張政策を正当化しており、アメリカの制度や文化を途上国の人びとに普及させることが「優秀なるアメリカ国民の使命」であると信じて疑わなかった。

国内では「石油王」ジョン・ロックフェラーや「鉄鋼王」アンドリュー・カーネギーに代表される大企業の連合による市場独占の時代が到来し、アメリカ市民のあいだの所得格差が問題となっていた。巨大財閥に対する批判が高まってくると、アメリカ連邦政府は反トラスト法を制定してこれを規制しようとしたが、その効果はあまり上がらなかった。

ちょうどそのころ、浮き沈みをくり返しながらもコーヒー価格は一八九四年まで上がり続け、アメリカ国内でのコーヒー消費も増えていったため、中小コーヒー業者でも生き残ることができた。しかし、一九世紀末の数年に世界全体のコーヒー供給量は消費量を追い越し、コーヒーの市場価格が激しく変動するようになると、中小コーヒー業者は厳しい運営を迫られることになる。コーヒー業者たちは一定量のコーヒーを確保し、ある程度の値段で売って利益を捻出するための工夫が必要となった。すでに一八八〇年代前半に創立されていたニューヨーク・コーヒー取引所が、アメリカで販売されるコーヒーの輸出入を管理する重要な役割を果たすようになるのはこのころからである。

さらに、アメリカ経済が鉄道事業への銀行の過剰な投資に端を発する深刻な不況（一八九三〜九八年）にさいなまれていたまさにそのとき、コーヒー業界のまえに強大な敵が立ちはだかった。代用コーヒー「ポスタム」を販売したチャールズ・ポストと、砂糖トラストの「帝王」と呼ばれたH・O・ハヴマイヤーである。

ポストはコーヒー不健康説の急先鋒となり、一八九五年にコーヒーの代用飲料として種々の穀物でつくったポスタムを販売し、二〇世紀初頭には一五〇〇万ドルの売上をあげた（図6-5）。ポストのポスタム・シリアル社は、「それには理由がある」などの決まり文句、地元びいきの広告戦略、またダイレクトメールなどを駆使して、「コーヒーは有毒アルカロイドであり、脳の組織を確実に破壊する」などと宣伝し、その飲用をやめて「健康的な」ポスタムに切り換えるよう呼びかけた。ポスタムは、脂肪分の多いアメリカ人の食生活に起因する健康問題への関心の高まり、科学の進歩によって急変する社会に対する違和感、世界経済の動向に左右される景気への不安をうまく突いて爆発的に売れた。さらにポストはグレープナッツやコーンフレークなどの健康食品も売りだ

図6-5　ポスタムのボトル

し、二〇世紀初頭までこれに対抗できるコーヒー・ブランドはアリオサなどごくわずかに過ぎなくなる。

　おなじころ、砂糖業界の巨人ハヴマイヤーが、大手コーヒー焙煎卸売業者のアーバックル兄弟商会に猛然と襲いかかった。そのきっかけは、アーバックル社代表のジョン・アーバックルが独自に仕入れた砂糖を袋詰めにして販売し、ハヴマイヤーの権益を侵したことだった。一八九六年にアーバックルが製糖所を建設すると、ハヴマイヤーはそのお返しに有力な焙煎業者を買収し、アーバックルに当てつけて異常な低価格でコーヒーを販売した。またハヴマイヤーは、アリオサ・ブランドの違法表示などを指摘しながら、アーバックル社に対するネガティヴ・キャンペーンや訴訟をくり返した。だが、当時のアメリカで販売されたコーヒーの約六分の一を手がけていたアーバックル側の優位は揺るがず、ハヴマイヤーは莫大な損害を抱えて二〇世紀初頭に降伏することになる。

　このように、一九世紀末〜二〇世紀初頭のアメリカでは、いくつかのコーヒー企業が権力を握るようになり、とりわけアーバックル社が隆盛をきわめた。この時期、東部や中西部のさらなる工業化と都市化の進行にともない、しだいに画一的な労働システムが形成され、労働者たちは自宅から離れた工場内やその周辺の食堂で食事をとるようになっていた（ホテル、食堂、カフェテリアも急増していく）。こうした労働形態の変化にともない、コーヒーは労働者の飲物としても定着していく。世紀転換期にはガスを利用した精製・焙煎技術、およびビニールやボール紙による包装技術の発達、コーヒー湯沸かし器や家庭用コーヒー・ミルの普及とあいまって、コーヒーは食料雑貨チェーン店の主力商品となった。

「コーヒー大国」ブラジルを打倒せよ

一九〇〇年、アメリカは七億四八八〇万一〇〇〇ポンド（約三三万九九五六トン）のコーヒーを輸入し、アメリカ人は年間で一人あたり一三ポンド（約五・九キログラム。三日で四杯のコーヒーを飲んでいる計算）のコーヒーを消費した。コーヒー輸入量は一八七〇年時の三倍以上、個人消費量は二倍以上に増え、計算上アメリカ人は一日に最低一杯はコーヒーを飲むようになった。これは年間一人あたり一六ポンドのコーヒーを消費していたオランダについで高い数値であった。もはやアメリカは揺るぎない「コーヒーの国」であった。

世紀転換期にはコーヒー価格が激しく乱高下した。一九〇一年、ブラジルの記録的な豊作によって、世界全体のコーヒー生産量は消費量の二倍にふくれあがった。コーヒー価格は一ポンドあたり六セントにまで急落し、ラテンアメリカのコーヒー生産者は危機的な状況に追いこまれた。翌年、ニューヨーク・コーヒー取引所は初めてラテンアメリカ・コーヒー生産国の代表を招いて「コーヒーの生産と消費を考える国際会議」（第一回国際コーヒー会議）を開催し、コーヒーの過剰供給や低価格を改善するための方策を模索したが、目立った成果は得られなかった。

他方で二〇世紀初頭には、コーヒーなどにふくまれるカフェインを薬物とみなし、商品広告やラベルでの適正表示を求める食品法改正運動が高まった。カフェイン飲料の代表格であり、ラベルに成分を表示せずにチコリやドングリ、ひどい場合にはオガクズなどが混入されることもあったコーヒーが、コカ・コーラなどとならんでその矢面に立たされたことは想像に難くない。コーヒー業界はこうした問題に対処するために結束し、商品としてのコーヒーをアメリカ社会に定着させる広告キャンペーンを行う必要性があったが、焙煎業者と輸入業者、あるいは企業間の激しい対立がコーヒー産業界の統合を阻んでいた。

一九〇八年、コーヒーの低価格と資金不足に苦しんでいたサンパウロ州を中心とするブラジル・コーヒー局（一九二六年に公的機関となる）は、利にさとく冷徹な大資本家ハーマン・ジールケンを介して、イギリスやドイツの銀行から七五〇〇万ドルにのぼる巨額の融資を受けた。この抜け目ないドイツ系アメリカ人は、アーバックル社などのコーヒー業者と提携しながら、ブラジル産コーヒーの管理・販売権やブラジル側の諸費用負担など自分たちに圧倒的に有利な条件をブラジル側に呑ませた。彼らはこの特権を悪用し、サントス、ニューヨーク、ハンブルクの倉庫に保管した大量のブラジル・コーヒーをあやつり、相場を操作して高値で売りさばくなど、コーヒー市場を独占したのである。

アメリカの消費者がこうしたコーヒーの価格操作を非難し始めると、法務省はこれを不正な「コーヒー・トラスト」による所業とみなして法的な措置を検討し、マスメディアもコーヒー業界を「強盗団」や「ペテン師」と形容して攻撃を開始した。消費者や政府関係者のなかにはブラジルを諸悪の根源と考える者も多く、ある新聞記者は怒りをあらわにして「ブラジル政府に公然と金を巻き上げられるくらいなら、コーヒーなしで暮らす方がずっとましだ」と言い放った。腹黒いブラジル人がコーヒーの価格を意図的につり上げ、アメリカの消費者をカモにしているというのである。もちろん、困窮するブラジルの生産者からすれば、それはお門違いの非難であったことだろう。

法務省の審問に臨んだジールケンは、自分たちのビジネスが合法であり、自分は貧しいブラジル人を救済する委託販売業者であると胸を張って主張して追及の手を逃れた。これに対して法務長官は訴訟に踏みきり、ニューヨークの倉庫に備蓄されたコーヒーの押収を狙った。だが、今度はブラジル政府が、倉庫のコーヒーはサンパウロ州の所有物であり、融資の担保として預けてあるため、アメリカ政府にそれを没収する権利はないとして抵抗した。法務省はさらにコーヒーへの課税をちらつかせたが、ブラジル側はその報復としてアメリカの小麦粉への三〇％の特恵関税を廃止すると発表したため、アメリカの小麦業者がブラジルとの関係改善を議会に陳情する事態となった。

こうしてアメリカ政府や議会が明確な態度を決めかねるなか、ジールケンらは貯蔵コーヒー三〇〇万袋をまんまと売り抜けたのであった（ただし、その利益のおよそ三分の二は、第一次世界大戦勃発後のドイツの銀行で凍結され、大戦後のヴェルサイユ条約に従ってその資金の多くはブラジルに返還されることになる）。とは言え、アメリカ国民の反ブラジル感情は一九三〇年代までなくならなかった。多くのアメリカ人は、自分たちの食文化が「悪のコーヒー王国」ブラジルによって攻撃されていると感じていたのである。

ドイツとのコーヒー戦争――コーヒーから見た第一次世界大戦

一九一四年、アメリカで消費されるコーヒーの四分の三にあたる七億四三〇〇万ポンド（三三万七三二二トン）は、いまだにブラジルから輸入されていた。多くのアメリカ人はブラジルを敵視しながらも、コーヒー飲用の習慣を完全に絶つことはできなかったのである。ブラジル、コロンビア、中米諸国の上質コーヒーの多くはドイツ系商人の手に握られており、ドイツのハンブルク、フランスのルアーヴル、ベルギーのアントウェルペン（アントワープ）、オランダのアムステルダムなどを通じてヨことになる。
ーロッパ諸国に流通していたが、この状況はこの年に勃発した第一次世界大戦によって様変わりする

この戦争が史上最悪の破壊と殺りくをもたらし長びくなかで、中立の立場で軍需景気に沸いたアメリカは、これをラテンアメリカ諸国とのコーヒー貿易を独占するチャンスと見た。ドイツの商人が足止めをくらい、ヨーロッパに商品を輸出できなくなったラテンアメリカのコーヒー生産者が困窮したのを見はからって、アメリカは積極的にコロンビアや中米諸国のマイルド・コーヒーの輸入を進めていった。はやくも一九一五年には、アメリカのカリフォルニア州が、ドイツに変わって最大のグアテマラ・コーヒーの買い手となった。アメリカ人の購買力の増大や、品質の高いコーヒーを好むヨーロッパ系移民の流入も、より良いコーヒーを求めるアメリカ人の志向に作用したと思われる。

一九一七年、アメリカはイギリス、フランス側に立って参戦すると、敵国ドイツの資産を没収する法を制定し、ラテンアメリカからドイツへのコーヒー輸出路を封鎖するなどして、ドイツのコーヒー権益を奪取しようと動きだした（実際には、利潤にどん欲なアメリカのコーヒー業者は、ドイツへの経由地であることを承知で北欧諸国にコーヒーを売っていた）。またアメリカ政府は、ブラジルから大量のコーヒーを買いとり、ブラジルにおけるドイツ商人の影響力を排除すると同時に、ブラジルの対ドイツ参戦を取りつけることに成功した。

一方、戦場に送られた兵士にとって、またもやコーヒーは「野営地でもっとも人気のある飲物」となった。特に戦地で重宝されたのが、お湯を注ぐだけで完成するインスタント・コーヒーである。とりわけ、アメリカ初代大統領の子孫だと自称する人物が経営するジョージ・ワシントン社の即席コー

ヒー（その製法の特許も取得）は、兵士たちから愛情をこめて「ジョージ」と呼ばれ、戦地で人気を博した。ジョージ・ワシントン社は、自社コーヒーがアメリカ兵とともに敵国と戦ったとする愛国的な宣伝を行ったが、アメリカ人は以前よりも質の高いコーヒーを求めるようになったため、大戦後は戦場で兵士に愛されたようには一般消費者に愛飲されなかった（図6-6）。

図6-6　ジョージ・ワシントン社の広告。兵士の格好をしたコーヒー缶が敬礼し，「戦争に行って戻って参りました！」と言っている

一九一八年に第一次世界大戦が終結すると、ブラジルはヨーロッパ市場の復興を見こみ、またアメリカのコロンビアや中米諸国とのコーヒー取引の増加に脅威を感じて、コーヒー価格をつり上げ始めた。しかも一九一九年に禁酒法が批准（一九二〇～三三年に施行）されたことは、アルコール飲料の代用品としてコーヒー飲用が増大すると期待したアメリカのコーヒー輸入・焙煎・卸売業者とブラジルの生産業者をいっそう強気にさせた。ブラジル側が資金を提供して、アメリカの焙煎・輸入業者がコーヒーの宣伝・広告活動を本格化するのはこのころである。

しかし、消費者にとってコーヒーの値上げは許しがたかった。一九一八年に一ポンド一二・一セントだったコーヒー価格は、二年後までにその二倍以上の二四・八セントまで高騰し、アメリカにおける反ブラジル運動がふたたび高まったのである。この価格上昇が影響し、アメリカは一九二〇年代初頭に一四億六八八八万八〇〇〇ポンド（六六万六八七五トン）。一九〇〇年時

の二倍）のコーヒーを輸入したが、国民一人あたりの年間消費量は平均一一・三ポンド（五・一三キログラム。だいたい一日に一杯のコーヒーを飲んでいる計算）と一九〇〇年時の数値を下まわった。価格変動に揺れるコーヒーをアメリカ社会に定着させるために、業界はつぎの一手を打たなければならなかった。

手を組んだ焙煎業者と輸入業者

コーヒー業界は、めまぐるしく変動するコーヒーの市場価格と反コーヒー・キャンペーンに対抗し、業界全体の利益を保護する協同組織を必要としていた。その先駆となったのは、一九一一年に結成された全米コーヒー焙煎業者協会（NCRA）であり、多様な焙煎業界（一九二〇年代はコーヒー焙煎の九三％が全体の四二％の会社によってなされる群雄割拠の時代であった）を代表する組織となった。その中心であったアーバックル社は、①品質の高さ、②品質の完全な均質性、③覚えやすい名前と商標、④幅広い流通路の確保、⑤商品の購入が消費者にとって無意識の行為、あるいは国民的習慣と認識されていることがコーヒーの売上を大きく左右すると分析し、女性をふくめた消費者に対して徹底した宣伝広告を行うべきだと結論した。

NCRAに対抗したのが、ニューヨークのコーヒー輸入業者連合である。彼らは世界最大のコーヒー輸入港であったニューヨークの地の利を活かして焙煎業者に圧力をかけ、コーヒー業界内での影響力を保持しようとした。この連合は港湾労働を支えていたプエルトリコ人、キューバ人、ユダヤ人などを多く雇用していたため、とりわけ人種的偏見の強い中西部の保守的な焙煎業者から敵視された。

一九一三年には、NCRAが主催するコーヒー会議から彼ら輸入業者を追放するなど緊張が高まったこともある。輸入業者たちは一九二三年、正式にニューヨーク・グリーン・コーヒー協会（NYGCA）を旗揚げし、コーヒー豆の規格化、等級分け、品質管理の徹底を独自に進めていくことになる（一九二四年、いまだアメリカで流通するコーヒーの六二・四％がブラジル産であったため、こうした審査はとりわけブラジル・コーヒーに対して厳しく適用された）。

しかし、一九一九年にはブラジル・コーヒー局の仲介もあり、双方が歩みよってアメリカにおけるコーヒー業界全体の利益を守るためのコーヒー貿易広告協同委員会（JCTPC）が結成されることになった。ブラジルからの資金提供は一九二〇年代半ばにとぎれるものの、この委員会は大手コーヒー企業に支えられながら、徹底した宣伝戦略によって多くのアメリカ人にコーヒーを「国民的飲物」とイメージさせる努力を続けることになる。

とりわけ輸入業にたずさわる「グリーン・コーヒー・マン」には、焙煎業者に譲歩するべき理由があった。一九二〇年代までに、中西部の焙煎業者は、コロンビアや中米諸国のマイルド・コーヒーをサンフランシスコ港やニューオリンズ港から荷揚げするようになっており、ニューヨーク港の圧倒的な優位性は失われつつあった。一九〇九年にはアメリカに輸入されるコーヒーの四・三％に過ぎなかったコロンビアのシェアは二三年には九・一％に上昇し、二五年にはエルサルバドルやグアテマラのコーヒーもそれぞれ三％のシェアを獲得していた。商業銀行の投資を受けて、ラテンアメリカで採れるグアノ（海鳥の死骸やフンなどの堆積物）肥料の販売で巨万の富を得たW・R・グレイス社のような他業界の大企業が、レヴィ&サンズ社などニューヨークの大輸入企業を買収し、さらにコロンビアの有力なコーヒー輸出企業をつぎつぎと傘下に収めることもあった。

加えてアメリカは、第一次世界大戦後に世界一の債権国となり、いわゆる「黄金の二〇年代」と称される繁栄期を迎えて大衆消費社会が開花し、禁酒法の影響もあって世界で消費されるコーヒーの約半分を消費する巨大市場と化していた。アメリカの厳格なプロテスタントたちは、「巨大な悪」である酒を駆逐するために、「小さな悪」であるコーヒーを認めたのである。こうした状況下で、コーヒー輸入業者は焙煎業者と敵対するよりも、ともに協力してコーヒーをアメリカ国民の日常的な飲物として社会に定着させる方が儲けにつながると判断することになる。

大手のコーヒー企業やチェーン店は、すでに新メディアのラジオを利用して自社コーヒーを売りこんでいた。例えば、A&P社が一九二四年にミュージカル仕立てのラジオ番組『A&Pジプシーズ』を放送したのを機に、ラジオ広告全盛の時代が到来する。資本力のあるコーヒー業者はこれに続き、ラジオの音楽番組、喜劇、ドラマのスポンサーとなって広範な宣伝活動を展開した。いまだ十分な識字教育を受けていない人びとが多く存在していたアメリカでは、ラジオを通じた音声による宣伝は多大な影響力を発揮したのである。逆に資金不足の中小コーヒー業者は、この広告戦争から取り残されることになった。

その最中の一九二八年、焙煎業者（NCRA）と輸入業者（NYGCA）が連合するかたちで全米コーヒー協会（NCA）が成立する。「コーヒーによる利益を守る」という共通の目的のために統合されたこの全国的なコーヒー組織は、JCTPCを通じてより大規模な宣伝・広告キャンペーンを展開していった。

コーヒー・ブレイクと男臭いコーヒー

一九二〇年代までに、コーヒーはアメリカの家庭においても、公共空間においても必需品となっていた。工場や農場の肉体労働者に安らぎをもたらすだけでなく、知識層の頭脳労働にも最適の飲物と見なされ、なかにはコーヒーは「機械化された文明的生活のプレッシャーにあらがうための精力剤」なのだと熱弁をふるう知識人もいた。食品法の整備と業界の努力により、かつて消費者を悩ませた粗悪なコーヒーも姿を消していった。人びとは食料雑貨チェーンできれいに包装された特定ブランドのコーヒーを買い、つねにおなじ風味を楽しめるようになっていた。一般的なレギュラー・コーヒーに加え、インスタント・コーヒーの種類も増え、暑い夏にぴったりのアイス・コーヒーなど新しい飲み方や、健康志向の消費者のためのカフェイン抜きコーヒーの開発も進んだ。

一九一七年にボストンで七週間にわたって行われた調査によると、住民は平均してコーヒーを毎日、紅茶を週に五回飲んでいたとのことである。チコリなどを使用した伝統的な飲物はほとんど見られなくなったものの、まだ人びとは紅茶も楽しんでおり、コーヒーがアメリカの食文化を完全に支配したとまでは言えなかった（歴史的な茶会事件から一四〇年以上を経たボストンで、人びとはまだ紅茶を飲み続けていたのである）。

こうした状況のなか、大手焙煎業者と輸入業者に後押しされたJCTPCは、コーヒーを「国民的飲物」として心理学的、文化的にアメリカへ定着させるため、議会にコーヒー業界の息がかかったロビー政治家を送りこみ、ビルボード、ラジオ、新聞、雑誌、映画などのメディアを駆使した宣伝キャンペーンを展開した。一九二九年までのJCTPCを中心とするコーヒー業界の宣伝戦略については、いくつかの特色があった。

第一に、職場でのコーヒー飲用を習慣づける「コーヒー・ブレイク」概念の創出と普及があげられる。この「コーヒー・ブレイク」という言葉は、一九五二年に二〇〇万ドルもの予算を使ったコーヒー業界の宣伝キャンペーンによって創りだされ、自動販売機の普及とともにアメリカ社会に定着するのだが、その基礎的な概念はすでに一九二〇年代の経済成長期に広まっていた。一九一二年、すでにNCRAはコーヒーと労働生産性の研究に資金を援助したうえで、「コーヒーは肉体的労働と精神的労働両方の能力を高める」と公言していた。一九二〇年代までにこの説は社会的に認知され、休憩時間にコーヒーを飲むためのコーヒー・ステーションやカフェテリアが、会社や工場のなかに設置されるようになっていたのである。

第二に、既存のジェンダー（社会的、文化的につくられた性別や性差）関係を巧妙に利用していたことがあげられる。このころのアメリカ社会では一九二〇年に参政権を勝ちとった女性の社会進出が著しく、おなじ職務でも給料は男性の半分以下という根強い性差別にもかかわらず、女性はエネルギッシュに活動し始めていた。コーヒー業界はこうした女性の動向をしっかりと見すえて、「ややこしい問題もなく、料理をすることもなく、無駄な時間を使わずに」準備できるインスタント・コーヒーを宣伝した。

しかも狡猾なコーヒー業界は、こうした女性の自立を阻もうとする保守主義者に対しても巧みにコーヒーを売りこみ続けた。すでに一九一三年の時点で、コーヒー業界は、保守的な消費者を射程にいれて、主婦にコーヒーのいれ方について教育する国家的プログラムの実施を画策するなど、男性のためにコーヒーを準備する家庭的な女性イメージを宣伝に利用していた。一九二〇年代には、いくつかの婦人雑誌上で実際に女性のコーヒーのいれ方にかんする記事が掲載されたが、ひときわ興味ぶかいのは「ジューン・ブライドはコーヒーについてなにを知るべきか?」と銘打ったシリーズ記事であった。この記事は、図解つきの工場マニュアル形式で未婚の女性に花嫁修業として「おいしいコーヒー」のいれ方や、発明されたばかりの自動コーヒー・ポット（コーヒー・メーカー）の使用方法を教示するものだった。

また、ある有力焙煎業者は、広告のなかで「傷ついた男のプライドをいやす」というタイトルのエッセイを発表し、働く男性に向かってコーヒー飲用を勧め、またそのために女性のサポートが必要だと力説した。彼によると、その主張は「あらゆる女性は自分の夫を喜ばせたいと思っており、そのために彼の好きなコーヒーを買いたいと思っている」ことを踏まえての親切なアドバイスだというのである。この手の広告はほかにも多数見られ、おいしいコーヒーで夫を支える慎ましく賢い妻が賞讃されたり、おいしいコーヒーは夫婦円満の秘訣であるというイメージが発信されたりした。チェイス&サンボーン社などいくつかのコーヒー業者にいたっては、おいしいコーヒーを買わない妻の尻を夫が叩くという今

図6-7　チェイス&サンボーンの宣伝ポスター

ならDVとして訴えられるようなイメージの広告を使用した（図6－7）。コーヒーはマッチョな「男の飲物」でもあったのである。

「国民的飲物」としてのコーヒー

このころのコーヒー業界による広告の第三の特色は、医学雑誌などで科学的にコーヒー不健康説に反駁し、その医薬的な効果を強調したことである。一九二一年、JCTPCは元アメリカ陸軍の軍医総監であり、マサチューセッツ工科大学の細菌工学の教授を務めるサミュエル・スコットを雇った。スコットはコーヒー不健康説を一蹴し、「コーヒーは、正しく準備され、正しく飲用されるなら、快適さとインスピレーションをもたらす飲物であり、文明の破壊者というよりは、むしろ文明の奉仕者である」と断言した。

また、JCTPCはコーヒーの効能を評価するイギリスの医学論文を引用し、コーヒーは「タバコと相性の良い知識人の飲物」だと宣伝した。タバコを吸いながらコーヒーを飲むことを勧めるという現在では社会問題とされかねない広告で、彼らはコーヒーに「知識人の飲物」というイメージを付与しようとしたのである。これは一般の労働者や農民よりも食の健康問題や効能に敏感な知識層のコーヒー飲用を促進するためのものだった。

第四に、公立学校における子ども向けのコーヒー・キャンペーンを重視したことがあげられる。その理由について当時の業界上層部は、「教室の男児や女児がおとなになったとき、コーヒーとはどういうものかきちんと知っているわけだから、彼ら自身がコーヒーの飲用者であり続けるだけでなく、さらにその子どもたちの脳裏にも、コーヒーが普遍的な飲物であるという概念が焼きつけられることになる」と吐露している。つまりコーヒー業界は、アメリカの子どもにコーヒー飲用を習慣づけさせ、一生涯コーヒーを購入するお得意さまに仕立てあげ、さらにその子孫たちも「コーヒーづけ」にしようとしたのである。

ＪＣＴＰＣはロビー政治家を議会に送りこみ、献金を通じて中学校の管理者たちを抱きこんで、学校教育の一環として子どもたちに「滋養食品としてのコーヒーの価値」を教えこもうともした。子どもたちに配布されたパンフレットには「君のいれたコーヒーで人気者になろう」などの文字がおどり、「おいしいコーヒー」の「正しいいれ方」にかんする情報が提供された。コーヒー業者は、おとなになろうと背伸びをする思春期の子どもの心を揺さぶって、「おとなの飲物」であるコーヒーを広めようと画策したのである。

第五の特色は、コーヒーを飲むことが、途上国を貧困から救済する行動であるというイメージが流布されたことである。当時のアメリカ人のなかには、第一次世界大戦によって荒廃し、「世界一の文明地域」の座からすべり落ちたヨーロッパに代わり、アメリカこそが世界の民主主義と経済の発展を促進する主役なのだと信じる者も少なくなかった。コーヒー業界はこうした世論の動向もコーヒーの宣伝に利用するわけだが、特にＷ・Ｒ・グレイス社のマネージャーであったＥ・Ａ・カールの発言は注目に値する。

カールは、南北アメリカは経済的な相互依存関係にあると指摘したうえで、「コーヒーに対して支払われる多くの金は、アメリカから持ち出されてしまうのではなく、ラテンアメリカ諸国に対するアメリカの輸出量増加というかたちでアメリカに残り続ける」のだと主張した。アメリカの消費者によるコーヒーの購入でラテンアメリカ諸国は豊かになり、やがて彼らはアメリカの工業製品の消費者へと成長するというロマンティックな自由市場論であった。カールの狙いは、コーヒーを単なる飲物ではなく、アメリカ主導の世界経済システムを象徴し、貧困と圧政に苦しむラテンアメリカ民衆の解放を助ける「公的な」飲物と位置づけることにあった。この観念の普及は、アメリカ人の反ブラジル感情を軟化させることにもつながるため、まさに一石二鳥の宣伝効果だったのである。

こうした議論の影響で、マスメディアを通じてラテンアメリカにかんするエキゾチックな熱帯イメージが氾らんし、アメリカ人がこれらの地域へ経済支援することは「文明化のための十字軍」であるとも表現された。もちろん、ブラジルのコーヒー業界はアメリカによる自国の「文明化」を望んでいたわけではなかったが、最大の輸出先であるアメリカでコーヒーが特別の地位を獲得することには協力を惜しまなかった。こうしてさまざまなイメージをまとったコーヒーは、アメリカの「国民的飲物」と見なされるまでになったのである。

一九二七年、コーヒー業者の開催した「コーヒーがぶ飲みコンテスト」は、このことを象徴するイベントだった。優勝をさらった理髪店のボーイは、観客の黄色い声援を浴びながら、なんと七時間一五分のあいだに八〇杯のコーヒーを飲みほした。そして「ニューヨーク・タイムズ」紙は、このコンテストの一部始終を伝えたうえで、優勝者は終盤に「ごくごくと苦しそうにコーヒーを飲み込んでいたが、内科医が検査したところ、彼はすぐれて良い体調であるとわかった」と伝えている。つまり、コーヒーが健康を害することはないと念を押しているのである（その内科医はコーヒー業界と通じていたのではないかと想像される）。この脳天気なお祭り騒ぎは、コーヒー飲用がアメリカ文化の重要な一部となったことを鮮烈に印象づけるできごとだった。

伝統的チェーン店から多国籍企業へ

永遠に続くように思われた「黄金の二〇年代」は、一九二九年、世界の金融業の中心であったニューヨーク株式市場の大暴落に始まる世界恐慌によって突然の終幕を迎えた。株券は紙くず同然となり、企業倒産があいつぎ、失業者が街にあふれ、労働者や農民はひもじい生活を余儀なくされた。世界一の経済大国アメリカの金融危機はたちまちヨーロッパへ波及して大不況を引き起こし、ヨーロッパ諸国は海外からの輸入を停止した。そのため、欧米先進国へコーヒーなどの一次産品を輸出していたラテンアメリカを始めとする途上国は、さらに深刻な経済危機に見舞われることになる。

大恐慌の衝撃にほとんど無傷で耐えることができたのは、恐慌の数か月前に成立したスタンダード・ブランズ社やゼネラル・フーズ社（「ゼネラルフーヅ」と表記されることも多い）など大多国籍企業だけであった。

スタンダード・ブランズ社は、モルガン商会（一八九五年、大資本家J・P・モルガンが創始。金融業や証券株式取引業で有名なJPモルガン社やモルガン・スタンレー社の起源）を介してフライシュマン社（パン製造のためのイースト菌を販売）、ロイヤル・ベーキング・パウダー社（菓子作りのためのベーキング・パウダーを販売）、そしてチェイス＆サンボーン社などが併合されて設立された会社である。

またゼネラル・フーズ社は、ポスタム・シリアル社がチック＝ニール社（一九世紀末以降、「最後の

図6-8　コカ・コーラの宣伝ポスター（1890年代）

一滴までうまい」というキャッチフレーズで、高級ブレンド・コーヒーとして多くのファンに愛された「マックスウェル・ハウス」ブランドを販売）を併合して誕生した巨大企業である。アメリカのコーヒー業界の主役は、一九世紀以来君臨してきた同族経営の専門的なコーヒー企業から、多彩な商品を扱う大多国籍企業へと代わったのである。

また、コーヒーの流通にも、革命的な変化が起こりつつあった。不況にあえぐ庶民がより安い商品を求めるなかで、アーバックル社やA&Pなどチェーン店のコーヒー販売が伸びなやみ、代わって大型のスーパーマーケットが売上を伸ばしたのである。買い手自身が商品を買い物カゴにいれ、レジでまとめて精算する方式を採用したスーパーマーケットは、これによって人件費などを削ってコストダウンし、より安く商品を販売した。この低価格競争をまえに揺るがなかったのは、独自の個別訪問・販売スタイルを確立していたジュエル・ティー社（一九〇二年創設）など一部のコーヒー・チェーン店に過ぎなかった。

さらに、小売業者の救済運動が高まったことや、コーヒーとおなじくカフェインをふくんだコカ・コーラやペプシコーラなどの清涼飲料が人気を博したことも、従来の大手コーヒー・チェーン店にとって痛手となった。コカ・コーラは一八八六年、ワイン、コカイン（一九〇三年以降使用禁止となる）、コーラ（アオギリ科の植物）を調合して「脳を活性化する薬」として販売され、のちに炭酸飲料へと生まれ変わって人気を博し、「さわやかな憩いのひととき」というキャッチフレーズとともに若年層のあいだに定着した（図6-8）。一八九八年に消化酵素ペプシンをふくむ消化不良の治療薬として販売され、のちに炭酸飲料に変わったペプシコーラも、コカ・コーラの後を追うように販売業績を伸ばしていった。

一九三七年、世紀転換期には隆盛をきわめていたアーバックル社も、業績不振が響いてゼネラル・フーズ社に買収されることになった（一九三九年、ゼネラル・フーズ社は「カフィー・ハーグ」や「サンカ」などのカフェイン抜きコーヒーを販売するヨーロッパ業者も買収した）。このことは、伝統的な大コーヒー・チェーン店の時代が終焉したことを象徴していた。伝統的なチェーン店とそのコーヒー・ブランドを傘下におさめたスタンダード・ブランズ社やゼネラル・フーズ社などの総合食品企業が、アメリカのコーヒー業界を牛耳るようになったのである。反対に地方の小規模な焙煎小売業者の多くは、廃業に追い込まれていった。

ファシズムからコーヒーを守れ――第二次世界大戦とコーヒー

一九三三年、大恐慌からの復興を期待されたフランクリン・ローズヴェルト大統領は、それまでの自由放任主義にもとづく経済政策をひるがえし、国家が経済活動に積極的に介入するニューディール政策に取り組んだ。国内問題で手一杯だったローズヴェルトは、対外積極策をひかえ、善隣外交と称される協調的な外交路線に切りかえた。だが、禁酒法が廃止されたうえに、長びく不況で購買力の高まらないアメリカに対して、ブラジルの政府とコーヒー業者はいらだっていた。そのためブラジルは、国家コーヒー局を通じてほかのラテンアメリカ諸国と手を組み、生産国側が主体的にコーヒー価格の決定に携わるよう画策した。

第二次世界大戦が勃発したのは、まさにその矢先の一九三九年であった。ドイツ潜水艦の攻撃により、ブラジルはニューヨーク港へコーヒーを輸送することもままならなくなり、たまらずに大量の貯蓄コーヒーをいっきにはき出した。このためコーヒー価格はふたたび急落し、とりわけヨーロッパに高価なマイルド・コーヒーを輸出していたコロンビアは、ヨーロッパ市場の閉鎖とあいまって大打撃をこうむった。コーヒー市場が混乱するなか、世界最大のコーヒー消費国アメリカも、十分なコーヒー輸入量と安定した価格を維持するためにこうした危機的状況を看過するわけにはいかなくなった。

一九四〇年、南北アメリカ一四か国の代表がニューヨークに集い、パンアメリカ・コーヒー会議が開催された。このとき全米コーヒー協会がリーダーシップをとり、アメリカ大陸間コーヒー協定が締結された。これによりアメリカは年間消費量を若干超える一五九〇万袋（一袋＝六〇キログラム）を買いとり、生産国側の輸出量の割合もブラジル六〇％、コロンビア二〇％、その他の中南米諸国は残りのシェアを分けあうことで落ちついた。また、この年のコーヒー価格は、史上最低の一ポンド五・七五セントまで下がったため、翌年から価格は一ポンド一三・三八セントへと固定されることになった。

この協定によってラテンアメリカの参加国は、コーヒー輸出による最低限の利益を確保することができた。ただし、メキシコやグアテマラは割当量の増大を求めて抵抗し、特にグアテマラのウビコ大統領は自国の要求が受けいれられなければ、ドイツのナチスと手を組むと脅すなど強硬な態度を示した。また、アメリカは生産国の同意なしに一方的に各国のコーヒー割当量を増やせる特権を持っており、優位な立場で生産国と向き合うことができた点にも問題は残されていた。

アメリカにとってこの協定は、単にコーヒーという「国民的飲物」を自国のために確保するだけでなく、彼らが嫌悪するドイツやイタリア、そしてその軍隊へコーヒーが流入するのを阻止する意味もあった。「ニューヨーク・タイムズ」紙が代弁したように、アメリカのコーヒー業者にとってこのコーヒー協定は、「貿易を通じた全体主義の勢力浸透に対する経済的な砦」を構築するためのものであり、ファシスト同盟に対抗する西半球の大経済連合への第一歩と見なされたのである。コーヒー価格が低いレベルで安定したことも手伝い、一九四一年にアメリカの国民一人あたりのコーヒー消費量は、年間一六・五ポンド（約七・五キログラム。一日二杯のコーヒー飲用に相当）となった。

ところがその年末、日本軍の真珠湾攻撃をきっかけに、アメリカも第二次世界大戦に参戦することになる。アメリカは一方で日本を追いつめながら、他方では中米でグアテマラのウビコ政権に圧力をかけ、ドイツ系コーヒー事業者の大部分を没収した。アメリカは中米全体でドイツ系住民を拘束し、テキサスの収容所へ送ったあと、ドイツ側に捕らえられたアメリカ市民との交換で彼らをドイツへとひき渡した。こうして中米を中心に、中南米全体で四〇五八人のドイツ系住民が拉致されてアメリカに送られ、おもに戦争取引に利用するために拘留されたのである。コーヒー業界にとってみると、これは第一次世界大戦後に復活しつつあったドイツ人コーヒー業者に決定的なダメージを与えるチャンスでもあった。

参戦後のアメリカでは、コーヒーは砂糖などとおなじく配給制となったため、国民一人あたりの消費量は半減した。人びとはコーヒーを二度出ししたり、ポスタムなどの代用コーヒーを飲んだりしなければならなかった。ただし軍関係者は好きなだけコーヒーを飲むことができ、マックスウェル・ハウス社（ゼネラル・フーズ社傘下）や後述するネスレ社らが製造したインスタント・コーヒーは携帯口糧に必ず添えられていた。各コーヒー業者は競って自社のコーヒーを戦地に送ろうとし、愛国心に満ちあふれた宣伝に終始した。またもやコーヒーは「愛国的飲物」とされたのである。

こうしてアメリカは、第二次世界大戦中に四〇億ドルにのぼるコーヒーを輸入した。その金額は輸入総額の一〇％に相当するものであった。

インスタントがコーヒー業界を変える

一九四五年、ドイツに続き、日本も降伏して第二次世界大戦が終結した。戦勝国のアメリカは、イギリスやソ連と敗戦国に対する処置や戦後の世界秩序の再構築に取りかかったが、やがてソ連の社会主義が世界に波及することを警戒するようになった。病に倒れたローズヴェルトに代わり、ハリー・トルーマンや元連合軍最高司令官ドワイト・アイゼンハワーが大統領を歴任したが、このころからアメリカ政府は資本主義や自由主義の保護者を自任し、ソ連との全面的な対決姿勢を打ちだしたため、世界はこの二つの超大国を中心に資本主義陣営と社会主義陣営が対峙する緊張した状況に置かれることになった。核武装した両大国自身は直接対決しなかったため、この対立は冷戦と呼ばれたが、実際にはこの対立のあおりを受けて世界中で熱い代理戦争がくり返されることになる。

一九四六年、アメリカ人一人あたりのコーヒー年間消費量は、一九〇〇年時点の約一・五倍の一九・八ポンド（約九キログラム。一人あたり一日に二〜三杯のコーヒーを飲んでいる計算）という驚異的な数値に達していた。しかし同年、戦中の価格設定が解除されると、コーヒーの市場価格が上がり始め、翌年には戦時中の四倍ちかい一ポンド五〇セントに高騰したため、ふたたび消費者のコーヒー業界に対する不満は高まった。ブラジルでの貯蔵量の不足や病害虫による被害などによって、アメリカへのアラビカ・コーヒーの輸入が激減したことも価格に反映されていた。

これとは逆に、コカ・コーラやペプシコーラは、いっそうアメリカ社会に浸透していった。戦時中、コカ・コーラやペプシは激戦のなかで苦闘する兵士たちに提供され、コーヒー以上に「兵士の飲物」として喜ばれた。例えばコカ・コーラは、軍隊の士気を高めるために不可欠な飲料として公的に認知された。コカ・コーラ社の従業員は、「技術監視員」として軍服を支給され、官費で国外に派遣され、後方で缶詰コーラを生産したのである。またペプシコーラ社は、「軍人センター」を開設し、兵士たちにペプシを無料で配給したうえ、安価でハンバーガー、カミソリ、シャワーなどのサービスまで提供した。両社は、じつに老かいに史上最大の世界戦争をビジネス・チャンスに変えたのである。

コーヒー価格の急騰に反発する消費者とコカ・コーラやペプシコーラの圧力を受けて、大手コーヒー業者は競って品質を下げることで低価格のコーヒーを販売し始めた。こうして、ロブスタ種の混入された「レギュラー・コーヒー」や、原料の五〇％以上をロブスタ種でまかなうインスタント・コーヒーが流通し始めた。一九五〇年代なかばに都市部でエスプレッソ（ロブスタを使用することも多い）

が流行したことも、この低価格競争に拍車をかけた。特にインスタント・コーヒーの飲用は、一九四七年に発売されたラド＝メリキアン社の自動販売機「クイック・カフェ」の普及（五〇年代半ばまでには全米で六万台設置）とともに急速にアメリカ社会に広がるのである。

アメリカにおけるインスタント・コーヒー・ブームを最初に牽引したのは、スイス生まれのネスレ社であった。一九世紀末にアメリカへ進出したこの多国籍企業は、粉ミルクやコンデンスミルクなどを製造、販売して多大な利益を上げていたが、一九三八年に新しいインスタント・コーヒー製造技術のスプレー・ドライ製法（従来のように煮詰めたコーヒー液を結晶化させる方式ではなく、霧状にしたコーヒー液を高熱で瞬時に粉末化する革新的な方式）を発明してコーヒー業界に打って出た。一九四七年に粉末スープで有名なマギー社を吸収合併したネスレ社は、スタンダード・ブランズ社やゼネラル・フーズ社に匹敵する総合食品業者へと成長を遂げ、コーヒー業界でも指折りの有力企業にのしあがったのである。

このネスレ社のインスタント・コーヒー「ネスカフェ」の成功をきっかけに、アメリカの家庭や職場のコーヒー文化は、少しずつロブスタ種とインスタント・コーヒーに浸食されていった。一九六〇年は、やがてロブスタ種を大量に生産することになるアフリカ諸国がつぎつぎと独立を達成したことから、「アフリカの年」と称されていることはよく知られている。この記念すべき年に、かつて「取引する価値なし」と門前払いされたロブスタ種が、公式にニューヨーク・コーヒー取引所で商品として扱われるようになったのである。

テレビが伝えたコーヒー・イメージと動揺する社会

テレビがアメリカの日常的な家電製品となると、資金の潤沢な大手コーヒー企業は競って大金をはたき、動く映像を使って自社商品を売りこんだ。一九五〇年、コカ・コーラ社がウォルト・ディズニーの番組スポンサーとして成功をおさめると、すぐにゼネラル・フーズ社もブロードウェイの舞台をもとにした生放送ドラマ『ママ』を放映した。この古風な家族向けドラマでは、いつも主人公のママを囲んで登場人物たちがマックスウェル・ハウス・コーヒーを飲むのが決まりだった。ゼネラル・フーズ社は、ドラマの温かい家庭イメージと、マックスウェル・ハウスの商品イメージを重ね合わせようとしたのである。

宣伝・広告に年間一〇〇万ドル以上も費やしたゼネラル・フーズ社は、やがてインスタント・マックスウェル・ハウスを売りだしてインスタント・コーヒー市場にも参入し、ネスレ社をしのぐ業績をあげた。インスタント・コーヒーは、レギュラー・コーヒーのように味の個性が際だたないため、その売れ行きはブランド・イメージによって左右されやすい。巻き返しをはかるネスレ社も、このライバルに負けない巨額の資金を投入してネスカフェを宣伝し続ける一方、ヨーロッパや日本の市場にも販路を拡大していった。

他方でレギュラー・コーヒーの価格は上がり続け、一九五四年にはブラジルにおける自然災害の影響もあり、一ポンド一ドルに達した。戦時中の安いコーヒー価格に慣れたアメリカ人消費者はまたもやコーヒー業界を激しく非難し、不買運動を拡大していった。アフリカやアジア産の安価なロブスタ種が出まわるようになったうえに、このような消費者のコーヒー不買運動に悩まされたラテンアメリカのコーヒー生産国は、自分たちが置かれている厳しい状況をアメリカの消費者に伝える努力を重ねなければならなかった。

しかしながら、その間にもロブスタ・コーヒーは国際市場でのシェアを増やし、五六年にはコーヒー全体の二二%を占めようになり、今度はコーヒー価格が急落し始めた。一九五七年、アメリカとラテンアメリカの代表はメキシコ市に集まり、価格調整のための会議を開催した。翌五八年、供給過剰によるコーヒー価格の下落を抑えるため、ブラジルは収穫量の四〇%、コロンビアは収穫量の一五%を貯蔵することなどを定めた中南米コーヒー協定も結ばれたが状況は好転せず、イギリスのロンドン商品取引所ではついにロブスタ・コーヒーの先物取引も開始された。そこで一九五九年、ラテンアメリカの一五か国は、アフリカからアンゴラ、コートジヴォワール、カメルーンの代表を招き、一年間の割当量を決定する協定に調印したものの、結局この協定は遵守されなかった。

このころ、アメリカは国内外で深刻な政治問題を抱えていた。国内では、独立以来ずっと人種差別にさらされてきた黒人が、白人とおなじ公民権（市民権）を求めて主体的な運動を展開した。テレビは、立ち上がった黒人の勇士とそのまえに立ちはだかる保守主義者や警察隊の姿を茶の間の視聴者に見せつけた。さらにこの運動は、先住民など黒人以外の少数派の人種や民族、あるいは女性や同性愛者の解放運動の呼び水ともなる。

また国外では一九五九年に、海を挟んだアメリカの隣国キューバでフィデル・カストロに率いられた武装革命が起こり、親米派のバティスタ政権が打倒された。革命派からすれば、長年のアメリカによる政治経済的支配とバティスタ独裁から貧しい人民を解放する闘争であったが、アメリカからすればこれは許しがたい反米社会主義国の誕生であった。アメリカは数回にわたってカストロ革命政権をくつがえすための軍事行動を起こすものの失敗し、これに怒ったキューバはアメリカとの国交を断絶し、ソ連に接近して社会主義国を宣言した。六二年には、キューバにミサイル基地を設置しようとするソ連・キューバとこれに反対するアメリカのあいだで、一触即発の緊張した対立も勃発する。

一九五〇年代半ばまでのアメリカは、ラテンアメリカの反米政権を力で屈服させてきた。それにもかかわらず、アメリカの「裏庭」でキューバが社会主義化したことは、アメリカを戦慄させた。アメリカは「社会主義革命」がほかのラテンアメリカ諸国に伝染することを恐れ、ラテンアメリカ諸国との経済的結束を強めていった。こうした国際政治のありようは、世界のコーヒー流通システムにも多大な影響をもたらすのである。

国際コーヒー協定の成立とその影響

緊迫するキューバ情勢を背景に、ジョン・ケネディ大統領は「進歩のための同盟」と名づけられたラテンアメリカ対策を打ちだした。これはアメリカの主導下でラテンアメリカ諸国の農地改革や工業発展を促進しようとするもので、特に貧困にあえぐ農民を救済することで、キューバ革命の再現を目指そうとする農村ゲリラ闘争の沈静化を狙っていた。全体の五%ほどの土地所有者が、全所有地の八〇%を占めるようなラテンアメリカの土地寡占をそのまま放置すれば、社会主義ゲリラが増殖しかねないというわけである。アメリカはみずからの覇権のもとで、ラテンアメリカ諸国を資本主義陣営に押しとどめようと必死だったのだ。

この方針にそって、一九六二年、ケネディ政府は国際コーヒー協定を締結し、輸入国と輸出国の協調による円滑なコーヒー貿易の実施を目指した。翌年の六三年には、その執行機関として七五か国が加盟する国際コーヒー機構（ICO）が結成され、事務局はロンドンに置かれた。この世界規模のコーヒー・カルテル組織の目標は、数年おきに更新される協定に従って貿易の割当量を遵守させ、供給量を統制し、等級別の価格を維持することであった。この組織の誕生によって、生産者と消費者の利益を調整し、双方が納得しうるコーヒーの相場価格を設定する可能性がひらけたのである。

しかしながら、ICO内の権力は、市場におけるシェアによって決定されたため、事実上アメリカ、ブラジル、コロンビアの三国による支配が制度化される結果となった。また、共産主義諸国はこれに加盟しなかったこと、非加盟国を経由する「流れコーヒー」や密輸があったことは、ICOの権限や機能を低下させる要素となった。さらに協定の中心であるアメリカで国際コーヒー協定が円滑に批准されなかったことも問題だった。アメリカの消費者はコーヒー価格の高騰を危惧してこの協定に反対したため、「アメリカの消費者の利益を守る」という一文を盛りこむことで六五年にようやく批准されたのである。

おなじころ、アメリカのコーヒー業界自体にも大きな動きがあった。新たに二つの巨大企業が、コーヒー業界に参入したのである。まず一九六三年、アイボリー石けんなどのヒット商品で知られる老舗企業プロクター&ギャンブル社（P&G）が、西部の最古のコーヒー会社であるフォルジャー社を買収した（図6-9）。当時、フォルジャー社の商品はアメリカ市場全体の一一%を占めており、その「フォルジャーズ」ブランドの背後にP&G社がついたことはほかのコーヒー企業を緊張させた。

さらに六四年、コーヒー業界にとって最大のライバルだったコカ・コーラ社が、大規模なコーヒー焙煎業に着手した。すでにインスタント・コーヒー会社テンコ社を買収していたコカ・コーラ社は、この年にダンカン・フーズ社も併合して、いっきに全米第五位のコーヒー焙煎業者となったのである。優れた広告センスと広範な販売ルートを有するコカ・コーラ社のコーヒー業界への「殴りこみ」は、多くのコーヒー業者に危機感を抱かせた。

しかし、勢いあるこれら新参の大企業の力をもってしても、レギュラー・コーヒーの二二％、インスタント・コーヒーの五一％を占めていた最大手ゼネラル・フーズの地位を揺るがすことはできなかった。六四年、ゼネラル・フーズ社は、真空状態で氷を除去することで既製品よりも高品質を実現するフリーズ・ドライ（凍結乾燥）製法のインスタント商品「マキシム」を発売した。また、国際コーヒー協定による価格の安定を背景に、コロンビア・コーヒーを一〇〇％使用した高級レギュラー・コーヒーを売りだすなど、矢つぎばやに新製品を世に送りだしたのである。

アメリカがたび重なる人種暴動やベトナムへの軍事介入によって混乱するようになる直前のことであった。

図6-9　アイボリー石けんの宣伝ポスター（1898年）

おいしく、正しいコーヒーを求めたヒッピーたち

ベトナム戦争におけるアメリカの「正義」と「勝利」を信じていた国民は、テレビを通じてお茶の間に流された戦地の映像にショックを受けた。無抵抗の市民をふくむ多数のベトナム人が無惨に殺され、楽勝であったはずのアメリカ軍がベトナム側の必死の抵抗により苦戦し、深く傷ついている状況がつぶさに伝えられたからである。やがてアメリカでは学生などを中心とするベトナム反戦運動が展開されるようになり、これに歩調を合わせるように世界中で同様の運動が巻き起こった。

図 6-10　ウッドストック音楽祭を見物に来たヒッピー（1969年）

国内外の諸問題が複雑に絡みあい、混乱するなかで、アメリカ社会に失望した若者のなかには、従来の道徳や価値観のいっさいを捨て去って自由奔放に暮らしたり、文明的生活に背を向けて自然への回帰を目指したりするヒッピーとして放浪する若者も現れた（図6-10）。その独特な風貌や行動様式、あるいは薬物の使用によって保守的な人びとからは嫌悪された彼らヒッピーたちのなかから、アメリカのコーヒー文化に新しい風を吹きこむ者たちが出現する。

一九六〇年代半ば、コロンビア・コーヒーの大量密輸や、簡単においしいコーヒーを楽しめる家庭用自動ドリップ式電気コーヒー・ポット（コーヒー・メーカー）の普及などにより、ふたたび上質のコーヒーがアメリカに出まわる兆候が見られた。例えば六六年、オランダ系移民のアルフレッド・ピートはカリフォルニア州バークレー市にピーツ・コーヒー&ティー社を設立した。ピートがコロンビ

ア産コーヒーを従来とは異なる深煎りに仕上げ、コーヒー・バーにおいて手ごろな価格で販売したところ、高品質コーヒーを求めていたヨーロッパ系移民のあいだでたちまち評判を得た。徹底的に品質にこだわったピートは、グルメコーヒー・ブームの火つけ役となる人物である。そして、そのコーヒー・バーにたむろし、その香りたかいコーヒーを愛した顧客たちのなかに、のちのスターバックス社の創業者たちをふくむ多くのヒッピーがいた。

六七年には、サウスカロライナ州コロンビア市で、兵役を逃れることができなかったヒッピー兵士向けのコーヒー・ハウス「UFO」が開店した。この店には徴兵を拒絶して収監された黒人ヘビー級ボクサーのモハメド・アリや、不正義や権力者を批判したフォーク歌手のボブ・ディランなど、反体制を象徴する大スターたちの写真が飾られ、反戦主義の兵士のたまり場となった。これをきっかけに同様の反戦カフェがつぎつぎと開かれ、女優ジェーン・フォンダらの支援を受けながら経営された。これらのカフェはやがて当局の圧力で閉鎖されたものの、その存在は政治社会的に大きな影響をおよぼした。

そして七二年には、やはりかつてヒッピーだったポール・カツェフらが、サンクスギヴィング・コーヒー社を創設し、カリフォルニア州で上質なグルメコーヒーを販売して大成功をおさめた。しかし、カツェフの活躍はそれにとどまらなかった。一九七九年、中米ニカラグアで独裁者を追放する民衆革命が達成されると、反共主義者であったアメリカのロナルド・レーガン大統領はこれをキューバにつぐ社会主義革命と見なして敵視し、非合法に反革命武装勢力（コントラ）を支援するなど干渉を続けた（図6-11）。その最中の八五年、カツェフはニカラグアを訪れてサンディニスタ革命政権に共鳴を

図6-11　ニカラグア・コントラ軍（1987年）

示し、政府の方針に背いてニカラグアのコーヒー生産者に手を差しのべた。ちょうどイギリスやアメリカのミュージシャンたちが、感動的なメッセージ・ソングを通じて、アフリカを中心とする途上地域の貧困、エイズ、人種差別などの問題の解決を先進国の人びとに訴えていたころのことである。

サンクスギヴィング・コーヒー社は「ただの一杯ではなく、正しい一杯を」を合言葉に、みずから直接仕入れて焙煎したニカラグアのコーヒー豆を「平和のためのコーヒー」と銘打って販売し、売上から一ポンドにつき五〇セントをサンディニスタ党に寄付した。さらにアメリカ国際開発庁（USAID）と協力して、ニカラグアの生産者がコーヒー豆の品質をチェックしたり、コーヒー栽培の知識や技術を学んだりするための研究所を設置した。こうして、ニカラグア・コーヒーの品質そのものも高めていった。さらに一九八〇年、カッツェフは世界で最初の有機認証コーヒーをメキシコのチアパス州から輸入する事業の推進役も務めるなど、まさしく当時のコーヒー業界における革命児であった。

カッツェフのやり方に反対するレーガンがニカラグアからの輸入を禁止すると、カッツェフはその決定を違法として告訴する一方、法の網をかいくぐってカナダ経由でニカラグア・コーヒーをアメリカに輸入し続けた。こうした活動を通じて、生産から販売にいたる不公平なコーヒーの流通過程に世間の注目が集まるようになり、食品業界で生産者、生産地域の自然、そして消費者のすべてにとって有益な交易関係を目指す運動が始まった。これが、アメリカにおける「フェアトレード（公正貿易）」の先駆けとなるものである。

こうして、多くのアメリカ人から疎まれ、蔑まれたヒッピー上がりのコーヒー業者たちは、その反骨精神を存分に発揮しながら、コーヒーを通じてみずからの考える「正義」を貫き通そうとしたのである。そのエネルギーに満ちあふれた活動は、保守的な価値観が復権して政治に反映されたレーガン時代の国家権力にもけっして屈しなかった。コーヒーの新時代を開拓し、苦痛にさいなまれたコーヒー農民に目を向けた彼らの心には、まさにボブ・ディランが「時代は変わる」のなかで熱唱したのとおなじ信念が息づいていたように思われる。

「早まって決めつけてはいけないぜ。ルーレットはまだ回っていて、だれの勝ちになるのか決まっていないのだから。今は負けている者が、あとで勝つことになるだろう。時代は今どんどん変わっているのだから」。

スペシャルティ・コーヒーとフェアトレード

一九七〇年代前半、アメリカで販売されるコーヒーの約三分の一はゼネラル・フーズ社のコーヒーであり、その代表ブランドであるマックスウェル・ハウスだけでレギュラー・コーヒー市場の二四％を占めていた。それに続くのは、全体の五分の一を占めていたP&G社のフォルジャーズ・コーヒーであった。健康食品ブームの流れに乗って、カフェイン抜きコーヒーも売上を伸ばしており、一九八〇年代の半ばまでにはアメリカで飲まれるコーヒーの四分の一がカフェイン抜きとなっていた。

インスタント・コーヒーでもゼネラル・フーズ社が全体の約半分のシェアをほこり、二位のネスレ社を始め他社の追随を許さなかった。無税で出荷されていた安価で品質の高いブラジル産インスタント・コーヒーが、アメリカのインスタント・コーヒー市場全体の一四％を占めたこともあった。しかし、アメリカのコーヒー業界から激しい反発を受けた結果、ブラジルはアメリカのインスタント業界に五六万袋（一袋＝六〇キログラム）のコーヒーを非課税で出荷するかたちで譲歩したため、市場におけるゼネラル・フーズ社の優位は揺るがなかった。

アメリカ国民一人あたりのコーヒー消費量を見ると、七四年の時点で一日におよそ二・二杯と第二次世界大戦後の数字とほとんど変わりがなく、もはや従来とおなじコーヒー商品は大幅な売上増を見込めない状況にあった。こうした状況のなかで、品質の高さでけっして妥協せずにほかのコーヒー商品との差別化をはかる「スペシャルティ・コーヒー」（一九七四年にこの言葉が定着）をあつかう業者が台頭し始めた。ブラジルやコロンビアのコーヒー産業が自然災害、病害虫、政治社会的混乱でダメージを受け、コーヒーの価格が激しく変動するなかで、低価格・低品質の競争に加わらず、逆に頑固に高品質を保ち続けることで、固定客を相手に安定した利益を上げたのである。

コーヒーの平均小売価格が、一九七四年に一ポンド一ドル、七六年に二ドル五五セント、七七年に四ドルというすさまじい値上がりを見せ、またもやコーヒー不買運動が活発化すると、全人口の五八％にあたるアメリカ人コーヒー常飲者の多くは価格の安いインスタント・コーヒーを好んで飲用した。七八年には、アメリカで消費されるコーヒーの三四％がインスタントであるという史上最高のレベルに達している（その後数値は下がり、二〇〇七年にはインスタント・コーヒーはスーパーマーケットにおけるコーヒー売上全体の一九％）。この不安定な市場価格は、コーヒーの先物取引（一八七〇年代から行われていたが、一九七〇年代に活発化した）を活発化させるとともに、とりわけスペシャルティ・コーヒーの存在価値を高めることになった。

一九八〇年代には、アメリカ社会の高度成長とヤッピー（都会に住み、専門職で高収入を得ている若い世代）層の拡大を背景にスペシャルティ・コーヒーはいよいよ市民権を獲得することになり、一九八二年には全米スペシャルティ・コーヒー協会（SCAA）も設立された。また、コーヒーの品質を長期間保持しうる片道バルブの開発は、技術面でこの高品質コーヒー・ブームを後押しした。このバルブはその特殊な構造によってコーヒー豆からでる炭酸ガスをパッケージの外部へ排出するが、外部の酸素はけっして通さない包装上の革新的装置である。そのため焙煎したコーヒー豆の品質が、半年以上も維持できるようになった（コーヒー業界にとっては、これはヒルズ社の真空パック以来の大発明であった）。こうしてSCAAは生産国のコーヒー協会と協力し、品質の高いコーヒー豆の普及、推進活動、およびコーヒー豆オークションの開催などを行っている。

じつはスペシャルティ・コーヒー業者は、国際コーヒー協定に強い不満を抱いていた。コロンビア産以外の「アザー・マイルド」生産国の割当量がとても少なく、上質のブレンドや高品質コーヒーを入手する障害となっていたからである。その主張は、国際コーヒー協定がブラジルやコロンビアなどのコーヒー大国に有利なかたちで決定されていた実態に対する正しい批判でもあった。だが同時にその批判は、のちの国際コーヒー協定の崩壊の遠因ともなる。

他方で、フェアトレードの高まりもコーヒー業界に新たな地平を開くことになる。アメリカにおけるフェアトレード・コーヒー会社の先駆となったのは、一九八六年に設立されたイコール・エクスチェンジ社である。彼らは自社の目標として、①市場の変動にかかわりなく最低保証価格を支払う、②民主的に経営されている小自作農の協同組合から直接購入する、③信用貸しによる生産援助をする、④自然環境を保護する農業の実践を促進する、をあげている。市場価格の下落によってコーヒー農民が貧窮することを避け、民主的なコーヒー農民共同体を救済し、コーヒー栽培による環境の悪化を阻止しようという考えである。

フェアトレードは、食品やモノを買って消費するという行動が、単に個人の自由だということでは済まされないある種の公的な意味を内包しているという問いをわたしたちに投げかけている。誰が、どのようにつくったものを、どのようなルートで購入するか、その消費行動の一つ一つが世界の貧者の救済、民主主義の普及、環境保護にかかわっているという点で、わたしたちは大きな連帯責任の輪のなかにいるというわけである。

こうしたフェアトレード業者の影響もあって、やがて「カルチュラル・クリエイティヴ」と呼ばれる、環境や社会的な価値にもとづいて購買を決定する消費者が増えていった。二〇〇〇年には、こうした消費者向けの自然食品、社会的責任ビジネス、自己開発、代替医療などのビジネスは、二三〇〇億ドル相当の市場を構成しているとする試算もある。一九八九年、血なまぐさい内戦を続けるエルサルバドルからコーヒーを買い続けたフォルジャー社（P&G）が、平和を希求するNPO団体からその責任を問われ、マスコミを巻きこんで痛烈な不買運動に直面したことも、こうした動向と深くかかわっている。

ただし、フェアトレードをうたうコーヒー会社が林立した結果、現在その基準のあいまいさが問題となってきている。消費者にとって、業者が自己申告する生産・流通過程や価格の「公正さ」が真実であるかどうかを確かめるのは困難である。その対応策として、イギリスのフェアトレード財団（一九四二年、オックスフォード大学の知識人、クエーカー教徒、社会運動家などによって結成されたオックスフォード飢餓救済委員会〈オックスファム〉など諸フェアトレード団体によって構成される）やカナダのトランスフェア・カナダなどの組織が各フェアトレード組織とその商品の「公正さ」を審査し、認証シールを貼りつけているが、世界全体を統括する基準は二〇〇九年の現時点では存在していない。

国際コーヒー協定の崩壊とスターバックス・ブーム

一九八九年、第二次世界大戦後のアメリカ外交を規定してきた冷戦が終結し、九一年には仮想敵国のソ連も崩壊する。これを機にアメリカは、ヨーロッパや日本など西側の先進国の協力を得て新たな国際経済秩序を構築しようと試みた。各国政府の権限を縮小して大幅な規制緩和を行い、経済活動をすべて市場原理にゆだねるという新自由主義のもとでは、生産を管理する政府機関は解散するか、ほとんど力を持たなくなり、市場価格が一部の生産者によって管理されやすい。こうした状況が、超巨大多国籍企業や先物取引の投資家にとってきわめて有利であることは言うまでもない。

アメリカ国内では、いちはやく超巨大多国籍企業の時代が到来していた。一九八一年には、スタンダード・ブランズ社がナビスコ社（ビスケット）と合併して、ナビスコ・ブランズ社となった。八五年には、ゼネラル・フーズ社がタバコの多国籍企業フィリップ・モリス社（現アルトリア社）に買収された。さらにこの企業は、八八年に大食品企業のクラフト社を買収し、のちにナビスコ社なども買収していちだんと巨大な多国籍企業となった（二〇〇七年、クラフト・フーズ社が再独立してコーヒー事業を引き継いでいる）。

また、P&G社もリチャードソン・ヴィックス社（製薬）を買収し、ネスレ社は八〇年代なかばまでにロレアル社（化粧品）やカーネーション社（エバミルク）などを買収した。これらの企業による他企業の買収は一九九〇年代にさらに加速し、九〇年代末には総合消費財販売企業のサラ・リー社が、ネスレ社の事業の一部、ヒルズ・ブラザーズ社、チェイス&サンボーン社（クラフト・フーズ社から購入）を吸収してコーヒー業界に参入することになる。そのダウエ・エフベルツ・ブランド（一八世紀のオランダで創業されたダウエ・エフベルツ社のブランドが起源）は世界的によく知られている。

こうした超巨大企業の影響下で、NCAは国際コーヒー協定の不支持を表明した。大量の「流れコーヒー」の存在やコーヒー価格の設定をめぐってブラジルと対立したNCAは、社会主義陣営から途上国のコーヒー農民を保護するという大義名分を失い、スペシャルティ・コーヒー業者やフェアトレード業者からの批判を浴びて、八九年に協定の破棄に踏みきったのである（正式離脱は九三年）。その後アメリカは、国際通貨基金（IMF）や世界銀行を中心とする新自由主義的なコーヒー交易に移行した。国際コーヒー協定の崩壊により、コーヒー農民をめぐる状況がいっそう悪化したことは間違いない。

この時期のコーヒー業界を象徴するもう一つの動きが、スターバックス社の急成長と世界進出である。スターバックス社（ハーマン・メルヴィルの小説『白鯨』の登場人物などから、創業者たちはこの社名を思いついたとされる）は、ピーツ・コーヒー&ティー社の影響を強く受けたジェリー・ボールドウィンらによって、一九七一年にシアトル市にて創立されたスペシャルティ・コーヒー会社である（図6-12）。のちにイタリア風のカフェでエスプレッソやミルクや香料を混ぜた多様なアレンジ・コーヒーを提供して好評を博すようになり、八七年に経営者となったハワード・シュルツのもとで世界中に店舗を展開していった（これにともない、客の目の前で芸術的にアレンジ・コーヒーをつくって見せるバリスタ〈コーヒーなどを使ったノンアルコール飲料をつくる専門職〉という職業も注目を浴びるようになった）。二〇〇七年までに、世界中で一万店以上のコーヒー店を経営する巨大コーヒー企業となった。このような短期間に、小売ブランドをこれほど世界に定着させた企業はほかにないだろう。

図6-12　スターバックス1号店
（ワシントン州シアトル）

スターバックス社は、世界的に有名なブランド企業から有能な従業員を引きぬいて厚遇する。その反面、出店を決めた地域の有力コーヒー店には買収をもちかけ、もし買収に応じない場合にはその店の近隣に自社店舗を開店して客を奪い、相手を経済的に疲弊させる戦略を用いる。さらにクラスタリングと呼ばれる、特定地域に同一ブランドを何店舗も開くことによって市場を飽和させる手法を使い、その地域における自社の優位性を維持していく。こうしたやり方に対して、サンフランシスコ、ロサンゼルス、トロント、ミネアポリス、ヴァンクーヴァーでは地域住民による大がかりな抗議行動も展開された。

他方で、スターバックスの存在がコーヒー業界全体（とりわけスペシャルティ・コーヒー業界）に活況をもたらしたとし、客にとって「店の選択肢が広がっただけでなく、以前よりも高品質のコーヒーを飲めるようになった」と評価する者は多い。たしかにスターバックス社が従来の低品質コーヒーに打撃を与えたことは間違いない。しかしながら、スペシャルティ・コーヒー業者のなかには、事業拡大後のスターバックス・コーヒーの品質に疑問を呈する者も少なくない。スターバックスの主力がエスプレッソやミルクやスパイスなどを混入した「アレンジ・コーヒー」であること、さらに創業者ボールドウィンを始め高品質にこだわった初期の牽引者たちが売上重視に転じたスターバックス社を批判して身を退いたことも考慮すべき事実である。

また、スターバックス・コーヒー店が、都会の近代生活における退屈な空間に自宅でも仕事場でもない「第三の場所」を提供し、そこが利用者にとっての憩いの場やコミュニケーションの場となっているのだと分析する者もいる。家族や友人との絆が希薄になっていると言われる現代において、かつてのカフェが新たな歴史的意義をまとって復活したということだろうか。とは言え、スターバックスが展開した郊外では、昔からの伝統的な「第三の場所」としてのカフェが破壊されているという現実も忘れてはならない。

さらに二〇〇〇年、スターバックス社はフェアトレード・ブランド（取引総量の約五％）の発売も決定したが、この行動が大企業によるフェアトレードの推進として称賛される一方で、それは大企業の売名行為であり、フェアトレード自体の商業化の始まりではないかとの懸念もある。いずれにしても、スターバックス社はコーヒー業界の風雲児であり、近年ではほかの清涼飲料会社、書店、音楽会社、携帯電話会社、航空会社と多数の共同事業を展開している。その野心とエネルギーは、いまだに尽きていないようである。

2 アメリカのコーヒー消費の特色と社会——一九三〇年代までを中心に

コーヒー文化の広がりとその歴史的歩み

一九二〇年以前のアメリカのコーヒー消費は、基本的にブラジルからのコーヒー輸入量の増大に、アメリカの政治、経済、社会的状況がからんで増えていった。特に南北戦争、二つの世界大戦、ベトナム戦争といった大きな戦争が起こるたびに、アメリカのコーヒー産業や消費形態に多大な変化が起こったことは興味ぶかい。そして一九二〇年代以降は、アメリカのコーヒー業者による徹底的な宣伝・広告が強い社会的影響をおよぼし、コーヒーはアメリカ文化のなかに刻みこまれていくのである。

一八三〇年以前はブラジルのコーヒー生産量が小さく、高い輸送コスト、未熟な精製・焙煎技術、確固たる販売・流通路の不在などが重なって価格が高かったため、コーヒーは上流階級の人びとにとっての嗜好品に過ぎなかった。一九世紀半ばにブラジルから安価なコーヒーが大量に輸入されるようになって初めて、その状況が少しずつ変化していくことになる。

一八七〇年代にはいると、南北戦争後のアメリカの経済発展によって人びとの生活レベルが上がり、コーヒーはアメリカの食文化で重要な位置を占め始めた。戦争中にコーヒーの味をおぼえた元兵士の労働者がその主要な消費者であった。さらにブラジルを追うようにほかのラテンアメリカ諸国もコーヒー生産に取りかかったため、コーヒー価格はさらに低下していった。そして、大量のコーヒーをあつから輸入・焙煎業者が台頭するようになると、コーヒーは庶民にとってチェーン店で容易に手にすることができる飲物となり、数々のブランド商品も登場するようになる。

一九世紀末には、コーヒー飲用を害悪とみなす社会運動が見られたが、それでもコーヒー文化はアメリカで拡大した。二〇世紀初頭には知識層のあいだにもコーヒー飲用が広まり、国民一人あたり一日一杯以上のコーヒーを飲むようになった。ところが、このころブラジルにおけるコーヒーの過剰生産が深刻化し、不安定な国際政治経済の影響をもろに受けるかたちで、コーヒー価格が低下し始める。これに対して、アメリカのコーヒー業者はジールケンのような大資本家と結託して巧妙にコーヒー価格を操作し利益を上げたが、消費者はこれを「ブラジルと結託したコーヒー・カルテル」とみなして反ブラジル運動を展開した。また、適正表示を求める食品法改正の動きのなかで、種々の混合物をふくむ粗悪品コーヒーもやり玉にあげられた。

ところが、このときコーヒー業者に追い風が吹いた。ヨーロッパで始まった第一次世界大戦によって、マイルド・コーヒー貿易に対するドイツ商人の優位が揺らぎ、アメリカ商人の影響力が増大したのである。これにより戦後のアメリカには、以前よりも上質なコーヒーが出まわるようになる。しかも第一次世界大戦中の兵士のために増産されたインスタント・コーヒーや、健康志向の消費者に向けたカフェイン抜きコーヒーなど新しいコーヒーの開発も進んだ。さらに一九一九年には禁酒法の施行が決定されたため、アルコールの代用品としてアメリカ社会でコーヒー消費量が増大することが十分に見こまれた。コーヒー業界にとっては、またとないビジネス・チャンスがやってきたのである。

このためコーヒー業界は、業界全体の利益のための統合的な組織が早急に必要となった。一九一九年には、コーヒーの肯定的イメージを普及し、コーヒーをアメリカ国民文化のなかに定着させるためにコーヒー貿易広告協同委員会（JCTPC）を結成し、一九二八年には業界内の主導権をめぐって対立していたニューヨークの輸入業者と中西部を中心とする焙煎業者が連合して全米コーヒー協会（NCA）を結成した。これらの組織が、コーヒーの品質管理や価格操作に尽力すると同時に、「コーヒー・ブレイク」概念の創出、社会的な男女関係イメージの利用、肯定的な医薬効果の強調、学校でのコーヒー教育、コーヒー消費によって途上国を救済するという慈善意識の培養などを通じて、コーヒーをアメリカの「国民的飲物」として定着させたのである。

一九三九年に第二次世界大戦がふたたびヨーロッパで勃発すると、翌年全米コーヒー協会はコーヒーの価格や供給量の安定とドイツやイタリアなどのファシズム諸国へのコーヒー流入を妨害するためにラテンアメリカのコーヒー生産国と会合を持った。これによりアメリカは世界のコーヒー業界のリーダーシップを握り、四六年にはアメリカ国民一人あたり一日に二〜三杯のコーヒーを飲むほどコーヒー文化に浸ることになったのである。

コーヒー産業界の移り変わりと権力のありか

コーヒー飲用が大衆的な習慣となった一八七〇年代、大都市を中心に同族経営による焙煎業者が台頭した。その多くは老舗の食料雑貨店であった。中小焙煎・小売業者の活躍もめざましかったものの、一九世紀末までには、A&P社、アーバックル社、フォルジャー社、ヒルズ社、チェイス&サンボーン社などの大企業が経営するコーヒー・チェーン店が、アメリカのコーヒー業界で支配的な権力を持つようになった。これらの大コーヒー焙煎業者は、結成当初のNCA内でも大きな発言権を獲得したのである。

だが、一九二九年以降、さまざまな日常品をあつかうことができる多国籍企業が、NCAの指導権を握るようになる。スタンダード・ブランズ社やゼネラル・フーズ社の成立は、こうした新時代の幕開けを告げるできごとであった。その直後に起こった世界恐慌によって、同族経営のコーヒー・チェーン店は大打撃をこうむり、さらに大胆な人件費削減で低価格を実現した新興のスーパーマーケットの厳しい挑戦を受けた。多角的な経営と潤沢な資金をほこる大多国籍企業は、こうした状況下でコーヒー業界における優位をたしかなものとしたのである。一九五〇年代以降、テレビでの広告・宣伝が重要になると、巨額の広告・宣伝費に予算を割ける大多国籍企業は、ますます有利な立場となった。反対に多くの中小業者は、コーヒー業界からの撤退を余儀なくされることになる。

ちょうどそのころ、コーヒー価格の高騰をうけて、安価なインスタント・コーヒーやロブスタ入りレギュラー・コーヒーが出まわるようになり、アメリカの消費市場におけるコーヒーの品質は相対的に低下することになった。一九六〇年にはアフリカ諸国産のロブスタ・コーヒーがニューヨーク・コーヒー取引所で公認され、アメリカ国内では「味の変化にとぼしい」安価なコーヒー商品を売るために、コーヒー多国籍企業は競って自社製品のイメージ戦略を展開した。コーヒー広告戦争の幕開けである。

一九五〇年代後半から六〇年代末には、国外では世論がキューバ問題やベトナム戦争に揺れ、国内では公民権運動や反戦運動などが高まるなかで、多くのアメリカ市民は既存の常識やアメリカ的価値観に疑念を抱くようになった。こうしたなかで、市場の大勢を占めていた「安くてまずい」コーヒー・ブランドとの差別化をはかり、上質豆にこだわるスペシャルティ・コーヒー店がすきま市場に登場するようになる。とりわけ自由な気風に満ちたヒッピーが、初期のスペシャルティ・コーヒー・ブームを支えたのだった。一九七〇年代、スペシャルティ・コーヒーは、とりわけスターバックス社の成功とともに世界的に認知されるようになる（二〇〇二年までには、スペシャルティ・コーヒーがアメリカのコーヒー市場全体の四〇％を占めたとする試算もあり、これとともに比較的「安くてうまい」中米産のアザー・マイルド・コーヒーが市場で評価されるようになった）。

とは言え、スペシャルティ・コーヒー・ブームの先駆けとなった七〇年代末は、アメリカで飲まれるコーヒーの三分の一がインスタントだったことからもわかるように、一方では商品としてのコーヒーが消費者のニーズに合わせて多様化した時代でもあった。消費者は、インスタント・コーヒー、ロブスタ入りの安価なレギュラー・コーヒー、コロンビア産や中米産のマイルド・コーヒーを中心としたスペシャルティ・コーヒーのなかから、自分の好みにあったものを自由に選択することができるようになった。一九八〇年代半ばまでには、カフェイン抜きコーヒーもアメリカで飲まれるコーヒーの四分の一を占めるようになるなど、アメリカにおけるコーヒー商品の品揃えはかつてないほど豊かなものとなっていったのである。

一九八〇年代中ごろになると、生産国の人びとや自然を犠牲にして生みだされる先進国の豊かさを批判する立場から、フェアトレード運動が展開されるようになった。アメリカのコーヒー業界のなかでも、サンクスギヴィング・コーヒー社やイコール・エクスチェンジ社などが、コーヒー農民に適正な賃金を支払い、生産地の自然環境の保護にも協力したうえで、商品をそれに見合った「適正な価格」で社会文化意識の高い消費者に提供するようになった。さらにこれに有機栽培などの健康志向が加わり、生産者にも消費者にも地球環境にも利益となるサステイナブル（持続可能）なコーヒーと銘打って販売されるコーヒーも年々増えてきている。

とは言え、二〇〇七～八年の時点で世界のコーヒーの四分の一を消費しているアメリカで、フェアトレード・コーヒーの占める割合が全体の〇・三％にも届いていない現状がある（日本はそれよりもさらに低い〇・一～〇・二％とみられている）。この数字は、フェアトレード先進国のイギリスで販売されるコーヒーの約二〇％がフェアトレード認証を受けているのとは対照的である（ほかの多くの北ヨーロッパ諸国においても、フェアトレード・コーヒーは数％のシェアがあるとみられている）。また、フェアトレードの統一的な認証システムや「偽装フェアトレード商品」をいかに見破るかなど関連業者が取り組むべき課題も少なくないが、今後もこの分野は成長を続けると予想されている。

いずれにしても、世界全体のコーヒー流通からみれば、二一世紀にはいって一〇年が過ぎようとしている現在も、クラフト・フーズ社（アメリカ系）、ネスレ社（スイス系）、サラ・リー社（アメリカ系）、P&G社（アメリカ系）、チボー社（ドイツ系。一九四九年、ハンブルクで創設）などの上位五社ほどの巨大多国籍企業が、世界で生産されるコーヒーの約半分を先物取引などで購入し、焙煎・販売している事実には変わりがない。それらはまるで「専制君主」のごとくコーヒー産業界に君臨しているように見える。一九八九年にアメリカが国際コーヒー協定を放棄したあと、弱小のコーヒー生産者は新自由主義経済という暴風雨のなかに丸裸で投げ出され、自力で泳ぎ切って生き残ることを要求されている状態である。フェアトレードという救命艇が、荒波のあいだを浮沈する彼ら遭難者をいかに救出することができるのか、今後の動向から目が離せない。

3　アメリカンとヨーロピアン――コーヒーをめぐる歴史的関係

ヨーロッパのコーヒー・ビジネスを吸収したアメリカ

多くのヨーロッパ諸国では、アメリカに先んじて大衆的なコーヒー飲用文化が普及した。植民地時代のアメリカにもコーヒー・ハウスがあったものの、宗主国イギリスの影響を受けて紅茶文化のほうが圧倒的に優勢だった。先述した通り、アメリカは一九世紀前半以降にブラジル産コーヒーを基盤とする、ヨーロッパとは異なったコーヒー文化を漸次的に発達させていった。二〇世紀以降は「コーヒー先進地域」のヨーロッパからさまざまな知恵や技術を学びとりながら、アメリカは独自のコーヒー文化を確立していくことになる。

例えば、一七五三年にオランダで創設されたダウエ・エフベルツ社は、タバコや紅茶とともにコーヒーを輸入したヨーロッパ最古のコーヒー会社の一つである（図6-13）。一九七八年、アメリカのサラ・リー社の傘下にはいったとは言え、現在もその名は高級ブランドとして生き続けている。現在まで名を残しているアメリカのコーヒー会社でもっとも古いのはフォルジャーズ社（一八五一年創設）であるから、それより一世紀ほど早い創業であった。ダウエ・エフベルツ社など先駆的なヨーロッパ

図 6-13　かつてのダウエ・エフベルツ店
（2006年撮影）

のコーヒー会社は、安価で低品質のブラジル産コーヒーが出まわるまえから、高価で上質のコーヒーをセイロンやジャワなどから輸入し、消費者に販売し始めた。このことが、一般的に高品質コーヒーを好むとされるヨーロッパ人の志向に影響しているように思われる。

最初のインスタント・コーヒーは一九世紀末のアメリカで発明（その中心人物はカトウという名の日系人だといわれている）されたが、コーヒーにかんするそのほかの多くの発明はヨーロッパでなされた。最初のエスプレッソ・マシーン、初期のカフェイン抜きコーヒー（ドイツの「カフェ・ハーク」、フランスの「サンカ」など）、カップの底面に穴を開けた器具を紙や布で覆ってコーヒーをドリップする抽出方法（開発者であるドイツ人のメリタ・ベンツ夫人はメリタ社を創設し、この器具とドリップ方式をヨーロッパ中に普及させた）などは、すべて二〇世紀初頭のヨーロッパで発明されたものである。特にコーヒーの味と香りにこだわるヨーロッパ人にとってドリップ方式は決定的に重要な発明であった。おなじころのアメリカ人の多くは、あいかわらずコーヒーを煮立てて飲んでいたから、当時の一般アメリカ人が飲むコーヒーはヨーロッパよりずっと低質だった。

しかしながら、第一次世界大戦の戦勝国となったアメリカは、ラテンアメリカ産高級コーヒーを多く取り扱っていたドイツ商人からその権益の多くを奪い、その後アメリカ企業が経済発展を謳歌する自国の消費者に高級コーヒーを売るようになった。反対にこの大戦の主戦場となり、多大な被害を被ったヨーロッパ諸国は、ドイツやオーストリアなどの敗戦国はもちろん、イギリスやフランスなどの戦勝国でさえ、アメリカに債務を負いつつ復興の努力をしなくてはならなかった。こうしてアメリカは、それまでヨーロッパに輸出されていた上質コーヒーをマイルド・コーヒー生産国から大量に輸入するようになる。アメリカのコーヒー企業が、世界のコーヒー貿易の頂点に立ったのである。

第一次世界大戦後はラジオ、第二次世界大戦後はテレビといった新メディアでの広告が売上に影響するのは、ヨーロッパにおいてもアメリカにおいても同様であった。だが、ヨーロッパでは、アメリカの企業間に見られた激しい広告戦争は起こらず、アメリカのように早い速度でコーヒー大企業の集中化が進み、中小焙煎業者が廃業に追い込まれるということもなかった。ゼネラル・フーズ社やスタンダード・ブランズ社に匹敵するような巨大焙煎業者は当時のヨーロッパには存在せず、世界恐慌の嵐が吹きあれたあとでさえも、何代も続く伝統的な自営の小焙煎業者がヨーロッパのコーヒー需要を支えていたのである。

また、世紀転換期には国民一人あたりの年間消費量が世界最大となっていたオランダでは、大戦と自然災害の影響を受けてロブスタ豆の生産と消費が飛躍的に伸びた。第一次世界大戦前にはロブスタに商品価値を見いださなかったアメリカ人がロブスタを消費し始めるのは第二次世界大戦後であるから、それよりも三〇年以上早かったことになる。

ヨーロッパへ逆輸入されるアメリカ・コーヒー文化

一九二九年以降の大不況後、ヨーロッパのコーヒー業界はかつてないほどアメリカ企業の影響を受けるようになった。例えば一九三〇年、アメリカ帰りのヴァルター・ヤーコプスが経営するヤーコプス・コーヒー社がドイツのブレーメンで創業を始め好評を博した。商品イメージを宣伝・広告によって消費者に刷りこむアメリカのコーヒー企業の戦略を熟知していた彼は、ドイツにもその方式を導入し、アメリカで有名なマックスウェル・ハウスの広告をまねた「最後の一粒まで続く満足」を自社製コーヒー豆の宣伝文句に採用したのである。

また三八年には、スイスのネスレ社がインスタント・コーヒーの新商品ネスカフェを開発してアメリカ市場に打って出た。安価で準備の簡単なネスカフェは不況期のアメリカで成功をおさめたうえに、イギリスやソ連（ロシア）など茶の飲用を習慣とする国々においても「眠気覚ましの飲物」として少しずつ定着していった。彼らはインスタント・コーヒーをじっくり楽しむ茶とは別の簡易飲料として受容したようである。ちょうどアメリカ映画『ブリット』の冒頭部分で、スティーヴ・マックイーン演じる眠気まなこの刑事が、目覚ましにインスタント・コーヒーをカップにいれ、家庭電源からひいた裸のニクロム線を放り込んで温めているシーンを思い出してもらえればわかりやすいだろうか。この映画のなかのタフガイは、味わうためではなく、眠気覚ましの飲物としてコーヒーを二度三度と口に運ぶのである。

ただし、コーヒーの品質に妥協しない北ヨーロッパ諸国（ドイツ、ノルウェー、スウェーデン、デンマーク、フィンランド）では不況時においてもコーヒーの著しい品質悪化は見られず、インスタント・コーヒーもほとんど売れなかった。またカフェ・バーが庶民の重要なコミュニケーションの場であるイタリアでも、インスタント・コーヒーの需要は高まらなかった。むしろイタリア（あるいはフランス）のカフェ・バーでは新型のエスプレッソ・マシーンが普及し、安い値段でエスプレッソを楽しめるようになっていたため、こちらの人気のほうが高かった。

しかしながら、伝統的に深煎りのコーヒーを好むフランスや南ヨーロッパ諸国（イタリア、ポルトガル、スペイン）のレギュラー・コーヒーには、アメリカと同様にロブスタが混入されるようになった。特にフランスでは、五〇年代初頭にはロブスタを五〇〜七〇％ふくむコーヒーがカフェオレで飲まれており、六〇年代にはいってもチコリを混入したインスタント・コーヒーが多く消費された。ヨーロッパのカフェ文化の中心であったフランスは、アメリカを中心とする世界的な「低品質コーヒー・ブーム」の影響を直に受け、むしろアメリカ以上にその味に慣れ親しんだようである。

二〇年代のイタリアではベニート・ムッソリーニ率いる国家ファシスト党が、三〇年代のドイツではアドルフ・ヒトラー率いるナチスが政権をにぎり、ヨーロッパが第二次世界大戦へと向かうきな臭い空気に包まれると、コーヒーをめぐる状況にもふたたび大きな変化が起こった。いにしえのローマ帝国の復活を目指すムッソリーニは、コーヒーを「不健康な飲物」と見なし、その撲滅運動を率いた。これに対してアメリカのコーヒー業界誌は、「強力な国家にはコーヒーが必要だ」とやり返した。第二次世界大戦を前に、すでにコーヒーのイメージをめぐるアメリカとイタリアの戦争が始まっていたのである。

他方でヒトラーは、対ドイツ包囲網が狭められるなかでコーヒー輸入量が減少するのを見越し、国内のコーヒーのほぼすべてを軍隊用に没収して戦争に備えた。反対に、ドイツと敵対するヨーロッパ諸国やアメリカへのコーヒー輸送ルートは、ドイツ軍によって妨害されることになった。グアテマラのコーヒー業界を仕切っていたドイツ系大農園主は、大使館員やグアテマラ在住の約五〇〇〇人のドイツ系住民とともにナチスの台頭に胸を躍らせ、来るべきドイツ軍によるグアテマラ占領を心待ちにしていたのだった。

しかし、第二次世界大戦に敗北したドイツが東西に引き裂かれると、そのうち西ドイツではアメリカの影響を受けながら、ヤーコプス社やハンブルクで創設されたチボー社（一九四九年創業）など数社の大企業が、アメリカ方式の広告・宣伝戦略を展開するようになる。雑誌、ラジオ、テレビなどの大衆メディアを駆使し、各社は自社製品の肯定的イメージを消費者に植えつけた。アメリカの場合と同様、中小焙煎業者はこれに十分に対応できず、一九五〇年に約二〇〇〇あった西ドイツの焙煎業者は、六〇年には約六〇〇に減少した。六〇年代までに西ドイツは、イギリスとならんでヨーロッパ最大のインスタント・コーヒー消費国ともなる（ヨーロッパではコーヒーの一八％がインスタントであり、その三分の二が両国で消費された）。このように西ドイツのコーヒー文化はアメリカ化したが、その健康志向はアメリカ以上につよく、コーヒー全体の約三〇％がカフェイン抜き商品であった点に特徴がある。

五〇年代初頭にコーヒー配給制が終了したオランダでも、ドイツ同様にダウエ・エフベルツ社らコーヒー大企業が勢力を拡大した。例外はイタリアであり、一九五〇年代初頭には約三〇〇〇、六〇年の時点でも約二〇〇〇の焙煎業者が共存していた。地元コミュニティに根を張ったカフェの存在が、コーヒー業界における権力の集中を妨害していたのである（スターバックス社の創始者たちは、このイタリアのカフェ文化をアレンジしてアメリカに持ちこみ、大成功することになる）。またスカンジナヴィア諸国の上質コーヒー志向も基本的には変わらないままであり、北欧からアメリカへやってきた移民のなかには、アメリカのスペシャルティ・コーヒー・ブームを支えた者も少なくない。

一九七〇年代初頭には、アメリカに一〇年ほど先行してフェアトレード運動が巻き起こり、オランダ、イギリス、西ドイツなどのフェアトレード団体を通じてグアテマラ先住民農民のコーヒーがヨーロッパに輸入された。一九八〇年代中ごろにフェアトレード認証システムの導入に尽力したのもこれらヨーロッパの諸組織であり、フェアトレード・コーヒー取引にかんしてはヨーロッパ諸国のほうがアメリカよりもずっと積極的である。特にイギリスでは消費されるコーヒー全体の五分の一がフェアトレード商品であることから、少なくともコーヒーを見るかぎり、この国には国際社会の動向を注意深く見守っている消費者が多く存在するといえるだろう。

二〇〇三年、イギリス軍がアメリカ軍とともにイラク戦争に踏みきったとき、世界のどの国よりイギリスで巨大な民衆の抗議運動が展開されたことは記憶に新しい。コーヒーを飲むという私的で日常的な消費行動においても国際的感覚を失わない多くのイギリス国民にとって、国連を無視して戦争を開始したブレア政権の政治決定は、自分たちの生活や思想とはかけ離れた、容認できない決定であったに違いない。このように考えるとき、グローバル化した現代世界では、個々人の日常における行動の選択の一つ一つが、そのまま国際的な問題と直結しているということを改めて私たちに思い起こさせずにはおかない。

Column

コナ・コーヒー文化祭と日系人パワー

色とりどりの豆電球で飾られた御輿や山車、魂を揺さぶる和太鼓の響き、夜道にぼんやりと浮かび上がる提灯、ぐるぐる回されながら何度も天に向かって突き上げられるまとい、はちまきにはっぴ姿の子どもの笑い声――。一見すると典型的な日本の祭りの一場面のようだが、そうではない。よく見てみると、山車や衣装にはいろいろなコーヒー農園の名が英語で刻まれている。ハワイ島西部のコナ地区で開催される「コナ・コーヒー文化祭」の幕開けを告げる恒例の夜間パレードが始まったのだ。

年に一度のコナ・コーヒー文化祭は、地元コーヒー産業の振興と同時に、コナ・コーヒーの素晴らしさをその文化や歴史もふくめて世界に宣伝するために開催されている。三九回目となる二〇〇九年のテーマは「アロハのアロマ」であり、一一月六～一五日の一〇日間にわたっていくつものイベントが開催された。相手への敬愛をこめたハワイの挨拶である「アロハ」とコーヒー抽出液の香りを意味する「アロマ」を結びつけていることからもわかる通り、コナ・コーヒー文化をハワイの人びとのアイデンティティと結びつけようとする主催者側の意図がうかがわれる。

それにしても、どのイベントに参加しても目につくのが日系人の多さだ。よく知られているように、「ハワイ・コナ」コーヒーが世界的に有名な高品質ブラン

▲コナ・コーヒー文化祭（2009年）のパンフレット

ドとなり得たのは、コーヒー生産業に携わった日系移民の努力と技術によるところが大きい（第7章を参照されたい）。その先駆者たちの子孫が、今も先代から引き継いだ日本の「伝統文化」を守り続けている。彼らはこの祭典を通じて、例えば日本の地蔵盆のように子どもを主人公にし、楽しみながら互いの同胞意識を強化しているように感じられた。

おなじ日系人でも、出身県や宗教（あるいは宗派）などの違いによって出し物が異なっているようで、なかには日本語やローマ字で「本願寺」「大福寺」「立正佼成会」と書かれた山車もあった（後日、コナ地区を車で走り回っていると、高野山・大師寺の「新八十八か所霊場」や風変わりな鳥居も発見した）。パレードの終着点では、トラック上で鳴り響く和太鼓のリズムに合わせて、日系人が踊りながら太鼓の周りをゆっくりと回っていた。さながら日本の盆踊りの風景そのままである。やがてその輪の中には、何人かの白人や旅行者も加わった。このパレードでの光景が物語るように、日系人はコナ・コーヒー文化祭の中できわめて大きな存在感を示している。

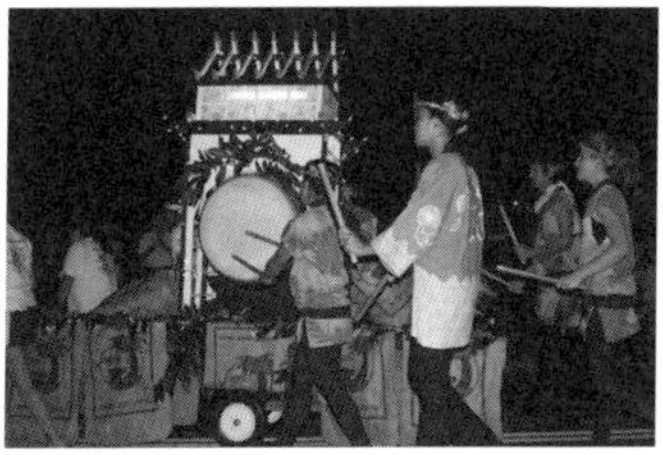

▲和太鼓とコーヒーで飾りつけられた山車

また後日、この祭りを後援しているUCCの農園内では「コーヒー摘みコンテスト」が開催された。小規模ながら活気に満ちたこのイベントは、年齢や経験の有無に応じてカテゴリー分けされた参加者たちが、指定された場所で三分間に成熟したコーヒー・チェリーだけをどれだけたくさん摘み取ることができるか、賞品をかけて競い合うものである。現地人や日系人のほか、近隣でコーヒー関連業務に携わるエルサルバドル出身者たちも家族ぐるみで参加しており、会場は英語と日本語とスペイン語が飛び交う国際的な空気に包まれた。

▲丘陵地帯にあるコナのコーヒー農園からは海や平野部が見渡せる

▲コーヒー樹にむかってダッシュする子どもたち

特に、友だちよりもできるだけ多くのコーヒーを摘んでやろうと、明るくも真剣なまなざしの子どもたちの勝負は、見ていてじつに微笑ましかった。競技開始の合図がかかるのをそわそわしながら待つ子どもたちに、「あっちにたくさんコーヒーがなっているぞ」、「摘みカゴを下に差しだして、そこに両手でコーヒー豆を取って落とすんだ」と一生懸命アドバイスする両親の親バカぶりも万国共通のご愛敬といったところである。

スタートの合図とともに農園に勢いよく駆けだした子どもたちは、心配そうな視線や愛しげな眼差しを投げかけるおとなたちにはほとんど目もくれず、必死にコーヒー・チェリーをカゴに摘み取った。あっという間に競技時間の三分間が過ぎ、子どもたちにふたたび笑顔が戻る。きっとどの子にも楽しい思い出となったに違いない。

▲真剣にコーヒーを摘む子ども

そのほかにも、「ミス・コナ・コーヒー」を選んだり、ホルアロア村の通り一帯をコーヒー直売店と芸術品や工芸品の展示で埋めつくしたり、コナ・コーヒーの歴史や文化——もちろん、ハワイのコーヒー産業における日系人の活躍についても解説される——について学びながらコーヒー農園ツアーを行ったりと、興味ぶかいイベントが目白押しであった。

そして、私が足を運んだどの会場にも、活気に満ちた多くの日系人の姿があった。世界に名だたる「ハワイ・コナ」コーヒーをことほぐ祭りは、長い月日をかけて苦労しながらコナ・コーヒーを育ててきた日系人を称えるための祭りでもあるのだ。

第7章　日本

――アジア随一のコーヒー消費国の歴史とその特色

1　日本の近代化とコーヒー文化

緑茶の国にやってきた褐色のコーヒー

ラテンアメリカの征服がほぼ終了した一六世紀後半、ポルトガル人やスペイン人などのヨーロッパ人は「ジパング（日本）」にやってくるようになった。ちょうどこのころ、日本では織田信長、豊臣秀吉、徳川家康などの武将たちが天下統一を目指して争う戦乱期であった。生き馬の目を抜く下克上の世のなかで、そのきわまった緊張をときほぐすかのような優雅な茶の湯が、富裕な武家においてたしなまれるようになっていた。やがて千利休やその後継者たちが「和敬清寂」を本義とする茶道を大成するにつれて、茶の飲用や儀式はひろく商人や武士、そして町人のあいだにも普及していく。

一六世紀末、インドネシアのジャワに東洋貿易の拠点を築いたオランダ人は、一六一〇（慶長一五）年に平戸港から日本の緑茶をヨーロッパに持ち帰っている。これがヨーロッパにもたらされた最初の茶ではないかといわれている（その後、オランダ人は日本茶よりも中国茶の買いつけに精を出すようになる）。それ以前に、すでにオランダの探検家であり地理学者でもあったヤン・リンスホーテンが、『東方案内記』のなかで日本の茶の湯を東洋の神秘的文化と描写していることからもわかるように、日本の茶文化はオランダ人をたいそう惹きつけた。これらはすべて、一六五八（明暦四～万治元）年ごろにオランダ人がジャワで本格的なコーヒー栽培を開始する以前に起こったことである。この日本の茶に魅せられていたオランダ人が、のちに日本へコーヒーを持ちこむことになる。

欧米諸国の主要都市で開放的なカフェ文化が開花する直前、日本では徳川幕府による海禁体制が確立された。一六三七（寛永一四）年に勃発した島原の乱をきっかけに、幕藩体制を根本的にくつがえしかねないキリスト教を始めとする西洋の宗教・思想・価値観の日本への流入を警戒した幕府は、ポルトガル人などを追放し、オランダ人・中国人以外との交易関係を断絶しようとした。西洋では唯一オランダが公式の交易関係を認められたものの、オランダ商館は長崎の出島に移されて幕府の監視下に置かれた。こうして一六四三（寛永二〇）年までには、一般に「鎖国」と呼ばれる海禁体制が成立したのである。

海禁以来二〇〇年以上にわたって日本の公式玄関口となった出島では、「オランダ人」を自称したヨーロッパ人が新しい知識や学問（蘭学）を日本にもたらし、また日本の情報をヨーロッパに伝え続けた。実際には、「出島の三学者」と呼ばれる医師・植物学者のカール・ツンベルク（スウェーデン人）、医師・旅行家のエンゲルベルト・ケンペル（ドイツ人）、医師・博物学者のフィリップ・フォン・シーボルト（ドイツ人）らがそうであったように、出島を訪れる西洋人が必ずしもオランダ人というわけではなかった。

一八世紀後半、『江戸参府随行記』のなかでツンベルクは、日本では二、三の通詞（幕府の公式通訳）以外にはコーヒーの味を知っている者がいないとつづっている。その数年後には、長崎の遊女がオランダ人客から「コヲヒ豆鉄小箱」をもらったとする記録が残されているそうだから、このころにオランダ人と深いかかわりを持つごく少数の人びとが、日本で初めてコーヒーを味わったのだと推察される。

さらに一八一一（文化八）年から数年にわたり、蘭学者の大槻玄沢（『解体新書』を翻訳した杉田玄白と前野良沢の弟子）らがノエル・ショメールの『家庭百科事典』を邦訳し、幕府に献上している。このなかでコーヒーは「哥非乙（コッヒイ）」と表現され、煎り方・いれ方・飲み方にはじまり、その薬効や飲用上の注意点まで詳細に記述されていた。こうしてほとんど未知の「コッヒイダランキ（コーヒー・ドリンク）」が、日本の知識人に雑学的知識として知られるようになった（『明治事物起源』下巻によれば、コーヒーは「加非」「架琲茶」「珈琲」などとも表記されたようである）。

しかしその後の日本では、ヨーロッパのようにコーヒー飲用の習慣が急速に広まることはなかった。一九世紀前半、『江戸参府紀行』のなかでシーボルトは、なぜ茶のような温かい飲物に親しみ、オランダ人と親交のある日本人のあいだでコーヒーが受けいれられないのか不思議だと感想を述べている。シーボルト自身もかなりのコーヒー好きだったのだろう。彼は日本でコーヒーが流行しない原因として、日本人の牛乳に対する嫌悪、コーヒー焙煎知識の不足などをあげたうえで、コーヒーを健康飲料として宣伝し、焙煎済みのコーヒーを缶詰や瓶詰にし、調理法を記したラベルを貼りつけて日本に流通させるべきだと熱く語っている。きっとシーボルトは、エキゾチックな日本の風景を眺めながら、おいしいコーヒーを味わっていたのだろう。

文明開化と西洋かぶれの喫茶店

一八五三（嘉永七）年、アメリカのペリー提督の率いる四隻の「黒船」が浦賀に来航し、その驚くべき海軍力を誇示しながら日本に開国を迫った（図7-1）。その翌年、アメリカの圧力に屈した江戸幕府は日米和親条約を結んだうえ、イギリスやロシアとも和親条約を締結して下田や函館を開港することを余儀なくされた。一八五八（安政五）年、日本と日米修好通商条約を結んだハリスは、自国アメリカから持ちこんだコーヒーを日本で飲んだとされている。日本へひんぱんに訪れるようになったアメリカ人は日本にコーヒーを持ちこんだが、一般の町人や農民がコーヒーを目にしたり、飲んだりする機会はまずなかった。

一八六八（明治元）年、幕藩体制が打倒されて明治維新が起こり、日本は本格的に西洋諸国をモデルとする近代国家づくりに血道をあげ始めた。この年、日本は合計七四二円分のコーヒーを輸入したと記録されている（総量は明らかでない）。一八六九（明治二）年には、横浜の新聞『萬国新聞』第一五号にエドワルズと名乗る外国人が「生珈琲並焼珈琲」販売の広告をだしたことが記録されている。

こうしてコーヒーは日本に流入し始め、その輸入量は浮き沈みをくり返しながら徐々に増えていった。

一八七七（明治一〇）年に日本の生豆輸入量はわずか一八トンであったが、一八八七（明治二〇）年には五八トン（六〇キログラム入り袋で九五九袋。一袋約二二円五〇銭）、一八九七（明治三〇）年には六四トン（一〇七〇袋。一袋約三七円）、一九〇七（明治四〇）年には七六トン（一二七四袋。一袋約三四円）といった具合に、しだいにコーヒー輸入量は増えていった。第一次世界大戦が勃発した一九一〇年代半ばからは急激に輸入量が増大して、一九一七（大正六）年には二一四トン（三五七

図7-1　日本画に描かれたペリー提督

四袋。一袋約三三円)、その翌年には二四二トン(四〇四一袋)とその数字がはね上がった。これに比例して、いくつかの高級西洋料理店、ホテル、ミルクホール(大衆酒場でもあった)などにおいてコーヒーが提供されるようになる。

まだ輸入されるコーヒーの総量が少なく、高価な飲物であった一八八八(明治二一)年、日本で初めての本格的な喫茶店「可否茶館」が上野の黒門町に開店した。創業者は台湾で鄭氏政権を創始した鄭成功の血筋とも伝えられる鄭永慶である。可否茶館はフランス風の二階建てで豪華な洋館であり、店内ではトランプ、ビリヤード、囲碁、将棋などを楽しんだり、国内外の新聞や雑誌を読んだりすることができるなど、さまざまな娯楽に満ちた場所であった。ただし、コーヒー一杯の値段は一銭五厘したから、盛りそばが一枚八厘であった当時の庶民にとって敷居が高かったことは間違いない。コーヒー自体もまだ日本人の味覚には受けいれられず、可否茶館はすぐに閉鎖されることになった。

しかしながら、一九世紀末から二〇世紀初頭にかけて、中国に対する優越意識と西洋に対する劣等意識がいりまじるなかで、しだいに日本人のナショナリズムが煮えたぎり始めると、「カフェー」は新たな社会的役割をになうようになる。日露戦争での勝利の熱狂もまだ冷めやらない一九〇八(明治四一)年、高揚した日本人のナショナリズムに背を向けるように、自由主義の文学者や芸術家の活動が活発化した。彼らはパリのカフェに見られるようなヨーロッパ的サロンが日本に不足していることを嘆き、高級クラブの雰囲気がただよう東京・日本橋の喫茶店「メエゾン鴻の巣」や銀座の有名店「カフェー・プランタン」に集うようになった。

こうしてつくられた文人や芸術家のクラブのなかでもっとも名高いのが、ギリシアの牧神にちなんで名づけられた「パンの会」である。吉井勇、谷崎潤一郎、木下杢太郎、北原白秋、高村光太郎、長田秀雄、長田幹彦らが中心となって結成された「パンの会」は、退廃的な自由主義と反骨精神に満ち、偏狭な民族意識にとらわれない世界性や人間性を追求して、高踏的な芸術精神に立脚した異国趣味を愛した。彼らにとって洋風喫茶店で味わうコーヒーは、日本にいながらにしてヨーロッパ文化を感じさせてくれる至高の飲物であった。この「パンの会」はじつに短命であったが、日本の芸術や文学の発展に大きく寄与する。

ブラジルの日本人と日本のブラジル・コーヒー

図7-2　笠戸丸

「パンの会」が結成された一九〇八（明治四一）年、日本のコーヒー史を大きく変えるできごとが起こった。初めての日本人移民が移民船「笠戸丸」に乗りこみ、神戸港からブラジル（当時ブラジルという国名には、いかにも楽しげな雰囲気のただよう「舞楽而留」という漢字があてられた）のサントス港に向けて旅立ったのである（図7-2）。移民の数は合計で七九三名であり、一五八家族七八一名の契約移民（労働条件や保障について農園側と契約を交わした移民）と一二名の自由移民（なんの義務も保証もない非契約移民）によって構成されていた。全体の約四一%が現在の沖縄出身、約三二%が鹿児島・熊本の出身といったぐあいに日本の南部出身者が多く、その大部分が貧しい農民であった点に特徴がある。彼らの多くは、到着後すぐにサンパウロ州の奥地に送られ、「ミルクコーヒーの政治」時代のブラジル・コーヒー生産業を支えることになるのである。

このブラジル移民計画の仕掛け人であった水野龍（皇国殖民合資会社社長）は、行動力あふれる尊皇派として知られ、慶應義塾で福沢諭吉の影響を強く受けて政治家を志すものの挫折し、日本人の海外雄飛に最後の夢をかけた人物である。同時にこの移民計画は、当時の日本で懸念されていた人口増加による食糧難に対処するものでもあった。水野は、「生活の苦闘に疲れ、貧苦の鉄鎖に泣く農民を海外に送って、生活を保証してその力を致さしめば、その身を富まし、その家を潤すのみにあらず、また日本の国家を膨張し、日本国民を発展せしむるもの、この問題を解決する一に移民を措いて他あるべからず」と考えていたのである。

世界最大級のコーヒー輸出港に初めて降り立った日本人は、ブラジルのメディアからおおいに注目された。例えば、サンパウロ共和党の機関紙『コレイオ・パウリスターノ』は、あらかじめ準備したブラジル国旗を身にまとって友好の意をあらわし、清々しい正装で下船してきた日本人移民をきわめて好意的に評価した。さらにこの機関紙は、他国民とは異なる日本人の社交性の高さや清潔さ、また食事や清掃をふくむ日常生活全般の秩序だった行動を称賛し、日系移民がサンパウロ州の未来をになうことに期待をよせた。

だが、実際の日系移民をめぐる状況はバラ色とは言えず、彼らは厳しい自然や社会環境と格闘したり、ときには心ない人種・民族差別にさらされたりしながらも、じつに忍耐強くサンパウロ州におけるコーヒー生産業の発展に貢献した。多くの日系移民の勤勉さと誠実な態度は、やがてブラジル社会一般にひろがることになる日系人への安心感や信頼感にもつながっていく。茶の国からはるばるやってきた日系移民は、こうして「コーヒー王国」の一員として受けいれられていった。

しかしながら、豪快で細部を気にかけない水野によるブラジル移民計画自体は赤字となり、翌年の一九〇九（明治四二）年には深刻な財政危機におちいって皇国殖民合資会社は倒産した（のちに移民事業はべつの会社によって継承される）。このとき水野に救いの手を差しのべたのが、ブラジルのサンパウロ州政府であった。サンパウロ州政府は、コーヒー労働者を補充するための移民の供給源となり、将来におけるコーヒーの輸出先としても期待できる日本との関係が、この移民事業の失敗によって断絶してしまうことを危惧していた。そこでサンパウロ側は、移民事業による赤字を補てんするため、水野にコーヒー豆を無料で提供するよう申しいれたのである。この慈善的行為の裏に、日本の消費者にコーヒーの味を覚えさせるというサンパウロ・コーヒー業者の意図が働いていたにせよ、日本にブラジル・コーヒーが無償で大量にもたらされた歴史的意義は大きい。

水野は親しい食料品商人らとともに合弁会社をつくってこの無償コーヒーを引き取り、さらにその事業の拡大のために旧知の政治家をたどり、一時的に政治から身を引いて文化事業にとり組んでいた大隈重信に支援を求めた。水野の移民事業を高く評価した大隈は東京や横浜の有力財界人に水野への支援を依頼し、一九一〇（明治四三）年にはコーヒーの焙煎・小売を行う合資会社カフェー・パウリスタ（「サンパウロっ子のカフェ」を意味する）社が設立された。豪商の亀屋鶴五郎が仕切るこの会社のもとで、翌年、コーヒーを客に提供する日本で初めての大衆喫茶店「カフェー・パウリスタ」が開店される。

日本人のブラジル移民計画は、結果的にブラジルからの思わぬ贈り物、すなわち大衆的なコーヒー飲用文化を日本社会にもたらすことになったのである。

新しい文化はカフェー・パウリスタから

喫茶店カフェー・パウリスタは、短命に終わった大阪・箕面支店の開店（明治四四年）を皮切りに、その後数年間のあいだに日本の主要都市部から中国の上海まで二六店舗を展開した（大正三年に売りだされた赤黒缶と呼ばれたコーヒー缶は、朝鮮半島や台湾でも販売された）。カフェー・パウリスタは、ほかの店のようにアルコール飲料や西洋料理の脇役としてコーヒーを供するのでもなければ、カフェー・プランタンのように一般人には立ち入りがたい高級店でもなかった。この喫茶店は、本格的なブラジル産のストレート・コーヒーを主役とし、その脇役にコーヒーと相性のよいドーナッツなどの菓子を用意し、しかも学生にも手の届く安値で客に提供したのである。

カフェー・プランタンのコーヒーが一杯三〇銭であったときに、カフェー・パウリスタはコーヒーを一杯五銭、ドーナッツを一つ五銭で売った。この破格の安さを実現できたのは、カフェー・パウリスタがブラジル・サンパウロ州から無料で大量のコーヒーを受けとっていたからにほかならない。一九一二（大正元）年から一九二三（大正一二）年まで、カフェー・パウリスタは合計八四六トン（年平均七〇・五トン）のコーヒーをサンパウロ州から受けとっており、その量は一九一二（大正元）年における日本全体のコーヒー消費量の八〇％以上に相当した。こうしてカフェー・パウリスタは、コーヒー飲用の習慣を日本の大衆に浸透させる先駆者となるのである。

特に東京のカフェー・パウリスタ銀座店は、和製コーヒー文化の「聖地」と化したといっても言い過ぎではないだろう。一九一三（大正二）年に改修されたこの銀座店は、三階建ての目の覚めるような白い建物であり、正面にブラジル国旗が掲げられ、夜は美しいイルミネーションで飾られた。店内のデザインは現存するヨーロッパ最古のカフェとされるフランス・パリの「カフェ・プロコプ」（図1-5を参照）を模しており、壁にいくつもかけられた鏡、白い大理石のテーブル、ロココ風のイスが印象的だった。また、海軍を思わせる白い制服に身を包んだ少年の給仕が英語で厨房に注文を伝え、銀のトレイで客にコーヒーなどを運ぶ様子は、当時の人びとにとっては斬新で驚嘆すべき光景だったようである。

大正デモクラシーの自由な気運に満ちあふれた銀座は、まさにカフェー・パウリスタのような「国民の憩いの場」が設置されるのにふさわしいところだった。銀座の周辺には朝日新聞、読売新聞、国民新聞、萬朝報、時事新報などの新聞社や外国商社が集中し、その従業員たちが頻繁に足を運んだことも手伝って、カフェー・パウリスタ銀座店では一日約四〇〇〇杯のコーヒーが消費されたという。例えば、時事新報の記者だった菊池寛は、カフェー・パウリスタ銀座店で仕事相手と会うのがつねであったが、とりわけ芥川龍之介はこの店がお気に入りで、しばしば自分のほうからそこへ菊池を呼びだしたという（図7-3）。

図7-3　菊池寛（左端）と芥川龍之介（左から2人目）

永井荷風や久保田万太郎など耽美的な『三田文学』派の小説家も、この店で仲間と歓談したり、小説の構想を練ったりした。

日本の女性解放運動に多大な影響をおよぼした婦人団体「青鞜社」の平塚らいてうや尾竹紅吉らも、この銀座店二階の女性専用婦人室に毎日のように通ったことで知られている。彼女たちは世に蔓延していた良妻賢母イメージを真っ向から否定し、男性によって家庭に縛りつけられている女性を解き放って、女性が自己実現できる社会の建設を目指した。いまだ男性中心主義的で保守的な家庭イメージが根強かった当時の日本において、青鞜派の女性たちが多くの困難に直面したことは言うまでもない。平塚や尾竹らはパウリスタのブラジル・コーヒーを飲みながらみずからの思想について語りあい、不屈の精神で女性解放運動を完遂すると誓いあったのである。

新時代の若者を意味する「モボ（モダンボーイ）」や「モガ（モダンガール）」の新語を生みだしたとされる新居格は、「パウリスタ　五銭のコーヒー　今日も飲む」という句を詠み、いかに自身がカフェー・パウリスタ銀座店でのコーヒー・タイムを楽しみにしていたのか率直に表現している。また、口語詩の先駆者の一人である川路柳虹は、目の前のブラジル・コーヒーを味わいながら、近代化がもたらす国境を越えた人と人とのつながりに思いをはせ、そこに壮大なロマンを感じていたようである。川路はつぎのように書いている。

しかし画家のするやうに
じっとみつめるコップのおもてには

ふと青々とした野がうつる
ブラジルの野原で
黒こげになった百姓が
汗しづくの手に摘む珈琲

このようにカフェー・パウリスタ銀座店は、時代の移り変わりに敏感で活気あふれる日本人が集う最新文化の発信地となった。一九一五（大正四）年には、これといった目的もなく「銀座をぶらぶらと歩く」人が増えたのを受けて「銀ブラ」という新造語が流行したが、その「ぶらぶら歩きコース」の重要な一角にカフェー・パウリスタが入っていたことは間違いない。もともとこの「銀ブラ」という言葉自体が、銀座のカフェー・パウリスタでブラジル・コーヒーを飲むことを意味する学生の略語が語源ではないかと主張する論者もいるほどである。

だが、やがてカフェー・パウリスタの最盛期は静かに幕を閉じた。一九二三（大正一二）年に、ブラジル・サンパウロ州によるコーヒーの無償提供サービスが終了したのである。これによりカフェー・パウリスタは、以前のように安い値段で客にコーヒーを提供することができなくなった。また、同年の関東大震災によって、パウリスタ各店が軒並み全壊して大きな損害を負ったうえに、その復興期には店内で音楽をかける新しいタイプの喫茶店が全国に林立して競争相手が爆発的に増大したことが痛手となった。

ちなみに、今も営業している銀座のカフェー・パウリスタは、かつての栄光の日々をほうふつとさせるような風格に満ちている。想像力の豊かな人であれば、そこに今も生き続ける「大正ロマン」を感じられるかもしれない。

大衆化するコーヒーと第二次世界大戦

カフェー・パウリスタの成功後、日本各地にコーヒー焙煎・小売業者や喫茶店が増えていった。そのなかでも特に注目すべきは、かつてカフェー・パウリスタで働いた経験を持つ木村文次（柴田文次）が興した木村商店（一九二〇〈大正六〉年創業。のちに木村コーヒー社、キーコーヒー社へと改称）である。木村は「コーヒーは日本人の新しい食生活と文化を開く鍵」（これを象徴する「鍵（キー）」が会社のロゴとなった）という信念のもと、日本だけでなく満州、中国、朝鮮にも精力的に販路を拡大していく。のちにこの会社は、一九五九（昭和三四）年に日本で初めて真空パック入りのコーヒーを販売し、七八年にはインドネシアの先住民トラジャ族のエキゾチックなイメージを利用した「トアルコトラジャ・コーヒー」の現地生産を開始して好評を博すことになる。

また、関西では、個人商店主の上島忠雄がコーヒー販売業や喫茶店の経営（一九三三〈昭和八〉年創業。のちの上島珈琲社〈UCC〉）で頭角を現し、しだいに本拠地の神戸からその周辺へと事業を拡大していった。第二次世界大戦後にはこの会社も東京に支店を創設し、全国的なコーヒー販売を展開し、日本を代表するコーヒー業者の一つへと成長をとげていくことになる。この会社は、一九五〇（昭和二五）年に自転車の輸出と引き替えにコロンビアからコーヒー豆を輸入することに成功したり、八一（昭和五六）年にジャマイカでブルーマウンテン・コーヒー農園、八九（平成元）年にはハワイでコナ・コーヒー農園を開設したりするなど、日本のコーヒー業界に新風を吹きこむことになる。

特にハワイのコナ地区のコーヒー生産業は日本との関係が深い。コナ地区でコーヒー生産が開始されたのは一八二九年ごろだと考えられる（ブラジルからコーヒーの切り株がもたらされたと言われている）が、これを一九世紀末に本格化したのはおもに日系移民の小農家であった。やがて家族労働によって生産されるコナ・コーヒーの品質が評判を得るようになり、ときにフィリピン人、アメリカ人、ヨーロッパ人と人種・民族的に混交しながら、日系移民は少ない生産量ではあるが高品質のコーヒーをつくり続けてきた。UCCはコナ・コーヒー独特の歴史とその品質の高さに目をつけ、のちに資金を投入するのである。

他方で二〇世紀半ばまで、ブラジルへの移民事業は脈々と引き継がれていた。一九一四（大正三）年に日本移民に対するサンパウロ州からの資金援助は打ち切られ、二三（大正一二）年にはブラジルで黄色人種の移民制限がなされたものの、ブラジルへの移民事業は日本政府の支援を受けて組織的に続けられていた。移民希望者はまず神戸の「国立海外移民収容所」に一〇日ほど滞在し、健康診断、予防接種、旅券審査を受け、ポルトガル語やブラジルの風俗を学んでから出航した。そこには医師や教育担当者が常駐し、食費や宿泊費は無料とされた。世界一のコーヒー生産国であるブラジルと、コーヒー消費国へと急速に発展しつつあった日本の関係は、移民を通じて結ばれていたのである。

しかしながら、日清戦争・日露戦争・第一次世界大戦を通じて軍国主義が高まり、さらに軍需景気で経済発展を遂げた日本が周辺地域へ進出し始めると、その行動は国際的に非難されるようになった。二〇世紀初頭までに台湾や朝鮮半島を併合していた日本が一九三一（昭和六）年に満州を支配下（のちに日中戦争へと発展する）に置くと、国際連盟はこの行動を国際法違反と見なして日本軍の撤退を要求したが、日本はこれに反発して国際連盟を脱退して国際的に孤立していった。さらに日本はファシズム体制下のドイツやイタリアに接近して三国枢軸を形成し、これを抑え込もうとするアメリカ・イギリス・フランスなどの連合国軍と第二次世界大戦を戦うことになる。

こうした国際的動向に呼応して、ブラジルでも日系移民に対する批判が高まった。移民船「ぶえのすあいれす丸」の出航を最後に日本の移民事業は終わり、一九四一（昭和一六）年真珠湾事件をきっかけに日米間で太平洋戦争が勃発すると、連合国側に立ったブラジルはその翌年に日本との国交を断絶した。これにともなって、ブラジル日系人のあいだでも、日本の軍事行動や太平洋戦争の是非をめぐる対立や衝突が続発した。さらにサンパウロ州政府は、州内の各所から「敵国人」日本人が立ち退くよう命じたり、ブラジル民間人による日本人への暴力事件が起こったりするなど、この時代は日伯（日本とブラジル）関係史の最暗部をかたちづくっている。日本の敗戦後、一九五〇（昭和二五）年になってようやく日本人の資産凍結が解除され、その翌年から新たな小規模移民事業が再開されることになった。

第二次世界大戦は日本のコーヒー文化にも多大な影響をおよぼした。戦前の一九三七（昭和一二）年、日本は八四〇〇トン（約一四万袋）のコーヒー生豆を輸入していたが、開戦の気運が高まった三八（昭和一三）年には四四四〇トン（約七万四〇〇〇袋）へ減少し、戦争が始まった三九（昭和一四）年にはさらに一三二〇トン（約二万二〇〇〇袋）へ激減した。この数字は、コーヒーが民間人の口にはいることがほとんどなくなったことを意味しており、そのあいだ庶民はさまざまに工夫を凝らした代用コーヒーを飲まざるをえなかった。軍人だけは粉末コーヒー入りの菓子や飴を「戦場のおやつ」として食べることができたが、戦争末期の一九四四（昭和一九）年にコーヒーは「ぜいたく品」や「敵国飲料」と見なされて全面輸入禁止となり、日本人はおおやけにコーヒーを口にすることができなくなった。

当時従軍中のある著名なコーヒー業者は、太平洋戦争中にアメリカ兵士から手に入れたGI弁当（K号携帯口糧）を開けて驚愕した。そこには日本の粗末な携帯口糧とは質、量ともに比較にならない豪華な食糧が収められており、ネスレ社やゼネラル・フーズ社製のインスタント・コーヒーが添えられていたという。それを口にしたそのコーヒー業者は、「こんなすごいインスタント・コーヒーをつくる国と戦って、勝てる道理がない」と思ったそうである。彼の予感は的中し、敗戦した日本はやがてアメリカ・コーヒー文化の影響をますます強く受けるようになる。レギュラー・コーヒーにこだわるヨーロッパ人からすればお世辞にも美味とはいえないアメリカ産インスタント・コーヒーも、当時の日本人にとっては憧れのコーヒーだったのである。

2　戦後の日本と大衆化するコーヒー文化

戦禍から復興する日本社会とコーヒー文化

一九四五（昭和二〇）年、太平洋戦争に敗北した日本は、アメリカ進駐軍の統治下に置かれることになった（図7-4）。戦時中の禁輸措置が解けていない日本には、いまだ合法的にコーヒーが輸入さ

図7-4　食料配給を受ける日本人

れることはなく、ようやく出まわり始めたコーヒーのほとんどは非合法の闇市で取引される「闇コーヒー」であった（コーヒーの値段は一九四五年には一般に五円程度だった）。当初は偽コーヒーもかなり出まわっていたが、本物のコーヒーの多くはアメリカ軍関係者から調達したアメリカ製のコーヒー缶であり、コーヒー店にとっては、このコーヒー缶を店内に高く積み上げておくことがステータス・シンボルであった。生豆を売る闇業者もいるにはいたが、それは一ポンド七〇〇～八〇〇円するのがあたりまえで、一〇〇〇円を超えることもあるなど、当時としては破格の高値がつけられており、とても庶民の手には届かない代物であった。

いずれにしても、戦中にとぎれたかに見えた日本のコーヒー文化は、アメリカのコーヒー文化の影響下で再スタートをきった。しかも、コーヒー研究家として名高い井上誠が言うように、戦後の日本のコーヒー文化は「主として街頭から発展し始め、味覚を高めてきたことが一つの特色」であった。一九五〇（昭和二五）年にコーヒーの輸入が再開され、焙煎コーヒー豆が市場に出まわるようになると、品質の劣るコーヒー缶は姿を消していき、ときにはサイフォンやドリップ式による高品質のコーヒーも飲まれるようになった（五〇年の時点でコーヒー一杯三〇円ほどであった）。いわゆる朝鮮特需（朝鮮戦争にともなって米軍から日本に発注された物資やサービス。一九五〇〈昭和二五〉～五三〈昭和二八〉年までに米軍は日本で合計三〇億ドルを消費したとも言われる）によって、庶民の消費生活が徐々に底上げされたこともその背景にあった。

すでに一九四六（昭和二一）年に象徴天皇制や憲法第九条（戦争の放棄、戦力の不保持、交戦権の否定などを盛りこんでいる）などを特徴とする日本国憲法が公布（施行は翌年）され、日本は国家として生まれ変わっていたが、いまだその主権は回復されていなかった。東西冷戦がきわまっていた一九五一（昭和二六）年、アメリカの傘下に入ることを前提とした日米安全保障条約の締結とひきかえにサンフランシスコ講和条約に調印し、ようやく日本は国際社会へ復帰することになった。そして五五年までには、保守的で安保条約を支持する改憲派の自由民主党と、革新的で安保条約に反対する護憲派の日本社会党による二大政党体制（五五年体制）が確立される。

サンフランシスコ講和が結ばれたころには、上島珈琲社や木村コーヒー社を始め、すでに東京や大阪を中心に二〇〇あまりのコーヒー焙煎業者が存在していた。こうした状況をふまえて一九五三（昭和二八）年、コーヒー業界の発展と日本人の食生活の向上と発展を目的とする全日本珈琲協会（のちの全日本コーヒー協会。八〇〈昭和五五〉年に社団法人となる）も発足した。

日本のコーヒー豆輸入量は一九五三（昭和二八）年に二三六六トン（三万九四二八袋）、五四（昭和二九）年に五五〇一トン（九万一六七八袋）と急速に伸びていき、五九（昭和三四）年には七六六八トン（一二万七七九七袋。輸入総額二五億八六四万八〇〇〇円。一袋あたり約一万九六三〇円）に達した。六〇（昭和三五）年にはついにコーヒー輸入量が一万トンを超え、国民一人あたり年間約一二〇グラム（約一二杯分）のコーヒーを消費するようになる。ただし、そのうち東京の住人が輸入総量の半分を消費（東京人は年間約六〇杯のコーヒーを飲んでいた計算になる）していたので、厳密には東京を中心とした大都市においてコーヒー飲用が習慣化されたと表現するほうが正しい。

ただし、このころの東京の消費者は、特定国のコーヒーやコーヒー文化にこだわりを持っていたわけではなかった。彼らはじつに柔軟かつどん欲に、日本の食卓にコーヒーを取りこんでいったようである。ある作家が観察したように、「東京では、ウェイトレスがウィーン風に装飾された店内のテーブルにイタリア風エスプレッソのカップを運びながらマンボを踊っている」光景もしばしば見られたのだった。結婚式でお色直しを重ねて角隠しとウエディング・ドレスの双方を楽しみながら、葬式は仏式で行うといったきわめて自由奔放な現代日本人の姿をほうふつさせる話である。

一九五〇年代後半には喫茶店の数もますます増えていき、戦時中は敵国の音楽として禁止されていたジャズやクラシックなどの洋楽を店内で流すジャズ喫茶や名曲喫茶、また客が一緒に声を合わせて歌って盛りあがる歌声喫茶などが流行した。こうした新しい形態の喫茶店は、活発な学生運動の拠点となったり、従来とは異なる人びとの新しいコミュニケーションや出会いの場となったり、懸命に日本の復興に取りくむ人びとの癒しの空間となった。当時の人びとは、現在のようにマンガ喫茶という珍奇な「喫茶店」で貧しい人びとが「難民化」することになるとは想像もしなかったことだろう。

インスタント時代の王者「ネスカフェ」

日本は、新たな政治体制を模索する一九五〇年代の「政治の一〇年」のあと、高度成長を特徴とする一九六〇年代の「経済の季節」を迎えた。憲法第九条などが軍事費の増大を抑制する役割を果たしたことを背景に、日本政府は経済成長により多くの税金をつぎ込むことができた。これに民間の活力が呼応して、日本人の平均所得は七年ほどのあいだに倍増し、完全雇用が達成されたと言われ、中間層が厚みを増した。ただしその急激な成長は、水俣病などの公害問題、農業の衰退による農村の過疎化と都市の過密化問題、官僚権限の強化、物価の高騰（ちなみに、六〇年にはコーヒー一杯が五〇円、六五年には八〇円であった）、家庭や地域共同体よりも会社を優先する会社第一主義などの悪しき副産物をも生みだすことになるのだが。

さて一九六一（昭和三六）年、日本の池田勇人首相とアメリカのジョン・ケネディ大統領とのあいだで合意を得ていたインスタント・コーヒーの全面自由化が実施された（ただし、五六年から一部のインスタント・コーヒーは市場に登場していた）。これを機に日本ではインスタント・コーヒー・ブームが到来し、インスタント製造・輸入業者によって業界の発展を目指す日本インスタントコーヒー協会や、コーヒー焙煎業者の協同出資でインスタント・コーヒーのリパック（べつの容器への詰め替え）を目的とする日本インスタントコーヒー工業社（のちに「ニック食品」に社名変更。二〇〇五〈平成一七〉年にキーコーヒー社の連結子会社となる）が設立されることになった。

おなじころのヨーロッパでは、全体としてレギュラー・コーヒーに対する需要が圧倒的に多く、それを追いかけるようにあとからインスタント・コーヒーがイギリス、西ドイツ、スイス、ソ連（ロシア）などの食卓に受けいれられるようになった。これに対して日本では、家庭でのコーヒー飲用文化の定着はインスタント・コーヒーの普及によって促進され、そのずっとあとになってレギュラー・コーヒー文化が広がった点で異なっている。

インスタント・コーヒーが自由化されたまさにその年、ビジネス・チャンスを狙ってアメリカのゼネラル・フーズ社が日本に乗りこみ、日本の醸造所や天然水会社と手を組んで日本国内でのインスタント・コーヒー生産を開始した。すでにアメリカ市場で最大のコーヒー業者となっていたゼネラル・フーズが、コーヒー消費市場としての潜在能力の高い日本の動向を黙って見過ごすはずはなかった。ゼネラル・フーズは、一九七三（昭和四八）年、味の素グループとの合弁によって「味の素ゼネラルフーヅ（AGF）社」を設立し、現在にいたるまで大手コーヒー・メーカーであり続けている（今や、食品や医薬品などもはばひろく手がけている）。

ほぼ時をおなじくして、スイスに本社を置くネスレ（ネッスル）社も日本に進出し、一九六二（昭和三七）年に始まった日本のテレビ・コマーシャルを自社製品の宣伝に利用する戦略をめぐらせた。この六二年までにインスタント・コーヒー業界は活況を呈し、国産品と輸入品をあわせて約六〇銘柄が入り乱れる戦国時代となる。六三（昭和三八）年にはネスレ社とゼネラル・フーズ社の日本へのコーヒー供給量は約四〇〇〇トン（そのうちの約三割は国内で生産され、残りは輸入された）に達するが、これは日本国民が一人あたり年間四〇グラムの両社製品を消費したに等しい。

やがてこの日本のインスタント戦国時代を制したのはネスレ社であった。ネスレ社は「違いのわかる男たち」をうたい文句にしたフリーズ・ドライ製法のネスカフェ「ゴールドブレンド」（一九六七〈昭和四二〉年発売。姉妹品にスプレー・ドライ式の廉価品「エクセラ」や高級品「プレジデント」がある）のテレビCMで好評を博したこともあり、あっという間に日本の消費者に認知され、他社の追随を許さなかったのである。このテレビCMは著名な文化人などを登用し、洗練された文化と味覚を持つ男はネスカフェを選ぶということを印象づける内容であったが、本来レギュラー・コーヒーに比べて低品質で安く大衆的なインスタント製品が「洗練された文化」の象徴とされたことはじつにおもしろい。

ネスレ社を中心とするインスタント・コーヒーは、ちょうど二〇世紀前半のアメリカ社会を写し取ったかのように日本社会に定着した。それは、一方では「男の飲物」として、他方で社会進出の著しい女性にとって準備が簡単で便利な「日常の飲物」として、人びとに受けいれられていったのである。特にネスカフェは水溶性が高かったためアイス・コーヒーをつくるのにも向いており、消費者は暑い夏場にもこの製品を飲むことができた。ネスカフェは、ウツロいゆく日本の四季に合わせて利用者が飲み方を自在に選択できる万能性も有していたといえよう。

一九六四（昭和三九）年には、日本も国際コーヒー協定に加盟してアフリカ諸国からのコーヒー輸入を開始し、六六（昭和四一）年には輸入コーヒー生豆への関税が廃止された。市場競争のさらなる激化に対応するため、六六年にネスレ社は姫路に新工場を設置して日本国内でネスカフェを大量生産するようになり、そのことがインスタント・コーヒー全体の市場価格をさらに下げることになった。こうしていっそう安価になったネスカフェを始めとするインスタント・コーヒー製品が、すでに全国で四七九〇店にまで増大していたスーパーマーケットなどを通じて、庶民の大量消費文化に吸収されていったのである。

その後、少なくとも二〇世紀末まで、ネスカフェは日本のインスタント・コーヒー市場でつねに七〇～九〇％という占有率を維持し、小売段階で年間五〇〇〇億円ちかい市場規模を誇った。現在もインスタント・コーヒーを中心に、AGF、キーコーヒー、UCCなどと日本国内におけるコーヒー製品のシェアを争う最大手の一つである。一九六八（昭和四三）年までにインスタント・コーヒーは、

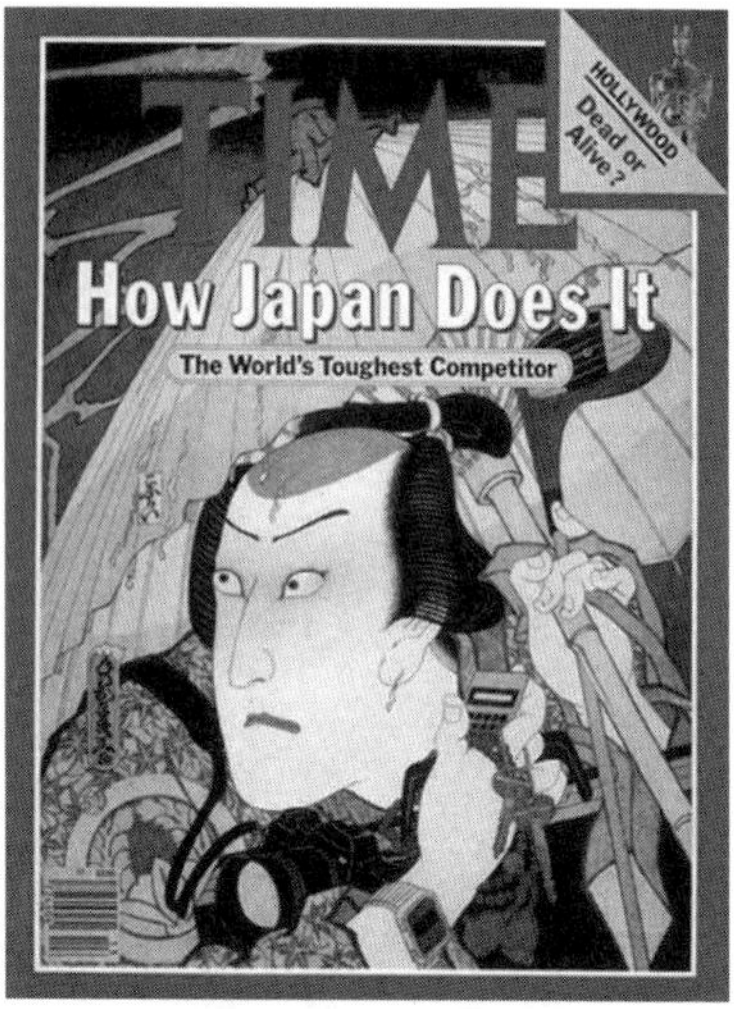

図7-5　日本の経済発展を茶化した『TIME』（1981年3月31日発行）の表紙

業界全体で生産量七八六三トン、輸入量一四五六トンにのぼる巨大産業となったのである。

ネスレ社はアメリカのインスタント・コーヒー市場におけるゼネラル・フーズ社との戦いにくり返し敗れたが、その代わりに日本という新しく有望な市場で支配的な地位を手にいれた。これにともない日本では、インスタント・コーヒーと言えばネスカフェというイメージが長らく人びとのあいだで定着することになる。

缶コーヒーとセルフ式コーヒー・チェーン店の台頭

一九六八（昭和四三）年、日本の国民総生産はイギリスやドイツを抜いて自由主義世界で第二位となったが、一人あたりの国民総生産はまだ世界で第二〇位ほどであり、ちょうどブラジルとおなじレベルであった。それでも、戦後の混乱期に比べると庶民の生活は物質的に豊かになり、大都市のごくふつうの家庭でもインスタント・コーヒーが飲用されるようになっていた。ベトナム特需（ベトナム戦争期にアメリカから日本に発注された物資やサービス。このころに日本の対アメリカ輸出が史上初めて黒字へ転換し、のちの日米間貿易摩擦の始まりとなる）もその「豊かさ」を後押ししていた（図7-5）。

ちょうどこのころ、世界のなかでも特に日本において独特のコーヒー文化が開花しようとしていた。

缶コーヒー文化である。一九六九（昭和四四）年、UCCが日本で初めて本格的に缶コーヒーの販売を開始し、翌年の大阪万博で人気に火がついた（ただし現在の基準では「コーヒー」には分類されないミルクコーヒー味の飲料であった。現在では内容量一〇〇グラムに対して五グラム以上のコーヒー生豆が使用されていれば「コーヒー」、二・五～五グラムならば「コーヒー飲料」、一～二・五グラムならば「コーヒー入り清涼飲料水」、一グラム以下の場合は「清涼飲料水」と表示される）。万博の年、喫茶店のコーヒーが一杯一二〇円（その後、七七年までには二八〇円ほどに値段が高騰する）であったのに対し、缶コーヒーは一本八〇円であった。

その後、缶コーヒーは急速に全国各地に普及した自動販売機でも販売されるようになり、その便利さと手軽さで消費者の心をつかんでいった。ポッカコーポレーション（七三〈昭和四八〉年に冷温兼用の自動販売機を導入した）やダイドードリンコ（自動販売機における販売率が高い）などの本格的参入によって缶コーヒー業界はいっきに膨張した。

一九七四（昭和四九）年には、すでに六〇年代なかばからアメリカ市場において「コーヒー戦争」を戦っていた巨大企業コカ・コーラ社も、砂糖入りの缶コーヒー「ジョージア」で有力コーヒー業者が入り乱れる日本の「缶コーヒー戦争」に参戦した。こうした企業間の激しい競争のなかで日本の缶コーヒー文化が醸成され、八一（昭和五六）年には缶コーヒー業者による日本コーヒー飲料協会も組織されることになる。

加えて八〇年代後半からは、缶コーヒーの市場利益に目をつけたビール会社（キリン、アサヒ、サントリーなど）もつぎつぎとこの業界に参入し、他国には見られない日本特有の「缶コーヒー戦争」

が現在にいたるまで続いている。インスタント・コーヒーと違い、もはや湯や牛乳を注ぐという簡単な手間さえも必要としない缶コーヒーは、購入してふたを開けさえすればすぐその場でコーヒーを飲むことができる（ある缶コーヒー製造・販売業者は、缶コーヒーにはあまり味の違いがないから、誰に対して売るのかターゲットをしっかりと絞ったうえで、宣伝広告によって商品イメージを徹底して消費者に印象づけることが成功の秘訣だとしている）。まさしく高度成長期の「忙しすぎる」日本人を象徴する飲物だといえるだろう。

缶コーヒーはインスタント・コーヒーとともに日本のコーヒー業界全体を牽引する役割をにない、一九七〇（昭和四五）年以降、日本の海外からのコーヒー生豆の年間輸入量はつねに一〇万トンを超えるようになる（八三〈昭和五八〉年には二〇万トンを突破し、九三〈平成七〉年以降は三〇万トンを上まわる）。七五（昭和五〇）年には、日本の缶コーヒーの年間消費量は二〇〇〇万本に達し、これに刺激を受けてコーヒー全体の年間売り上げも一億ドルを上まわった。インスタント・コーヒーの消費量も伸び続けており、一九八〇（昭和五五）年までにその供給量は三万トンを超える勢いであった。

これと比例するように喫茶店も増殖し、一九七〇年代には東京だけで二万一〇〇〇軒を数えるほどであった。こだわりのコーヒーを提供することを第一の目的とする純喫茶が流行したのもこのころである（これはいわば現在の「コーヒー専門店」のはしりのようなものであった。なかには酒を提供する店もあった）。ただし他方でこの七〇年代には、「スペースインベーダー」などのアーケードゲーム・ブームによる「コーヒーを飲むことを第一の目的としない」喫茶店（子どもの教育上問題があるとして教育界やマスメディアで大いに議論された）も激増しており、日本の喫茶店文化がますます多様化していった。

さらに一九八〇（昭和五五）年には、現代の若者にとってはおなじみのセルフ式コーヒー・チェーン店の時代が幕を開けた。その先鞭をつけたのが、現地で働きながらブラジルのコーヒー産業について学んだ経験を持つ鳥羽博道によって設立された「ドトールコーヒー」である（「ドトール」はブラジル、サンパウロ州にある地名。一号店は東京の原宿にオープンし、一杯のブレンド・コーヒーを通常の喫茶店の半額にあたる一五〇円で売った）。コンビニエンス・ストアに立ち寄るような感覚で気軽に入ることができ、セルフ・スタイルでコストを下げたこの新しいコーヒー店は、とりわけ時代感覚に敏感な若者を中心に受けいれられていき、しだいに多忙なビジネスマンにも利用されるようになった。特に八〇年代末に日本のバブル経済が破綻したあと、こうした機能的で比較的安いコーヒー店は、いっそう時代のニーズに合うようになったようである（九〇年に喫茶店のコーヒーは一杯三八〇円程度であった）。

ドトールコーヒーは、二〇〇四（平成一六）年には国内一〇〇〇店舗を構えるまでになり、当時の日本でもっとも多くの店舗数をほこる喫茶店となる。これに対して、一九九〇年代以降、おなじセルフ式喫茶店であるアメリカのスターバックス社らが日本市場につぎつぎと店舗を展開し、そのシェアをめぐって激しい競争を続けている。スターバックス社らがもたらした「スペシャルティ・コーヒー」の概念は日本の消費者にも大きな影響を与え、高品質コーヒーを求める日本の消費者は急速に増大し、品質にこだわるコーヒー専門店も増える傾向にある。一九九八（平成一〇）年には、東京穀物商品取引所でもアラビカやロブスタのコーヒー生豆の先物取引が開始された。今後も日本のコーヒー文化は多様化していくことが予想される。

近年では、特にスターバックスが日本の若者にとって「おしゃれ」なたまり場や待ち合わせ場所になっているようである。彼らは大好きな「スタバ」でコーヒーの香りに包まれ、イタリア語で呼ばれる種々のアレンジ・コーヒーを飲みながら、どのような夢や希望、あるいは不安や悲しみについて語り合っているのだろうか。

Column

古都の新しい自家焙煎コーヒー店

東京や大阪のような大都会だけが喫茶店のメッカではない。日本の伝統文化や四季の移り変わりがおりなす風情を今に残しながら、国内外からやってくる学生や旅行者がもたらす新しいエネルギーに満ちあふれた京都もけっして負けていない。

特に、京都市内には情緒あふれる喫茶店がいくつもある。例えば、三条堺町で、高田渡のフォークソング「コーヒーブルース」の舞台となった町屋風のイノダコーヒ本店で「好きなコーヒーを少しばかり」飲むのも良し。また、わずらわしい仕事を地上にすべて置き去りにし、河原町三条で六曜社のカフェ・バー風の地下喫茶室に時を忘れて閉じこもるのも良し。ほかにも伝統的な家屋をそのまま喫茶店にしたり、清水焼のコーヒーカップを使用したりと、京都の喫茶店はなかなか個性的でおもしろい。

しかしながら、雑誌などでよく紹介されるこうした昔からの名店や京都的風情を強調した喫茶店ではなく、ここではあえてこだわりの自家焙煎コーヒーで勝負する新しい喫茶店を二つ紹介したい。大焙煎業者や巨大コーヒー・チェーン店が全盛のこの時代に、個人店主はどういう夢や希望を胸にコーヒーをいれているのだろうか。

烏丸北大路にある「伊藤珈琲」は、二〇〇四年に開店した地域密着型の喫茶店である。かつて某コーヒー社で働いていた伊藤達さんは実直かつ穏やかな人柄で、その影響を受けてか従業員もみんなにこやかで礼儀正しい。有名フードチェーン店で見られるマニュアル式の「礼儀正しさ」とは異なる、客への素朴で温かい対応が印象的である。この店に流れる独特のやわらかな空気が心地よいのだろう。とりわけゆっくりとくつろいでいる年配の常連客が目立つ。伊藤さんが目指してきた「優しいお店」のスローガンは、すでに客のあい

▲落ち着いた雰囲気の伊藤珈琲

だにも浸透しつつあるようだ。

　しかしながら、伊藤さんはコーヒーの焙煎については妥協しない。アメリカを中心に世界的に流行している深煎りコーヒーとは一線を画し、酸味をきかせた中煎りコーヒーにこだわり続けている。とりわけコロンビア産コーヒー「アンデスコンドル」は、さわやかな酸味とフルーティな香りで人気を集めている。そこには、コーヒーに関して「すべてアメリカ中心というのは問題」とする伊藤さんの思いも込められているのだ。

　他方、西大路御池の「グローブマウンテンコーヒー」も、個性的な自家焙煎コーヒー店である。某コーヒー社から独立したオーナーの外山勉さんは、二〇〇七年の創業からしばらくしてフェアトレードの理念に共感し、以後「コーヒー文化は地球の営み」をスローガンに店ではフェアトレード・コーヒーのみを扱うよ

うになった。また月に一度、夜に店内の電気を消してローソクをともし、ペーパー・フィルターを使わずにプレス式で客にコーヒーを提供している。これは環境保護の大切さを問いかけるためなのだが、小さな灯火を前に飲むコーヒーはなかなか乙なものである。

　フェアトレード・コーヒーを扱うことでコーヒー生産者を支援し、同時に消費者にとっても生豆本来の特徴が活かされたおいしいコーヒーを提供できる、と外山さんは語る。個人店であるからこそ、こうしたオーナーの熱い思いを経営へと反映させることができるとも言えるだろう。明るく芸術感覚あふれるスタッフと力を合わせ、今日も外山さんはみずからが信じる「おいしく、地球にも人間にも優しいコーヒー」を客のテーブルへと運んでいる。

▲遊び心が感じられるグローブマウンテンコーヒー

参考資料

○文献

朝日新聞出版編『それでもコーヒーを楽しむための一〇〇の知恵』朝日新聞出版、二〇〇八年。

旭屋出版「カフェ&レストラン」編集部編『バリスタ教本』旭屋出版、二〇〇二年。

シッコ・アレンカール、ルシア・カルピ、マルクス・ヴェニシオ・リベイロ著、東明彦、アンジェロ・イシ、鈴木茂訳『ブラジルの歴史――ブラジル高校歴史教科書』明石書店、二〇〇三年。

ベネディクト・アンダーソン著、白石さや、白石隆訳『想像の共同体――ナショナリズムの起源と流行』（増補版）NTT出版、一九九七年。

アンドウ・ゼンパチ『ブラジル史』岩波書店、一九八三年。

アンジェロ・イシ『ブラジルを知るための五五章』明石書店、二〇〇一年。

五十嵐仁、金子勝、北河賢三、小林英夫、牧原憲夫、山田朗編『日本二〇世紀館』小学館、一九九九年。

磯淵猛『一杯の紅茶の世界史』文藝春秋、二〇〇五年。

伊高浩昭『コロンビア内戦――ゲリラと麻薬と殺戮と』論創社、二〇〇三年。

伊藤博『コーヒー博物誌』八坂書房、一九九三年。

井上誠『コーヒー入門』社会思想社、一九六二年。

井上誠『日本珈琲概史』（食の風俗民俗名著集成・第一六巻）、東京書房社、一九八五年。

今井昭夫、岩井美佐紀編著『現代ベトナムを知るための六〇章』明石書店、二〇〇四年。

今井圭子編著『ラテンアメリカ開発の思想』日本経済評論社、二〇〇四年。

臼井隆一郎『コーヒーが廻り世界史が廻る――近代市民社会の黒い血液』中央公論社、一九九二年。

大下尚一、有賀貞、志邨晃佑、平野孝編『史料が語るアメリカ――メイフラワーから包括通商法まで』有斐閣、一九八九年。

大下尚一、西川正雄、服部晴彦、望田幸男編『西洋の歴史――近現代編』（増補版）、ミネルヴァ書房、一九九八年。

岡希太郎『珈琲一杯の薬理学』医薬経済社、二〇〇七年。

小澤卓也「エルサルバドルとグァテマラにおけるコーヒー農園の拡大とその社会的意義について（一八七〇―一九三二年）」『立命館史学』一七号、一九九六年。

小澤卓也「コスタリカにおける〈国民〉意識と〈民主主義〉について（一八七〇―一九四九年）」『立命館文学』五四七号、一九九六年。

小澤卓也「コスタリカの中立宣言をめぐる国際関係と国民意識――モンヘ大統領の政策を中心に」『ラテンアメリカ研究年報』一七号、一九九七年。

小澤卓也「グアテマラ国家の〈国民〉創設計画について（一八七一―一九二〇年）」『立命館文学』五五五号、一九九八年。

小澤卓也「〈裏庭〉の選択――一九七九年以降のニカラグア、パナマ、コスタリカの対米関係」『アメリカ史研究』二九号、二〇〇六年。

小澤卓也『先住民と国民国家――中央アメリカのグローバルヒストリー』有志舎、二〇〇七年。

オックスファム・インターナショナル著、日本フェアトレード委員会訳、村田武監訳『コーヒー危機――作られる貧困』筑波書房、二〇〇三年。

尾場瀬一郎、小野木芳伸、片山善博、南波亜希子、三谷竜彦、澤佳成『西洋思想の一六人』梓出版社、二〇〇八年。

桂島宣弘『思想史の十九世紀――「他者」としての徳川日本』ぺりかん社、一九九九年。

金沢大学コーヒー学研究会編著『なるほどコーヒー学――コーヒーを楽しむ最新知識のQ&A』旭屋出版、二〇〇五年。

加茂雄三『地中海からカリブ海へ』平凡社、一九九六年。

加茂雄三編著『ラテンアメリカ』自由国民社、一九九九年。

亀井高孝、三上次男、林健太郎、堀米庸三『世界史年表・地図』吉川弘文館、一九九八年。

国本伊代『概説ラテンアメリカ史』新評論、一九九三年。

国本伊代編著『コスタリカを知るための五五章』明石書店、二〇〇四年。

国本伊代、小林志郎、小澤卓也『パナマを知るための五五章』明石書店、二〇〇四年。

国本伊代、中川文雄編著『ラテンアメリカ研究への招待』(改訂新版) 新評論、二〇〇五年。

グレッグ・グランディン著、松下冽監訳『アメリカ帝国のワークショップ――米国のラテンアメリカ・中東政策と新自由主義の深層』明石書店、二〇〇八年。

栗原久『カフェインの科学――コーヒー、茶、チョコレートの薬理作用』学会出版センター、二〇〇四年。

小林章夫『コーヒー・ハウス――一八世紀ロンドン、都市の生活史』講談社、二〇〇〇年。

崎山政毅『サバルタンと歴史』青土社、二〇〇一年。

崎山政毅『資本』岩波書店、二〇〇四年。

嶋中労『コーヒーに憑かれた男たち』中央公論新社、二〇〇八年。

清水哲男編『珈琲』(日本の名随筆・別巻三)作品社、一九九一年。

ジョン・シモンズ著、小林愛訳『スターバックス　コーヒー――豆と、人と、心と。』ソフトバンク・パブリッシング、二〇〇四年。

高橋賢藏『缶コーヒー職人――その技と心』潮出版社、二〇〇七年。

高橋英紀、宝福則子、宮本基杖、山本充『人間社会と環境』三共出版、二〇〇二年。

田口護『田口護の珈琲大全』NHK出版、二〇〇三年。

田中重弘『ネスカフェはなぜ世界を制覇できたか』講談社、一九八八年。

田中高編著『エルサルバドル、ホンジュラス、ニカラグアを知るための四五章』明石書店、二〇〇四年。

長憲次『市場経済下ベトナムの農業と農村』筑波書房、二〇〇五年。

角山栄『茶の世界史――緑茶の文化と紅茶の文化』中央公論社、一九八〇年。

鶴見良行『バナナと日本人――フィリピン農園と食卓のあいだ』岩波書店、一九八二年。

エマニュエル・トッド著、石崎晴己、東松秀雄訳『移民の運命――同化か隔離か』藤原書店、一九九九年。

富野幹雄、住田育法『ブラジル――その歴史と経済』啓文社、一九九〇年。

中井義明、佐藤専次、渋谷聡、加藤克夫、小澤卓也『教養のための西洋史入門』ミネルヴァ書房、二〇〇七年。

中村政則『戦後史』岩波新書、二〇〇五年。

西川長夫、原毅彦編『ラテンアメリカからの問いかけ――ラス・カサス、植民地支配からグローバリゼーションまで』人文書院、二〇〇〇年。

西島章次、細野昭雄編著『ラテンアメリカ経済論』ミネルヴァ書房、二〇〇四年。

日本コーヒー文化学会編『コーヒーの事典』柴田書店、二〇〇一年。

野村達朗編『アメリカ合衆国の歴史』ミネルヴァ書房、一九九八年。

長谷川泰三『日本で最初の喫茶店「ブラジル移民の父」がはじめた――カフエーパウリスタ物語』文園社、二〇〇八年。

広瀬幸雄、圓尾修三、星田宏司『コーヒー学入門』人間の科学新社、二〇〇七年。

ボリス・ファウスト著、鈴木茂訳『ブラジル史』明石書店、二〇〇八年。

ケネス・フット著、和田光弘、森脇由美子、久田由佳子、小澤卓也、内田綾子、森丈夫訳『記念碑の語るアメリカ――暴力と追悼の風景』名古屋大学出版会、二〇〇二年。

バーナード・ベイリン著、和田光弘、森丈夫訳『アトランティック・ヒストリー』名古屋大学出版会、二〇〇七年。

マーク・ペンダーグラスト著、樋口幸子訳『コーヒーの歴史』河出書房新社、二〇〇二年。

星田宏司『日本最初の喫茶店――〈可否茶館〉の歴史』いなほ書房、二〇〇八年。

ジャン＝ピエール・ボリス著、林昌宏訳『コーヒー、カカオ、コメ、綿花、コショウの暗黒物語――生産者を死に追いやるグローバル経済』作品社、二〇〇五年。

増田義郎編『ラテン・アメリカ史Ⅱ』山川出版社、二〇〇〇年。

増田義郎、山田睦男編『ラテン・アメリカ史Ⅰ』山川出版社、一九九九年。

増田義郎、山田善郎、染田秀藤編『ラテンアメリカ世界――その歴史と文化』世界思想社、一九八四年。

松下冽『現代ラテンアメリカの政治と社会』日本経済評論社、一九九三年。

松下冽編『途上国社会の現在――国家・開発・市民社会』法律文化社、二〇〇六年。

村田武『コーヒーとフェアトレード』筑波書房、二〇〇五年。

イバン・モリーナ、スティーヴン・パーマー著、国本伊代、小澤卓也訳『コスタリカの歴史――コスタリカ高校歴史教科書』明石書店、二〇〇七年。

安丸良夫『現代日本思想論――歴史意識とイデオロギー』岩波書店、二〇〇四年。

ヴォルフガング・ユンガー著、小川悟訳『カフェハウスの文化史』関西大学出版会、一九九三年。

ニーナ・ラティンジャー、グレゴリー・ディカム著、辻村英之監訳『コーヒー学のすすめ――豆の栽培からカップ一杯まで』世界思想社、二〇〇八年。

歴史学研究会編『二〇世紀の世界I――ふたつの世界大戦』（世界史史料一〇）岩波書店、二〇〇六年。

アントニー・ワイルド著、三角和代訳『コーヒーの真実――世界中を虜にした嗜好品の歴史と現在』白揚社、二〇〇七年。

和田光弘『タバコが語る世界史』山川出版社、二〇〇四年。

Victor Hugo Acuña (ed.), *Historia general de Centroamérica*, tomo. IV, Madrid: Sociedad Estatal Quinto Centenario, FLACSO, 1993.
Mariano Arango, *Café e industria, 1850-1930*, Bogotá: Carlos Valencia Editores, 1977.
Gopal Balakrishnan (ed.), *Mapping the Nation*, London/New York: VERSO, 1996.

Charles Brockett, *Land, Power, and Pov*[illegible]*rarian Transformation and Political Conflict in Central America*, Oxford: West View Press, [illegible]

Ciro Cardoso, Héctor Pérez Brignoli, *Cen*[illegible]*nérica y la economía occidental* (*1520–1930*), San José: Editorial de la Universidad de Costa [illegible]1977.

Peter Chapman, *Bananas: How the United* [illegible] *Company Shaped the World*, Edinburgh–New York–Melbourne: Canongate, 2007.

Marco Palacios, *Coffee in Colombia, 1850–1*[illegible]*0* (Paperback Editon), Cambridge: Cambridge University Press, 2002.

William Roseberry, Lowell Gudmundson, Mario Samper Kutschbach (ed.), *Coffee, Society, and Power in Latin America*, Baltimore and London: The Johns Hopkins University Press, 1995.

Mario Samper K., *Producción cafetalera y poder político en Centroamérica*, San José: Colección Rueda del Tiempo, 1998.

U. S. Department of Commerce–Bureau of Foreign and Domestic Commerce, *The Coffee Industry in Brazil*, Trade Promotion Series No. 92, Washington: United States Government Printing Office, 1930.

U. S. Department of Commerce–Bureau of Foreign and Domestic Commerce, *The Coffee Industry in Colombia*, Trade Promotion Series No. 127, Washington: United States Government Printing Office, 1931.

Gordon Wrigley, *Coffee*, New York: Longman, 1988.

○その他のメディア

外務省各国・地域情勢（http://www.mofa.go.jp/mofaj/area/index.html）

スターバックスコーヒージャパン（http://www.starbucks.co.jp/）

全日本コーヒー協会（http://coffee.ajca.or.jp/）

日本スペシャルティコーヒー協会（http://www.scaj.org/）

ネパリ・バザーロ制作『自立への挑戦――ネパールコーヒー物語』ＤＶＤ版、二〇〇五年。

マーク・フランシス、ニック・フランシス監督『おいしいコーヒーの真実』ＤＶＤ版、アップリンク社、二〇〇八年。

Brazil Specialty Coffee Association (http://www.bsca.com.br/)

La Fête Productions (Coffee) Inc., *Black Coffee, Exploring the Dark Rich World of Coffee*, DVD, American Home Treasures, 2005.

International Coffee Organization (http://w[illegible]v.ico.org/)

National Coffee Association of U. S. A. ([illegible]/www.ncausa.org/)

National Federation of Coffee Growers [illegible]mbia (http://juanvaldez.com/)

あとがき

コーヒーは本当に不思議な飲物である。わたしたちが生物として生存するために欠かすことのできない基本的な食品でもないのに、どれほど多くの人びとに愛されていることか。数年にわたって手間をかけてつくられ、一方では多大な利益を、他方では深刻な貧困を生みだし、生産者から消費者にいたるまで多くの人びとの人生を左右しながら、コーヒーはなおも世界中を旅し続けている。いまも昔も、コーヒーの取引をめぐって人は笑ったり、泣いたり、怒ったりし、コーヒー店には生活に疲れ切って癒しを求める者、国家や社会の変革を目ざして熱い思いをたぎらせる者、ひとときの甘い夢や愛におぼれる者、新しい文化を生みだそうと挑戦する者などが去来する。毎日くり返される無数の人間の営みを、つねにコーヒーは目の当たりにしてきたのだ。

コーヒーはアフリカから中東、そしてヨーロッパへとわたりながら人びとを魅了していった。ヨーロッパ諸国のコーヒー文化は、少しずつかたちを変えながら南北アメリカ、日本をふくむアジア、アフリカへと伝播し、やがてヨーロッパ諸国の植民地において組織的なコーヒー生産がはじまった。とりわけラテンアメリカで大量生産されたコーヒーは、各生産国の「近代化」を大きく規定しながら、欧米諸国におけるコーヒーの大量消費も加速化させ、やがて空前のコーヒー・ブームをいざなった。

その過程で出現した巨大コーヒー企業は、自分たちに都合の良い世界的なコーヒー流通システムを確立し、より多くの分け前を要求するコーヒー農民と対立するようになった。いまもコーヒー価格の上下は、多くの人間の運命を決定している。まるでコーヒーが人類を手玉にとっているかのように錯覚してしまうほどである。

筆者はラテンアメリカ近現代史研究者としての利点を活かしつつ、いかにしてこのとても一筋縄ではいかないコーヒーのグローバル・ヒストリーを分かりやすく読者に伝えたら良いのか悩み抜いた。コーヒー関連の本で、よく「いま私はゆっくりとコーヒーを味わいながらこの原稿を書いている」という風な文章を目にするが、振り返ってみると筆者にはとてもそんな余裕はなかった。執筆に行きづまるとコンピュータをリュックに背負って街に飛びだし、京都市内にあるいくつかのお気に入りの喫茶店でコーヒーを注文して入りびたった。腕組みをしてコンピュータとにらめっこをし、首をひねったり、指をボキボキとならしたり、大きくため息をついたりして何時間も過ごしたものである。

英文学者であり文筆家でもあった吉田健一は、かつて喫茶店についてつぎのように記した。「……本当に何もすることがなければ、さういふ人間が行く場所であることがカフェの役目である。町中であつて、人や乗りものが通るのを眺めてゐるだけでも時間がたつし、飲みものでも何でも何か注文してしまへば、後は一時間でも、一日でも、カフェの人達と没交渉でただそこにさうしてゐられる……」と。しかし、筆者の場合はそうした情趣とは無縁であって、ことによると店の雰囲気に似つかわしくない目ざわりな「考える人」のオブジェと化していたかもしれない。もしそうだとすれば、店主たちは、まさしく吉田健一の父・吉田茂（元首相）さながらに、「バカヤロー」と筆者に言いたいときもあっただろう（そう言わずに、筆者に優しくしてくださった喫茶店の方々にありがとうと言いたい）。

いろいろと苦しみながらもなんとか本書を書き上げることができたのは、まずもって多くの先輩や仲間のありがたい手助けのおかげである。本書の内容や表現についていてたいへん貴重な助言をしてくださった通称「オバ研」の鈴木良先生、尾場瀬一郎先生、鮫島京一先生、また通称「焼き肉シネクラブ」の田中聡先生と石黒衞先生、そして筆者が一方的に「兄貴」と慕い尊敬している崎山政毅先生に心より感謝を申し上げたい。こうした素晴らしい知識人の手助けがなければ、本書をまとめることは難しかったであろう。また、多忙にもかかわらず筆者の取材に貴重な時間を割いていただき、たいへん有意義な情報をくださったすべての人びとに対しても、なんとお礼を言ったらよいかわからない。

もちろん、コーヒーの諸問題にかんする優れた先行研究者たちにも感謝しないわけにはいかない。本書はその素晴らしい研究成果に多くを負っており、そこから部分的に引用されている場合もある。本来こうした引用にかんしては、逐一注釈をつけてその詳細な典拠を明らかにすべきであるが、本書はテキストとしての「読みやすさ」を重視する立場からあえて注釈・引用欄を設けていないことをこの場を借りてお詫びしたい。その代わりに本書末尾に参考文献一覧が示してあるので、本書をふまえてさらに本格的なコーヒー研究に進んでいこうと思われる読者は、それらの素晴らしい文献をぜひ一度手にとっていただきたい。もし当然列挙されるべき論文や書物が参考文献表になかったとしたら、それは筆者の勉強不足に由来するものなので、ぜひ読者のみなさんからご指摘をいただきたい。

そして最後に、本書を担当してくださったミネルヴァ書房編集部の涌井格氏に心からお礼を申し上げたい。涌井氏には、本書にかかわる細かい話のすり合わせのために何度も筆者の職場のほうに足を運んでいただき、企画から出版にいたる長い過程で本当にお世話になった。仕事の話が済んだあと、筆者は酒宴の席やカラオケに涌井氏をお誘いし、よせばいいのに一九七〇～八〇年代の懐メロを何曲も聞いていただいた。むしろ涌井さんの方が熱唱していたこともあるから、いつも苦痛を感じていたわけではないと思うが、なにも昔のアイドル歌手の曲まで歌って聞かせる必要はなかったと反省している。どうかそのときのことは勘弁してもらって、ぜひまた一緒に創造的な仕事をさせていただきたいと願っている。今度は、編集会議後も酒ではなくコーヒーを飲みながら——。

二〇一〇年二月

小澤卓也

索　引

（＊は人名）

ア 行

カ 行

サ　行

タ　行

ナ　行

ハ　行

マ　行

ヤ　行

ラ 行

略 語

≪著者紹介≫

小澤卓也（おざわ・たくや）

1966年　東京都生まれ。

1998年　立命館大学大学院文学研究科博士後期課程修了。立命館大学博士（文学）。

現　在　神戸大学大学院国際文化学研究科准教授。

専　門　ラテンアメリカ近現代史

主　著　『先住民と国民国家――中央アメリカのグローバルヒストリー』（単著）有志舎，2007年。

『ラテンアメリカからの問いかけ――ラス・カサス，植民地支配からグローバリゼーションまで』（共著）人文書院，2000年。

『パナマを知るための55章』（共著）明石書店，2004年。

『途上国社会の現在――国家・開発・市民社会』（共著）法律文化社，2006年。

『教養のための西洋史入門』（共著）ミネルヴァ書房，2007年。

主訳書　イバン・モリーナ／スティーヴン・パーマー著『コスタリカの歴史――コスタリカ高校歴史教科書』（共訳）明石書店，2007年。

コーヒーのグローバル・ヒストリー
――赤いダイヤか，黒い悪魔か――

2010年2月25日　初版第1刷発行　〈検印廃止〉
2013年3月15日　初版第4刷発行

定価はカバーに
表示しています

著　者　小　澤　卓　也
発行者　杉　田　啓　三
印刷者　田　中　雅　博

発行所　株式会社　ミネルヴァ書房
〒607-8494　京都市山科区日ノ岡堤谷町1
電話（075）581-5191／振替 01020-0-8076

創栄図書印刷・兼文堂

ISBN978-4-623-05620-0

Printed in Japan